Prüfungstrainer Spezielle Zoologie

Zeit (Mio. Jahre)	Äon	Ära	Periode	Epoche	Ereignis
heute	Phanerozoikum	Känozoikum	Quartär	Holozän	Historische Zeit
				Pleistozän	Eiszeitalter, moderner Mensch
			Neogen	Pliozän	Entstehung Gattung *Homo*
				Miozän	Radiation Säuger, Menschenaffen
65			Paläogen	Oligozän	Entstehung Primaten
				Eozän	Radiation Säuger
				Paläozän	Radiation Säuger, Vögel, Insekten
		Mesozoikum	Kreide		★ Sterben von vielen Organismengruppen, z. B. Dinosaurier
			Jura		Radiation der Dinosaurier
250			Trias		Entwicklung und Diversifizierung Dinosaurier, Entstehung Säugetiere
		Paläozoikum	Perm		★ Radiation Amniontiere, Entstehung moderner Insektengruppen
			Karbon		Entstehung Reptilien, Amphibien dominante Gruppe
			Devon		Diversifizierung Knochenfische, erste Landwirbeltiere und Insekten: Landgang
			Silur		Diversifizierung Gefäßpflanzen und Entstehung erster landlebender Gliederfüßer
			Ordovizium		Kolonisierung des Festlands von unterschiedlichen Organismen
540			Kabrium		Kambrische Explosion, Zunahme Vielfalt vieler Stämme
	Proterozoikum		Ediacara Fauna		Algen und Wirbellose mit weichem Körper
5000	Archaikum	Präkambrium			Älteste Fossilien Eukaryota, Älteste Fossilien Prokaryota, Entstehung der Erde

★ Massensterbeereignis

Isabell Schumann · Stefan Schaffer

Prüfungstrainer Spezielle Zoologie

Springer Spektrum

Isabell Schumann
Universität Leipzig
Leipzig, Deutschland

Stefan Schaffer
Universität Leipzig
Leipzig, Deutschland

ISBN 978-3-662-61670-3   ISBN 978-3-662-61671-0 (eBook)
https://doi.org/10.1007/978-3-662-61671-0

Die Deutsche Nationalbibliothek verzeichnet diese Publikation in der Deutschen Nationalbibliografie;
detaillierte bibliografische Daten sind im Internet über http://dnb.d-nb.de abrufbar.

Springer Spektrum

Ihr Bonus als Käufer dieses Buches

Als Käufer dieses Buches können Sie kostenlos unsere Flashcard-App „SN Flashcards" mit Fragen zur Wissensüberprüfung und zum Lernen von Buchinhalten nutzen. Für die Nutzung folgen Sie bitte den folgenden Anweisungen:

1. Gehen Sie auf **https://flashcards.springernature.com/login**
2. Erstellen Sie ein Benutzerkonto, indem Sie Ihre Mailadresse angeben, ein Passwort vergeben und den Coupon-Code einfügen.

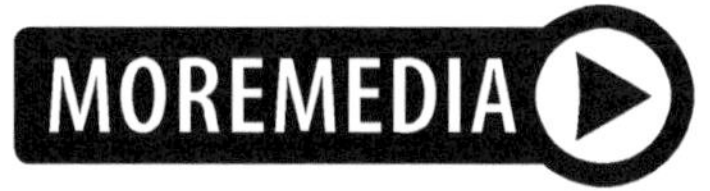

Ihr persönlicher „SN Flashcards"-App Code　　　　0C148-E77C1-59689-FB6EF-6F94A

Sollte der Code fehlen oder nicht funktionieren, senden Sie uns bitte eine E-Mail mit dem Betreff **„SN Flashcards"** und dem Buchtitel an **customerservice@springernature.com**.

„Nothing in Biology Makes Sense Except in the Light of Evolution"

Dobzhansky 1973

Vorwort

Die Vielfalt des Lebendigen ist einerseits spannend und faszinierend in seiner genetischen, taxonomischen, funktionellen und ökologischen Diversität. Andererseits stellt diese Vielfalt eine große Herausforderung dar, sie in Gänze zu erforschen und zu verstehen, einschließlich ihrer Evolution und Phylogenie. Unabdingbar ist es hierbei, diese Vielfalt im Einzelnen wissenschaftlich zu beschreiben und in ein möglichst natürliches System einzuordnen, das es gestattet, sie zu überschauen und zu verstehen. Nur mithilfe solch eines Bezugssystems kann man wissenschaftlich arbeiten und kommunizieren. Dies trifft für alle Organismengruppen zu, in besonderem Maße jedoch für die Tiere, welche die weitaus höchste Zahl an Bauplänen und Arten in der Evolution hervorgebracht haben; beispielsweise Insekten und deren nächste Verwandte.

Die Schwierigkeit, diese Aufgabe bei den Tieren zu meistern, ist daher besonders groß. Dies spiegelt sich auch in teilweise erheblich unterschiedlichen Klassifikationssystemen verschiedener Lehrbücher der Zoologie wider. Eine Tatsache, die das ohnehin schon nicht einfache Unterfangen, die Systematische Zoologie den Studierenden nahezubringen, erheblich erschwert. Hinzu kommen die insbesondere durch den Einzug der „Molekularsystematik" erfolgten tief greifenden Umstellungen und Neugruppierungen von Verwandtschaftsbeziehungen auch großer Gruppen, bis hin zum Verschwinden aus manchen Lehrbüchern, da sie nicht mehr eindeutig den Tieren oder Pflanzen zugeordnet werden können, weil sie eigene, unabhängige tiefe evolutionäre Aufspaltungen darstellen.

Ich bin daher dem Springer-Verlag und insbesondere Frau Koch sehr dankbar, dass sie dieses Problem erkannt haben und den Studierenden ein Tutorium an die Hand geben wollen, das motivieren und helfen soll, diesen hochkomplexen Stoff zu meistern und Spaß beim Lernen der Speziellen Zoologie zu haben.

Dieses Tutorium ist deshalb auch kein weiteres Lehrbuch der Speziellen Zoologie, sondern ein Lernbuch, das durch Komplexitätsreduktion, die Formulierung von Lernzielen und Übungsfragen sowie gezielte Hinweise auf derzeitige Probleme und Widersprüche in der Systematisierung der Tiere (und daraus resultierenden unterschiedlichen Klassifikationen) versucht, das Gesamtverständnis zu erleichtern. Keinesfalls ersetzt es die Lehrbücher der Speziellen Zoologie, sondern soll gezielt zu diesen hinführen, insbesondere für weiterführende Fragen und detaillierte Informationen.

Entstanden ist dieses Lernbuch auf der Grundlage der an der Universität Leipzig von 1994 bis 2018 gehaltenen Vorlesung „Spezielle Zoologie" und des dazugehörigen Tutoriums, das über viele Jahre Isabell Schumann mit großem Engagement und mit offenem Ohr für die Studierenden durchgeführt hat. Daher war es nur folgerichtig, dass eine so erfahrene, junge Kollegin die Aufgabe übertragen bekam, dieses Tutorium zu schreiben. Ich danke dem Springer-Verlag und Frau Koch für so viel Innovation und Vertrauen. Mein besonderer Dank gilt Isabell Schumann für ihre Begeisterung und ihren unermüdlichen Einsatz beim Schreiben dieses Tutoriums. Ebenfalls danke ich Stefan Schaffer für seine Mitarbeit.

Ich hoffe, es wird den entsprechenden verdienten Zuspruch unter den Studierenden finden.

Martin Schlegel
Leipzig
Januar 2020

Ein Tutorium für die „Spezielle Zoologie" – der richtige Umgang

Dieses Werk soll Studierenden dabei helfen, das Fachgebiet Spezielle Zoologie in seiner Vielfalt besser zu verstehen und Merkmale wichtiger taxonomischer Gruppen kennenzulernen. Da die Systematik in der Zoologie nicht immer leicht nachzuvollziehen ist, soll das erste Kapitel helfen, Grundbegriffe zu verstehen, welche in weiteren Abschnitten des Werkes Verwendung finden. Anschließend werden Aspekte der Entwicklungsbiologie und der Evolution von Organsystemen abgehandelt. Darauf folgen drei ausführliche Kapitel zu den „Protozoa" und Metazoa, Protostomia und Deuterostomia.

Intensive Forschungen zu den Verwandtschaftsbeziehungen der Tiere führen immer wieder zur Neukombination von taxonomischen Gruppen und deren Ursprung. Daher werden in diesem Buch solche Neuerungen aufgegriffen, um die Komplexität der Systematik und Taxonomie kenntlich zu machen. Ebenso können gruppenspezifische Merkmalszustände nicht immer klar abgegrenzt werden. Auf diese Problematik wird bei den jeweiligen Gruppen eingegangen. Die Angabe der Artenzahlen soll dazu dienen, einen Überblick über die Diversität der einzelnen Gruppen zu bekommen. Allerdings finden sich hierzu zum Teil erhebliche Unterschiede in der Literatur.

Dieses Tutorium für die Spezielle Zoologie orientiert sich vor allem am Lehrbuch *Spezielle Zoologie* Teil 1 und 2 von Wilfried Westheide und Gunde Rieger aus den Jahren 2013 und 2015. Aber auch andere Standardwerke wie z. B. *Zoologie* (Wehner und Gehring, 2013, Thieme-Verlag, Stuttgart), *Systematische Zoologie* (Burda, Hilken und Zrzavý, 2008, UTB Ulmer-Verlag, Stuttgart), *Campbell Biologie* (Campbell et al. 2019, Pearson, Hallbergmoos) und *Purves Biologie* (Purves et al. 2011; Sadava et al. 2019, Springer Spektrum, Heidelberg) wurden berücksichtigt. Ergänzend wurden auch wissenschaftliche Publikationen einbezogen, um einen möglichst aktuellen Bezug zur Einteilung taxonomischer Gruppen, ihrer Merkmale und Verwandtschaftsbeziehungen wiederzugeben. Die Abbildungen in diesem Buch sollen den Studierenden einen schematischen Überblick über Verwandtschaftsbeziehungen sowie grundlegende morphologische und anatomische Merkmale geben. Für jedes Kapitel wurden Schwerpunkte und Lernziele definiert, die den Studierenden zur Orientierung beim Lesen und zum besseren Verständnis der oft komplexen Inhalte dienen sollen. Breit gefächerte Übungsfragen zur Selbstüberprüfung in Form von Multiple-Choice- und offenen Fragen sollen dabei helfen, Prüfungsthemen in der Speziellen Zoologie optimal vorzubereiten. Zudem gibt es hierzu freie Seiten für Notizen am Ende jedes Kapitels zum Mitschreiben von dozentenabhängigen Beispielen und Schwerpunkten.

Auf diesem Weg möchte ich mich für die Unterstützung und die Zusammenarbeit mit dem Springer-Verlag bedanken, insbesondere bei Frau Dr. Meike Barth und Frau Dr. Sarah Koch. Ein besonderer Dank gilt dabei Frau Dr. Sarah Koch für die Projektplanung und ihr Vertrauen. Ich bedanke mich weiterhin bei Prof. Dr. Martin Schlegel für die Unterstützung während der Fertigstellung des Buches, für seine konstruktiven und wohlbedachten Kommentare und Anmerkungen sowie für die Korrektur des gesamten Manuskriptes. Des Weiteren möchte ich mich bei Prof. Dr. Sebastian Steinfartz für das Korrekturlesen des ▶ Kap. 6 und die Bereitstellung von Fotografien für die Lissamphibia bedanken. Ein weiterer Dank gilt Dr. Detlef Bernhard für seine Kommentare und Anmerkungen zum ▶ Kap. 5 und Dr. Roswitha Kretzschmar für ihre Kommentare und Anmerkungen zu den ▶ Kap. 2 und ▶ Kap. 3. Für die Bereitstellung von Vorlesungsmaterial und Skripten bedanke ich mich bei Prof. Dr. Martin Schlegel, Prof. Dr. Sebastian Steinfartz, Dr. Christiane Bramer und Dr. Detlef Bernhard. Bedanken möchte ich mich auch bei Justus Hennecke, Sven Möhring, Dr. Roswitha Kretzschmar und Dr. Anne Weigert für die Bereitstellung von Fotografien sowie bei zahlreichen Studierenden, die in den letzten Jahren auf Exkursionen Bildmaterial gesammelt haben. Außerdem möchte ich mich bei meinem Ko-Autor Stefan Schaffer für seine Mitarbeit bei der Erstellung des Konzeptes und des ▶ Kap. 6 bedanken. Seine Anmerkungen und Ideen sowie Diskussionen zum gesamten Werk waren ein wichtiger Bestandteil der Erarbeitung des Buches. Ein weiterer Dank gilt Prof. Dr. Andreas Thum, der mir im Rahmen meiner Doktorarbeit die Möglichkeit gegeben hat, das Manuskript für dieses Buch fertigzustellen.

Viel Spaß beim Lesen und viel Erfolg wünscht

Isabell Schumann

Inhaltsverzeichnis

Einführung in die Spezielle Zoologie: Grundbegriffe erkennen und verstehen

Inhaltsverzeichnis

© Springer-Verlag GmbH Deutschland, ein Teil von Springer Nature 2020
I. Schumann, S. Schaffer, *Prüfungstrainer Spezielle Zoologie*,
https://doi.org/10.1007/978-3-662-61671-0_1

1

» „Eine Spezielle Zoologie ist der Teil der wissenschaftlichen Zoologie, der sich besonders mit der Spezies (Art) beschäftigt." (Wilfried Westheide und Gunde Rieger 1996)

Lernziele

Apomorphien, Art, Monophylum, Taxonomie und Phylogenetik, Systematik, konvergente Evolution, Adaptation, Radiation, Homologien und Analogien, Fossilien

Die Zahl der aktuell beschriebenen Organismenarten hat die 2 Millionen-Grenze überschritten und wird bis hin zu 30 Millionen Arten geschätzt. Diese Biodiversität, wie wir sie heute vorfinden, ist durch einen langen Evolutionsprozess entstanden. Biodiversität umfasst jedoch nicht nur Artenreichtum, sondern auch genetische Vielfalt sowie die Vielfalt an Funktionen und Interaktionen von Organismen bis hin zu der Vielfalt ganzer Ökosysteme. Die Forschungsziele der Speziellen Zoologie als Teilgebiet der Biologie und der Biodiversitätsforschung sind die Entdeckung, Charakterisierung und Benennung neuer Arten auf der gesamten Erde (Taxonomie), die Aufklärung ihrer Entstehung und ihrer Verwandtschaftsbeziehungen (Phylogenetik), die Einordnung in das natürliche System (Systematik) und das Verständnis von biologischen Funktionen (Ökologie) und deren Evolution.

Artbildung im Allgemeinen verkörpert ein Zusammenspiel von Mikroevolution (z. B. die Rekombination und Veränderung von Allelfrequenzen) und Makroevolution (z. B. allopatrische und sympatrische Artbildungsprozesse). Während die allopatrische Artbildung durch geographische Isolation von zwei Populationen neue Arten entstehen lässt, werden bei der sympatrischen Artbildung zwei Populationen im selben Gebiet, z. B. durch Nischendifferenzierung, genetisch voneinander isoliert.

Was ist eine Art?

Der Begriff „Spezies" leitet sich vom Lateinischen (*species*) ab und bedeutet „Aussehen" oder „Erscheinung". Nach Ernst Mayr sind „Spezies" oder Arten Gruppen sich kreuzender, natürlicher Populationen, die sich hinsichtlich ihrer Fortpflanzung von anderen Gruppen abgrenzen. Diese Definition des biologischen Artbegriffes bringt eine Reihe von Problemen für die Beschreibung von Arten mit:

- Hybriden,
- Fossilien,
- innerartliche morphologische Variation,
- ungeschlechtliche oder eingeschlechtliche Vermehrung.

Durch die Grenzen des biologischen Artbegriffes haben sich weitere Konzepte zur Abgrenzung von Arten herausgebildet, unter anderem das morphologische Artkonzept, das ökologische Artkonzept und das phylogenetische Artkonzept. Während das biologische Artkonzept auf den geschlossenen Fortpflanzungsgemeinschaften basiert, werden im morphologischen Artkonzept diagnostische Merkmale als artspezifisch betrachtet. Das phylogenetische Artkonzept differenziert hier weiter und betrachtet abgeleitete Merkmale (Apomorphien) als Kriterium der Artzugehörigkeit.

Für die Beschreibung von neuen Arten werden nach dem in der Praxis am häufigsten angewandten morphologischen Artkonzept diagnostische Schlüsselmerkmale benötigt. Anhand dieser Schlüsselmerkmale können dann Individuen bestimmt, d. h. der entsprechenden Art zugeordnet werden. Beschriebene Arten werden in ein hierarchisches System eingeordnet, welches die stammesgeschichtliche Verwandtschaft abbilden soll, egal welchen Rang sie dabei einnehmen:

Domäne	Eukarya
Reich	Animalia
Stamm	Arthropoda
Klasse	Insecta
Ordnung	Hymenoptera
Familie	Apidae
Gattung	*Apis*
Art	*Apis mellifera*

> **Wichtig**
>
> Das hier beschriebene hierarchische System wird in der aktuellen zoologischen Systematik nicht mehr angewendet, da die bisher beschriebenen Hierarchieebenen in zunehmender Zahl untergliedert werden, z. B. in Über- und Unterordnung, Über- und Unterfamilie sowie Untergattung und Unterart. Dennoch werden die Endungen der klassischen Hierarchieebenen in der Regel beibehalten (z. B. die Endung–idae für Familien).

Beispiel:

System der Höheren Krebse	Numerisches System
Unterklasse Eumalacostraca	(1)
Überordnung Eucarida	(1.1)
Ordnung Decapoda	(1.1.1)
Unterordnung Dendrobranchiata	(1.1.1.1)
…	
Unterordnung Pleocyemata	(1.1.1.2)
Teilordnung Achelata	(1.1.1.2.1)
…	

System der Säugetiere (▶ Abschn. 6.2.3.7)

Klasse Mammalia   (1)

Unterklasse Beutelsäuger   (1.1)

Ordnung Didelphimorphia   (1.1.1)

...

Ordnung Paucituberculata   (1.1.2)

...

Überordnung Australidelphia   (1.1.3)

...

Da nur das Art-Taxon im phylogenetischen System eingehalten werden kann, werden die hierarchischen Ränge immer mehr aufgegeben.

Unterschied Taxonomie und Systematik

Taxonomie: Beschreibung von neuen Arten nach vorgegebenen Regeln.
Systematik: Einordnung der Arten in das vorhandene System.

Zur Beschreibung von neuen Arten müssen die angegebenen Schlüsselmerkmale homologe Merkmale darstellen. Homologien sind ursprungsgleiche Merkmale bei unterschiedlichen Gruppen, die es ermöglichen, auf eine gemeinsame Stammart Rückschlüsse zu ziehen. Dabei sind strukturelle und funktionelle Unterschiede möglich, z. B. die Hinterflügel der Hymenoptera (Hautflügler) und die Halteren der Diptera (Zweiflügler).

Homologiekriterien nach Adolf Remane

1. Kriterium der Lage: Homologie kann bei gleicher Lage im vergleichbaren Gefügesystem angenommen werden (z. B. Bauplan der Wirbeltiergliedmaßen).
2. Kriterium der Stetigkeit: Unähnliche Formen können durch Zwischenformen miteinander verbunden sein (z. B. Schädel der Reptilien und Säuger).
3. Kriterium der spezifischen Qualität: Je komplexer eine Struktur und je spezifischer ihre Substrukturen, desto wahrscheinlicher sind sie homolog (z. B. Plakoidschuppe und Säugerzahn).

Dem gegenüber stehen Analogien, unabhängigeMerkmalsübereinstimmungen, die durch Anpassung an ähnliche Funktionen entstanden sind. Diese Anpassungsmöglichkeiten können in verschiedenen Gruppen beobachtet werden, die z. B. einen ähnlichen Lebensraum besiedeln. Dies zeigt sich unter anderem an der Stromlinienform von „Fischen", Pinguinen (Aves) und Walen (Mammalia). Bei der Evolvierung von solchen analogen Merkmalen wird von einer konvergenten Evolution gesprochen.

Autapomorphien stellen abgeleitete Merkmalszustände dar, die das Monophylum der jeweiligen Gruppe (z. B. Haare bei Mammalia, Federn bei Aves) begründen. Synapomorphien dagegen sind abgeleitete Merkmalszustände, die bei zwei Schwestergruppen innerhalb eines Monophylums vorhanden sind. Plesiomorphien sind ursprüngliche Merkmalszustände bei zwei oder mehreren Gruppen, welche von einem früheren Vorfahren vererbt wurden.

> Bei einigen Gruppen kann nach aktueller Systematik nicht genau zugeordnet werden, welche Merkmale eine Autapomorphie, eine Synapomorphie oder eine Plesiomorphie darstellen. Diese Merkmale werden in diesem Buch nur als „Merkmal" der Gruppe gekennzeichnet.

▶ Beispiel

Das Merkmal „Haare" kann innerhalb der Mammalia (Säugetiere) verschiedene Merkmalszustände annehmen:

1. Haare sind eine Autapomorphie der Mammalia.
2. Haare sind eine Synapomorphie der Schwestergruppen Monotremata und Theria.
3. Haare sind eine Plesiomorphie innerhalb der Theria.

Es sind relative Begriffe, die abhängig davon sind, welcher systematische Rang betrachtet wird.

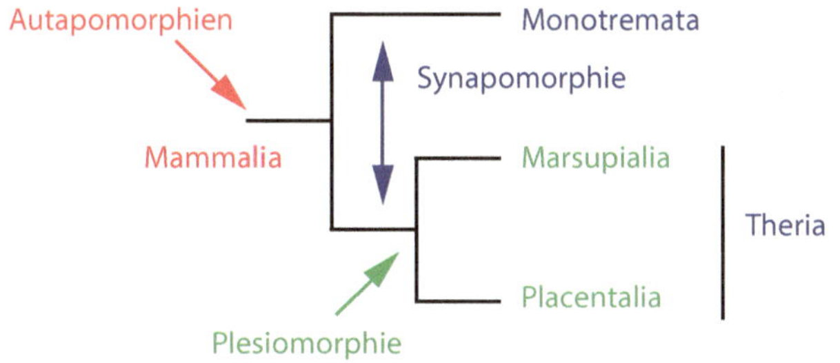

Ein Monophylum stellt eine geschlossene Abstammungsgemeinschaft dar und enthält alle von einer Stammart abstammenden Gruppen (z. B. Arthropoda). Schwestergruppen sind ein Paar von monophyletischen Gruppen, die dann wiederum ein Monophylum bilden (◼ Abb. 1.1). Bei einem Paraphylum hingegen handelt es sich um eine Gruppe, die nicht alle Nachfahren einer Stammart enthält (z. B. „Protista", „Reptilia"). Aufgrund von fälschlich für homolog gehaltenen Merkmalen (z. B. wurmförmiger Körper) können auch polyphyletische Gruppen zusammengefasst werden, die allerdings keine Berechtigung im phylogenetischen System finden.

Die Phylogenetik zielt darauf ab, evolutionäre Verwandtschaften zu erforschen und zu beschreiben. Das Resultat wird in einem sogenannten phylogenetischen Baum abgebildet. Jeder phylogenetische Baum ist jedoch nur eine Hypothese der jeweiligen Beziehungen. Trotzdem können verschiedene Informationen daraus gewonnen werden:

1

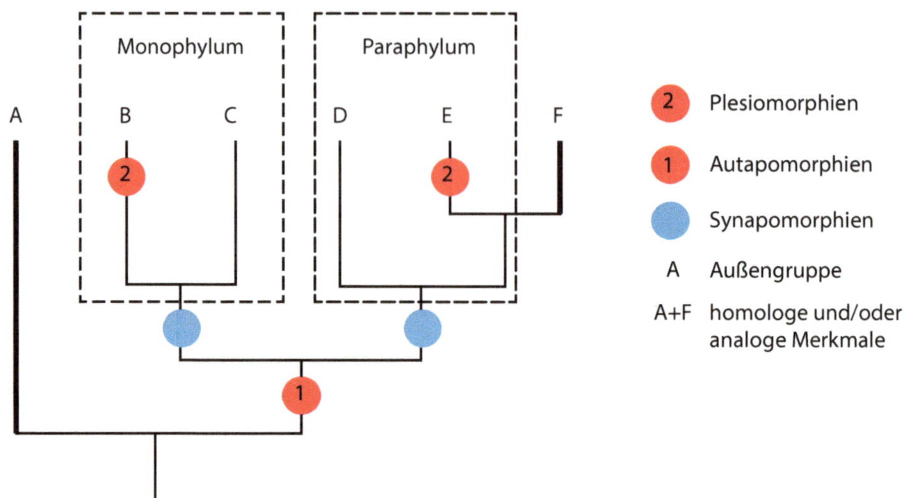

◘ Abb. 1.1   Vereinfachte Phylogenie zur Erklärung von Schwestergruppenbeziehungen und Merkmalsursprüngen. (Verändert nach Bleidorn 2017)

1. Die Evolution von Organismen schreitet über die Zeit fort.
2. Verschiedene Organismen können von einem gemeinsamen Vorfahren abstammen.

Das Muster der Aufspaltungsabfolgen lässt Rückschlüsse auf eine Merkmalsevolution zu (und umgekehrt).

Molekulare Merkmale in der Verwandtschaftsforschung

In der molekularen Phylogenetik finden vor allem Gene und deren Produkte als Merkmale zur Begründung und Einordnung von Gruppen in ein System Verwendung. Hierbei können auch Verwandtschaftsbeziehungen zwischen entfernt verwandten systematischen Gruppen aufgedeckt werden, die mit morphologischen Merkmalen aufgrund von zu großen Unterschieden nicht mehr detektierbar sind. Beispielsweise wurde durch molekulare Merkmalsübereinstimmungen die nähere Verwandtschaft von Pilzen (Fungi) zu den Vielzellern (Metazoa) aufgedeckt.

Was sind Fossilien?

Fossilien sind versteinerte Reste von Pflanzen und Tieren aus früheren Erdzeitaltern. Was verraten sie uns?
- Einblicke in evolutionäre Veränderungen über geologische Zeiträume hinweg,
- das Alter von Organismen über radiometrische Datierung,
- Informationen zur Rekonstruktion der Evolutionsgeschichte.

Eine Reihe von weiteren Faktoren beeinflussen die Entstehung von zahlreichen Organismengruppen:

- Kontinentaldrift:
  Veränderungen von Großlebensräumen in Zahl, Lage, Form und Größe
  (Pangaea, Gondwana).
- Massenaussterben (Faunenschnitte):
  Perm: 96 % aller marinen Tierarten wurden ausgelöscht, Kreide:
  Dinosauriersterben.
- Adaptive Radiationen:
  schnelle Abfolge von Artaufspaltungsereignissen, z. B. nach Massenausterben
  (Faunenschnitten) oder nach Besiedelung neuer Lebensräume (z. B. Darwin-
  Finken auf Galapagos).

? Teil 1: Multiple-Choice-Fragen

1. Was ist unter einer natürlichen Klassifikation zu verstehen?
    a. Merkmalsübereinstimmung in einer Klassifikation
    b. Eine Klassifikation, die natürliche Verwandtschaftsbeziehungen abbildet
    c. Aufspaltung der Stammlinie in einem phylogenetischen Stammbaum
2. Was kennzeichnet eine monophyletische Gruppe?
    a. Abgeleitete Gruppe
    b. Fossil erhaltene Gruppe
    c. Geschlossene Abstammungsgemeinschaft
3. Wodurch sind Analogien begründet?
    a. Konvergente Evolution
    b. Divergente Evolution
    c. Genduplikationen
4. Das Merkmal „Haare" nimmt welchen Merkmalszustand innerhalb der Mammalia ein?
    a. Synapomorphie
    b. Autapomorphie
    c. Plesiomorphie
5. Was beschreibt ein plesiomorphes Merkmal?
    a. Neu erworbenes Merkmal
    b. Verloren gegangenes Merkmal
    c. Ursprüngliches Merkmal

? Teil 2: Offene Fragen

1. Zeichnen Sie einen Stammbaum mit folgender Auflösung:
    A und C sind Schwestergruppen,
    B ist Außengruppe,
    D ist Schwestergruppe zu A und C.
    Kennzeichnen Sie hierbei alle monophyletischen Gruppen und geben Sie an, welche davon Autapo-, Synapo- und Plesiomorphien teilen.
2. Welche Ereignisse beeinflussten die Entstehung und Entfaltung von Organismen?
3. Was ist der Unterschied zwischen Homologien und Analogien? Geben Sie je ein Beispiel.

1

Notizen

Literatur

Adoutte A, Balavoine G, Lartillot N, de Rosa R (1999) Animal evolution: the end of the intermediate taxa? Trends Genet 15:104–108. https://doi.org/10.1016/S0168-9525(98)01671-0

Bleidorn C (2017) Phylogenomics: An Introduction. Springer International Publishing, Cham, S 173–193

Campbell NA, Reece JB, Urry LA et al (2015) Campbell Biologie. Pearson, Boston

Clark DP (2006) Molecular Biology: Das Original mit Übersetzungshilfen. Spektrum Akademischer Verlag, Heidelberg

Cockburn A, Cordes RG, Kaschuba-Holtgrave A (1999) Evolutionsökologie. Spektrum Akademischer Verlag, Heidelberg

Futuyma DJ (2007) Evolution: Das Original mit Übersetzungshilfen. Elsevier/Spektrum Akademischer Verlag, Heidelberg

Junker R, Scherer S (2006) Evolution: Ein kritisches Lehrbuch. Weyel, Gießen

Munk K, Brose U, Kronberg I (2009) Ökologie, Evolution. Thieme, Stuttgart

Purves WK, Sadava D, Orians GH, Heller HC (2011) Purves Biologie. Spektrum Akademischer Verlag, Heidelberg

Sadava D, Hillis DM, Heller HC, Hacker SD (2019) Purves Biologie. Springer Spektrum, Heidelberg

Westheide W, Rieger G (1996) Spezielle Zoologie. 1. Einzeller und Wirbellose Tiere. Gustav Fischer, Stuttgart/Jena/New York

Westheide W, Rieger R (2013) Spezielle Zoologie: Teil 1 Einzeller und Wirbellose. Springer, Heidelberg

Ontogenese in der Speziellen Zoologie

Inhaltsverzeichnis

© Springer-Verlag GmbH Deutschland, ein Teil von Springer Nature 2020
I. Schumann, S. Schaffer, *Prüfungstrainer Spezielle Zoologie*,
https://doi.org/10.1007/978-3-662-61671-0_2

» „Nicht Geburt, Hochzeit oder Tod, sondern die Gastrulation ist der wichtigste Augenblick im Leben des Menschen." (Wolpert 1983, Entwicklungsbiologe)

Lernziele

Ontogenese, Furchung, Gastrulation, Mesoderm, Keimblätter und Coelomverhältnisse verschiedener Tiergruppen

Im Gegensatz zur Stammesentwicklung (= Phylogenese) bezeichnet die Ontogenese nach Ernst Haeckel (1866) die gesamte Entwicklung eines einzelnen Organismus von der befruchteten Keimzelle bis zum Tod. Somit bezeichnet die Ontogenese einen Prozess zur Bildung artgleicher Nachkommen. Zum besseren Verständnis der Entwicklung eines Individuums wird die Untersuchung der Ontogenese in zwei Bereiche geteilt: die deskriptive (= beschreibende) und die kausale (= experimentelle) Embryologie.

Im Allgemeinen werden folgende Phasen der Entwicklung bei den vielzelligen Tieren (Metazoa) unterschieden:

- Embryogenese (Furchung, Gastrulation, Organogenese),
- postembryonale Entwicklung (von der Larve bis zum Adultus),
- Adoleszenz (Adultus mit Geschlechtsreife),
- Seneszenz (Altersphase bis Tod).

Nach Ernst Haeckel kann durch das Verständnis von ontogenetischen Prozessen die evolutionäre Geschichte von Organismen besser verstanden werden und somit auch deren Verwandtschaftsverhältnisse und Phylogenie (◘ Tab. 2.1, Rekapitulationsregel). Allerdings zeigte sich schon frühzeitig, dass diese Regel großen Einschränkungen unterliegt. Nicht alle ursprünglichen Merkmalszustände werden in der Ontogenese rekapituliert, z. B. rekapitulieren Vögel in der Ontogenese keine Zähne. In frühen Ontogenesestadien gibt es auch transitorische Neubildungen, z. B. die Embryonalhüllen der Amniota, die keine ursprünglichen Merkmalszustände wiederholen.

◘ **Tab. 2.1**   Vergleich Ontogenese und Phylogenese. (Verändert nach Junker und Scherer 2013)

Ontogenese	Beschreibung	Phylogenese
Erzeugung von artgleichen Nachkommen	**Was?**	Erzeugung von Artenvielfalt
Zielgerichtet, kontrolliert und programmiert	**Wie?**	Richtungslos und ungelenkt
Beobachtbar		Hypothetisch
Genetische und epigenetische Wechselwirkungen zeitlich und räumlich abgestimmt		Rekombination, Mutation, Selektion und historische Prozesse
Tage bis Monate je nach Art	**Zeit**	Historische Zeiträume

> Die Embryogenese erfolgt gruppentypisch, statt phylotypisch – sie spiegelt eher die jüngste Evolutionsgeschichte wider als die Stammesgeschichte. Vom Fehlen von Merkmalen in der Embryogenese darf nicht auf das Fehlen dieser Merkmale in der Phylogenie geschlossen werden!

Rekapitulationsregel (Biogenetische Grundregel)

Die Entwicklung des Einzelwesens (= Ontogenie) ist die kurze Wiederholung (Rekapitulation) seiner Stammesgeschichte (Phylogenie).

Beispiel: Huhn- und Menschenembryo teilen in ihrer frühen Entwicklung ein gemeinsames Merkmal mit Fischen: Sie zeigen Kiemenbögen oder Kiemenschlitze. Diese Beobachtung könnte darauf hinweisen, dass Fische, Hühner und Menschen einen gemeinsamen Vorfahren teilen.

Zusammenfassend sind zeitlich und räumlich exakt aufeinander bezogene Wechselwirkungen von genetischen und zellulären Prozessen entscheidend für den erfolgreichen Verlauf der Ontogenese. Viele Genfamilien, wie z. B. maternale Effektgene, *Gap*-Gene, *Pax*-Gene oder auch die bekannten *Hox*-Gene, sind an der Entwicklung des Embryos beteiligt, die gekennzeichnet ist durch einen ständig wechselnden Phänotyp.

Im Folgenden werden nun Aspekte der Embryogenese und der Evolution von wichtigen Organsystemen in den verschiedenen Tiergruppen besprochen.

2.1 Furchung

Furchung bezeichnet die rasche mitotische Zellteilung in Abhängigkeit von Dottergehalt und Dotterverteilung der Zygote. Dabei findet DNA-Replikation ohne Zellwachstum und Genexpression statt. Die Zygote wird also von einer einzelnen Zelle zu einer vielzelligen Morula, einer kleinen, kompakten Zellkugel. Aus der Morula entwickelt sich nach fünf bis sieben Teilungen die Blastula, mit einer zentralen flüssigkeitsgefüllten Höhle, die sogenannte primäre Leibeshöhle (= Blastocoel). Die einzelnen Furchungszellen der Morula und Blastula werden als Blastomere bezeichnet. Diese enthalten unterschiedliche cytoplasmatische Determinanten (maternale mRNAs und Proteine). Das bedeutet, dass die Voraussetzung für die nachfolgenden Entwicklungsprozesse bereits in dieser Phase geschaffen wird (◘ Abb. 2.1). Insgesamt kann das Organisationsniveau der Blastula mit dem der ursprünglichen Vielzeller, wie z. B. *Volvox*, verglichen werden.

> Die fertige Blastula eines Waldfrosches (*Rana sylvatica*) besitzt 700.000 Zellen.

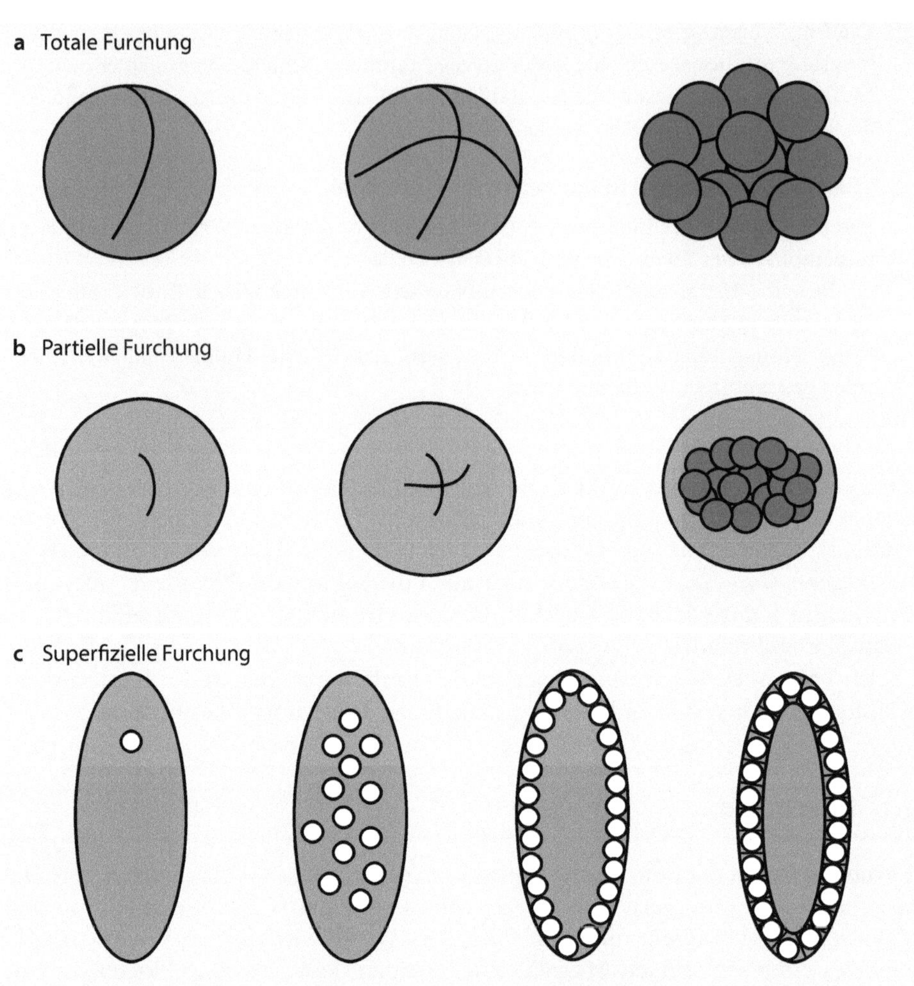

❏ Abb. 2.1   Furchungstypen verschiedener Bilateria **a** Totale oder holoblastische Furchung. Die Eizelle wird in der frühen Phase vollständig in Blastomere aufgeteilt. **b** Partielle Furchung oder meroblastische Furchung. Ein Großteil der Eizelle bleibt in der frühen Phase zunächst ungeteilt. Der Embryo bildet die Keimscheibe. **c** Superfizielle Furchung. Multiple Kernteilungen und Wanderung zur Peripherie, anschließend Zellularisierung und Bildung eines Blastoderms (Cytokinese). (Verändert nach verschiedenen Autoren)

Furchungstypen im Tierreich

- Totale oder holoblastische Furchung (wenig Dotter, vollständige Teilung, Blastomere gleich groß): Radiärfurchung, Spiralfurchung, bilateralsymmetrische und disymmetrische Furchung.
- Partielle oder meroblastische Furchung (viel Dotter, unvollständige Teilung, Blastomere unterschiedlich groß): discodiale und superfizielle Furchung.

> Der Dottergehalt eines Embryos weist auf den Nährstoffgehalt hin:
> ▬ viel Dotter = viele Nährstoffe
> ▬ wenig Dotter = wenige Nährstoffe

Das Muster und die Dauer der Furchung hängen vom Dotter des Embryos und nicht vom Nukleus ab. Die Furchung gilt dann als abgeschlossen, wenn das Blastula-Stadium erreicht ist.

2.2 Gastrulation und Mesodermbildung

Im Zuge der Gastrulation wird durch massive Zellwanderungen aus der Blastula ein Embryo mit mehreren Gewebsschichten und Körperachsen. Dabei bilden sich die Gastrula und zwei bis drei Keimblätter aus: Ektoderm, Entoderm und ggf. Mesoderm. Der Vorgang beschreibt also die Gesamtheit aller Ereignisse, die zur Keimblattbildung führen, und bereitet somit die Bildung innerer Organe vor (◨ Abb. 2.2). Diese Keimblattentwicklung schließt sich direkt an die Furchungsvorgänge an. Bei den morphogenetischen Bewegungen der einzelnen Zellen und Zellverbände werden Orte der späteren Organogenese festgelegt und somit die Grundstruktur des jeweiligen Individuums. Die Gastrulationstypen können je nach Tiergruppe, Dottergehalt der Eier und Furchungstyp variieren und stark verändert vorkommen (◨ Tab. 2.2). Solche Mischformen kommen z. B. bei den Amphibien vor (Involution). Die bilateralsymmetrischen Tiere sind durch ein drittes Keimblatt, das Mesoderm, charakterisiert. Das Mesoderm wird im Zuge der Gastrulation gebildet und unterscheidet sich bei einzelnen Tiergruppen (◨ Tab. 2.3).

❯ **Wichtig**
Achtung, Verwechslungsgefahr!
Gastrulation, Mesoderm- und Coelombildung erfolgen unmittelbar nacheinander. Diese Prozesse werden durch eine hierarchische Genkaskade gesteuert und verschmelzen unmittelbar miteinander während der Embryonalentwicklung.

Die Grundprozesse der Gastrulation (◨ Tab. 2.2) werden bei vielen Keimen kombiniert.

Auch wenn sich die Gastrulationsprozesse der einzelnen Tiergruppen unterscheiden, verlaufen alle nach allgemeinen Mechanismen:
▬ Veränderungen der Zellmotilität,
▬ Veränderungen der Zellformen,
▬ Veränderungen von Adhäsions- und Anhaftungskräften.

Während die Blastula den ursprünglichen Vielzellern gleicht, enstpricht die Gastrula phylogenetisch den Schwämmen und Hohltieren.

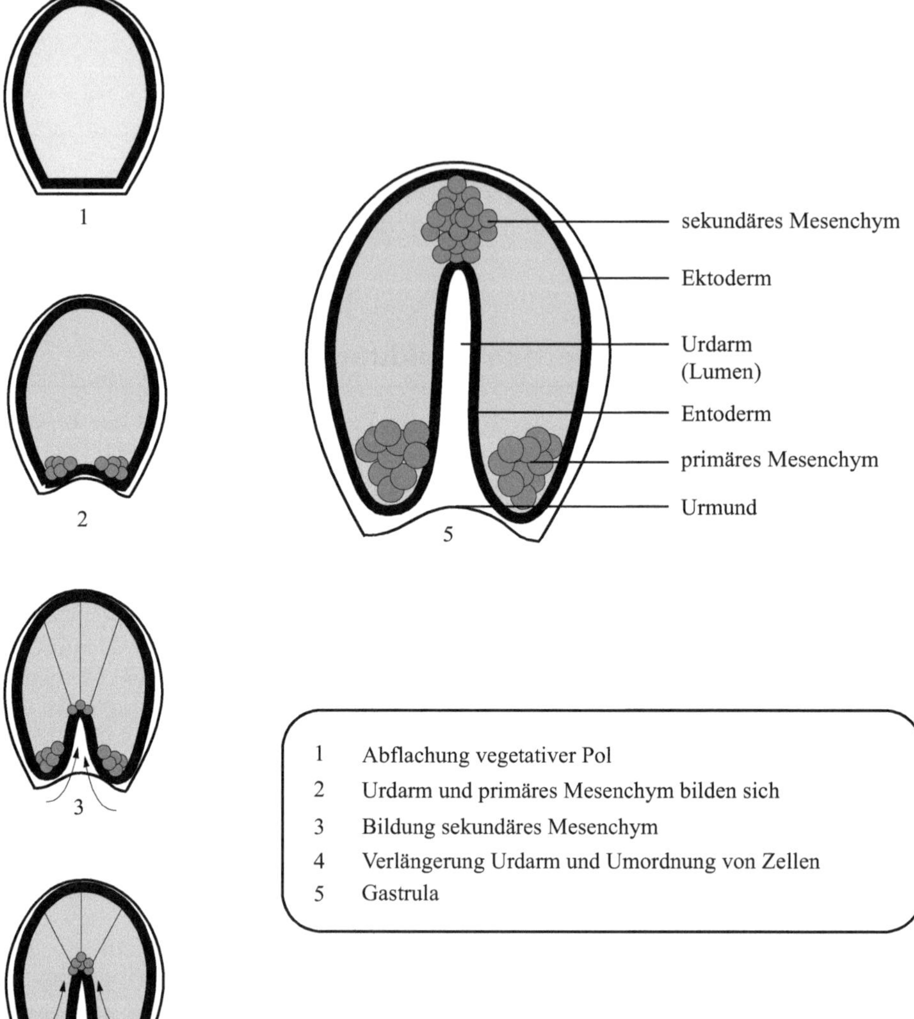

◘ Abb. 2.2   Vereinfachter Gastrulationsverlauf am Beispiel eines Vertreters der Echinoidea (Seeigel). Der Vorgang geht von einer einschichtigen Blastula aus und führt zur Keimblattbildung durch Invagination (z. B. Echinodermata), Immigration (z. B. Cnidaria) oder Delamination (z. B. Hypoblast, Vogelembryo). (Verändert nach Purves et al. 2011 und Sadava et al. 2019)

▣ Tab. 2.2 Formen der Gastrulation im Tierreich

Form	Invagination	Immigration (auch Ingression)	Epibolie	Delamination	Involution (Mischform)
Wie	Einstülpung einer Zellschicht	Einwanderung von einzelnen Zellen in das Blastocoel	Umwachsung einer inneren Masse	Abblätterung von Zellschichten	Umstülpung, Zellen wandern über Blastoporusrand ein
Beispiel	Cnidaria, einige Vertreter der Echinodermata	Cnidaria, Echinoidea	Einige Vertreter der Mollusca	*Gallus gallus*	Einige Vertreter der Amphibien, z. B. *Xenopus laevis*

▣ Tab. 2.3 Formen der Mesodermbildung innerhalb der Bilateria

Form	Urmesodermzellen	Enterocoelie	Abwanderung
Wie	Spiralfurchung → frühe Mesodermanlage, durch Teilung → Urmesodermzellen → Mesodermstreifen → Coelomsäckchen	Zellen falten sich aus dem Urdarm ab und bilden seitliche Taschen, die zwischen Ento- und Ektoderm liegen	Primitivstreifen → Primitivrinne als funktioneller Zustand, Wanderung ektodermaler Zellen → Ursegmente als Coelomanlagen → Stamm- und Seitenplattenmesoderm
Beispiel	Annelida, Mollusca	Echinodermata, ursprüngliche Chordata	Abgeleitete Craniota

2.3 Coelombildung

Das Coelom stellt eine flüssigkeitsgefüllte, mit Mesoderm ausgekleidete sekundäre Leibeshöhle dar, die teilweise mit Ausscheidungsorganen in Verbindung steht. Der letzte gemeinsame Vorfahre der Bilateria besaß ein Coelom. Dieses wurde allerdings innerhalb der Bilateria mehrfach abgewandelt. Bestimmte Tiergruppen sind demnach durch eine spezifische Form des Coeloms charakterisiert, teilweise ist es aber auch vollständig verloren gegangen, wie z. B. bei den Plathelminthes (Plattwürmern). Dadurch können die Bilateria aufgrund der Ausbildung ihrer „Körperhöhlen" vereinfacht in acoelomate, pseudocoelomate und coelomate Organisationstypen eingeteilt werden (▣ Abb. 2.3 und ▣ Tab. 2.4); dabei handelt es sich um keine phylogenetische Klassifikation!

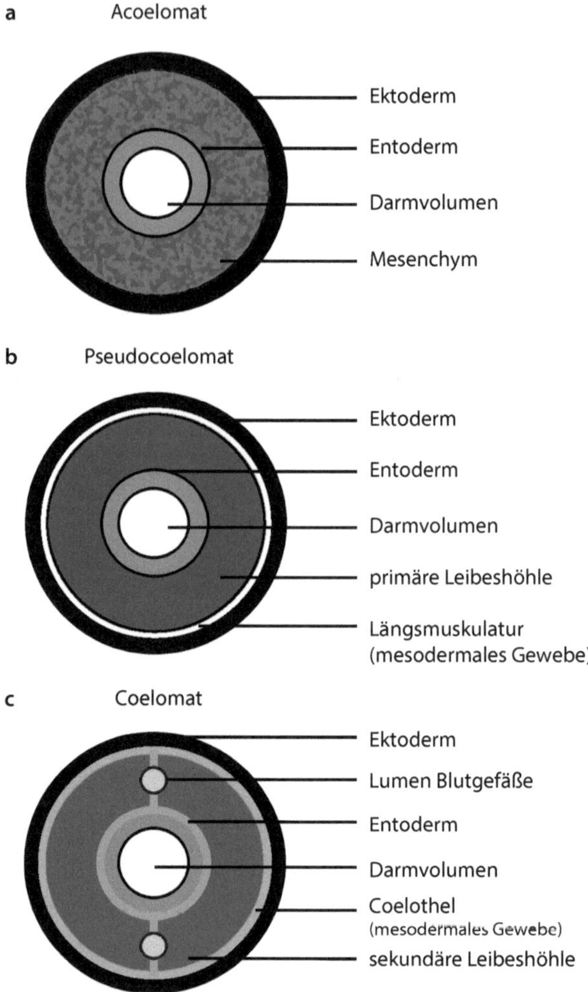

◘ **Abb. 2.3** Coelomverhältnisse ausgewählter Bilateria. **a** Acoelomat (bei Plathelminthes); das Mesenchym ist mit Spalten durchzogen. **b** Pseudocoelomat (bei Nematoda); die primäre Leibeshöhle ist mit Mesothel ausgekleidet. **c** Coelomat (bei Annelida und Deuterostomia); mit vollständig entwickelter sekundärer Leibeshöhle, die Leibeshöhle und Organe sind umhüllt von Coelothel. (Verändert nach Wehner und Gehring 2013)

Die Bildung eines Coeloms bringt viele Vorteile, beispielsweise beim Wachstum der Tiere. Tiergruppen mit ausgebildetem Coelom werden meist größer und konnten einen hohen Grad an Entwicklung von viszeralen Strukturen, wie Herz, Leber und Gonaden, evolvieren. Alle Craniota sind z. B. echte Coelomtiere. Hier sondern sich von der ursprünglich einheitlichen sekundären Leibeshöhle die Perikardhöhle, die Pleura- und die Peritonealhöhle ab. In diese Höhlen wölben sich dann die Organe.

◘ Tab. 2.4 Coelomverhältnisse verschiedener Gruppen der Bilateria

	Schizocoel	Pseudocoel	Coelom	Mixocoel
Deuterostomia				
Craniota			X	
Echinodermata			X[a]	
Protostomia: Lophotrochozoa				
Plathelminthes	X			
„Rotatoria"		X		
Annelida			X	
Mollusca			X[b]	
Brachiopoda			X	
Protostomia: Ecdysozoa				
Nematoda		X		
Tardigrada				X
Arthropoda				X

[a]abgewandelt in drei Teile (Axo-, Hydro- und Somatocoel)
[b]auf Perikard (Herzbeutel) und Gonadenhöhle beschränkt

? Teil 1: Multiple-Choice-Fragen
1. Wie ist Ontogenese definiert?
    a. Gesamtentwicklung eines Organismus
    b. Embryonalentwicklung
    c. Zellteilung
2. Welche drei Furchungstypen sind im Tierreich vertreten?
    a. Holoblastisch, meroblastisch und superfiziell
    b. Gastrulation und Epibolie
    c. Immigration und Invagination
3. Bei welcher Tiergruppe hat sich das Coelom vollständig reduziert?
    a. Annelida
    b. Echinodermata
    c. Plathelminthes
4. Auf was weist der Dottergehalt eines Embryos hin?
    a. Nährstoffgehalt
    b. Entwicklungszustand
    c. Mesodermbildung

5. Durch welchen Vorgang in der Embryonalentwicklung entstehen die Keimblätter?
   a. Furchung
   b. Gastrulation
   c. Coelombildung

Teil 2: Offene Fragen

1. Vergleichen Sie Ontogenese und Phylogenese.
2. Erläutern Sie den Unterschied zwischen den Furchungstypen im Tierreich. Nennen Sie je ein Beispiel.
3. Erläutern Sie einen Gastrulationsverlauf eines Vertreters der Bilateria. Nach welchen Mechanismen verläuft eine Gastrulation?
4. Wie unterscheiden sich die Coelomverhältnisse der einzelnen Tiergruppen? Nennen Sie Beispiele.

Notizen

Literatur

Buselmaier W, Haussig J (2009) Biologie für Mediziner. Springer, Heidelberg

Campbell NA, Reece JB, Urry LA et al (2015) Campbell Biologie. Pearson, Boston

Fioroni P (2013) Allgemeine und vergleichende Embryologie der Tiere. Springer, Heidelberg

Funayama N, Sato Y, Matsumoto K et al (1999) Coelom formation: binary decision of the lateral plate mesoderm is controlled by the ectoderm. Development 126:4129–4138

Haeckel E (1866) Generelle Morphologie. I: Allgemeine Anatomie der Organismen. II: Allgemeine Entwickelungsgeschichte der Organismen. De Gruyter, Berlin

Junker R, Scherer S (2013) Evolution: Ein kritisches Lehrbuch. Weyel, Gießen

Müller WA, Hassel M (2003) Entwicklungsbiologie und Reproduktionsbiologie von Mensch und Tieren: Ein einführendes Lehrbuch. Springer, Heidelberg

Nielsen C (2012) Ecdysozoa. In: Nielsen C (Hrsg) Animal evolution: interrelationships of the living phyla, 3. Aufl. Oxford University Press, Oxford, S 249

Paululat A, Purschke G (2011) Wörterbuch der Zoologie: Tiernamen, allgemeinbiologische, anatomische, physiologische, ökologische Termini. Springer, Heidelberg

Piper R (2013) Animal Earth: the amazing diversity of living creatures. Thames & Hudson, London

Purves WK, Sadava D, Orians GH, Heller HC (2011) Purves Biologie. Spektrum Akademischer Verlag, Heidelberg

Sadava D, Hillis DM, Heller HC, Hacker SD (2019) Purves Biologie. Springer Spektrum, Heidelberg

Wehner R, Gehring WJ (2013) Zoologie. Thieme, Stuttgart

Wolpert L (1983) Quoted in JMW Slack (1983), From egg to embryo: determination events in early development. Cambridge University Press, Cambridge, S 1

Organogenese und Evolution von Organsystemen

Inhaltsverzeichnis

© Springer-Verlag GmbH Deutschland, ein Teil von Springer Nature 2020
I. Schumann, S. Schaffer, *Prüfungstrainer Spezielle Zoologie*,
https://doi.org/10.1007/978-3-662-61671-0_3

Lernziele

Proto- und Metanephridien, Wolff'scher Gang, Kreislaufsysteme, Hämolymphe, Diffusion, Atemmedium, komplexes Nervensystem

Bevor Organe zu komplexen Systemen ausgebildet werden können, findet unabhängig voneinander eine topographische und gewebliche Differenzierung der Keimblätter statt, die sogenannte Organogenese. Dabei müssen die verschiedenen Keimblätter miteinander interagieren, um synchron und koordiniert Muskelgewebe, Bindegewebe, Nervengewebe und Epithelien zu differenzieren.

Die Organogenese findet nach der Gastrulation statt, die Anlagen der einzelnen Organe gehen aus den Keimblättern hervor. Aus dem Ektoderm entsteht neben der Epidermis das periphere und zentrale Nervensystem. Das Mesoderm bildet das Binde-, Blutgefäß- und Geschlechtssystem aus, und das Entoderm formiert die inneren Organe. Bemerkenswert ist, dass die Organe der Bilateria sich jeweils komplett aus diesen drei Keimblättern entwickeln.

- Ektodermale Organe: z. B. Epidermis, Nervensystem, Vorder- und Enddarm, Protonephridien.
- Mesodermale Organe: z. B. Notochord, Muskulatur, Binde- und Stützgewebe, Blut- und Lymphgefäße, Nieren, Gonaden.
- Entodermale Organe: z. B. Mitteldarm und Anhangsorgane, Lungen, endokrine Organe, Blase.

Erst bei den triploblastischen bilateralsymmetrischen Tieren treten vollständig ausgeprägte Organe auf. Zwar kennen wir von Cnidaria (Nesseltiere, ▶ Abschn. 4.2.4), Ctenophora (Rippenquallen, ▶ Abschn. 4.2.5) und Parazoa (▶ Abschn. 4.2.1) aus dem Entoderm hervorgehende verdauende Zellen, allerdings wird in diesem Fall noch nicht von definierten Organen gesprochen.

3.1 Exkretion: Protonephridien, Metanephridien, Malpighische Gefäße, Pronephros, Opisthonephros

Exkretionsorgane kontrollieren die Osmolarität und das Volumen der Kreislauf- und Gewebeflüssigkeit. Dies geschieht durch das Ausscheiden von überflüssigen Lösungsstoffen (Soluten), z. B. NaCl oder Stickstoff, aber auch durch das Zurückhalten von solchen, die nur in geringem Maße vorkommen, z. B. Glucose oder Aminosäuren. Die abgesonderte Flüssigkeit wird als Harn oder Urin bezeichnet. Im gesamten Tierreich kommen vor allem zwei Haupttypen von Exkretionsorganen vor: Protonephridien und Metanephridien (◘ Tab. 3.1).

▢ Tab. 3.1   Exkretionsorgane verschiedener Tiergruppen

System	Kontraktile Vakuole	Proto-nephridien	Meta-nephridien	Niere	Malpighische Gefäße
Aufbau	Abgewandeltes Dictyosom	Terminalzelle mit Wimpernflamme und Exkretionskanal	Nephrostom mit Exkretionstubulus	Nephrostom mit Glomerulus, Malpighischen Körperchen und Wolff'schem Gang, Ureter (▢ Abb. 3.1)	Unverzweigte Darmausstülpungen
Wie?	Fusion Plasmamembran	Ultrafiltration (= Bildung von Primärharn)	Ultrafiltration	Ultrafiltration, tubuläre Reabsorption	Primärharn durch Sekretion, spätere Modifikation durch Resorption
Wo?	*Paramecium* spec und andere Protisten, Porifera	Plathelminthes, diverse Larven	Annelida	Craniota	Landlebende Arthropoda

Die Malpighischen Gefäße der Arthropoda (▢ Tab. 3.1) lassen sich weder von Proto- noch von Metanephridien ableiten. Da dieser Typ der Exkretion bei der artenreichsten Tiergruppe vorkommt, können die Malpighischen Gefäße als ein weiterer Haupttyp angesehen werden.

Eine Besonderheit lässt sich im Urogenitalsystem der Craniota erkennen, es vereinigt das Exkretions- und Fortpflanzungssystem, obwohl beide keine funktionelle Beziehung aufweisen. Das Vorkommen beider Systeme in einem beruht auf dem engen räumlichen Kontakt ihrer Anlagen im Embryo. Die Ausfuhrkanäle für Harn und Gameten werden bei den adulten Vertretern häufig gemeinsam genutzt (▢ Abb. 3.1).

Auch wenn die tierischen Exkretionssysteme anatomisch sehr unterschiedlich ausgebildet sind, können drei Grundprozesse unterschieden werden:
1. Druckfiltration,
2. Reabsorption,
3. Sekretion.

Exkretionssysteme verschiedener Tiergruppen müssen nicht homolog sein, sie sind z. B. ektodermaler und mesodermaler Herkunft. Die Malpighischen Gefäße der Myriapoda und Insecta sind ektodermal, die der Chelicerata entodermal.

3

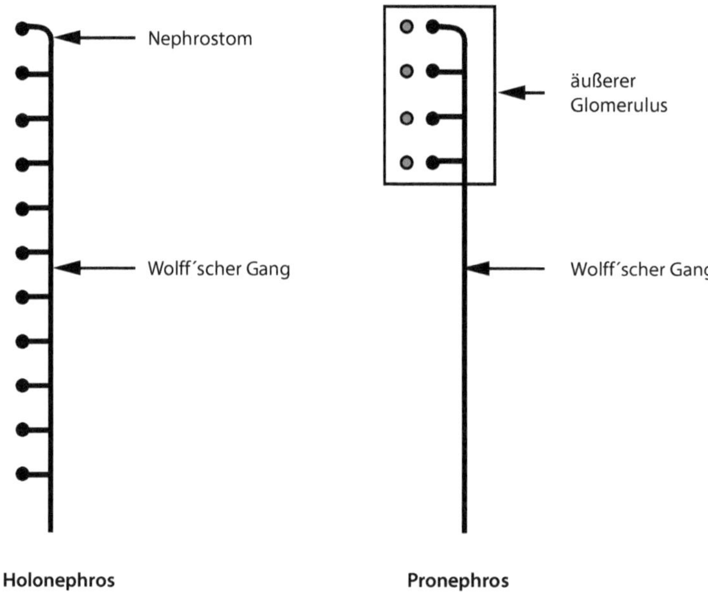

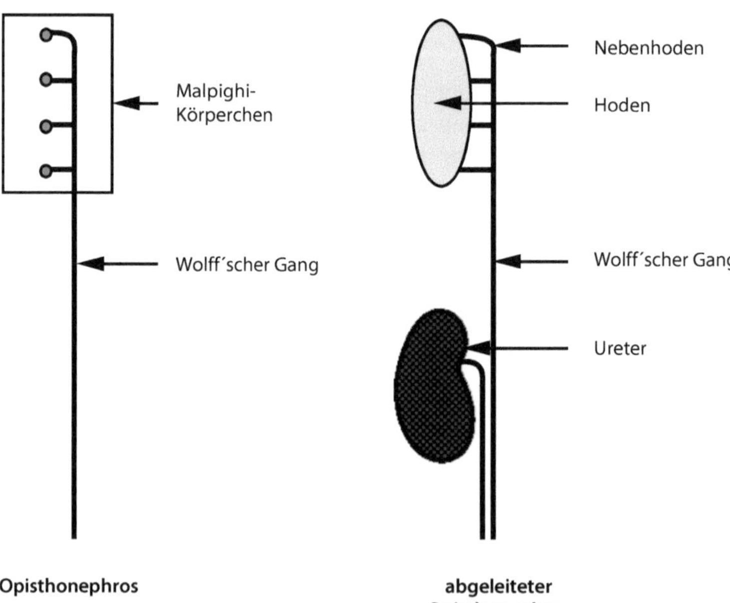

◘ **Abb. 3.1** Evolution des Urogenitalsystems der Craniota. Es entsteht aus dem Ursegmentstil und vereint Exkretions- und Fortpflanzungssystem. Früh in der Entwicklung kam es zur Gliederung in die craniale Vorniere (Pronephros) und caudale Nachniere (Opisthonephros). Der Wolff´sche Gang dient als primärer Harnleiter. (Verändert nach Wehner und Gehring 2013)

3.2 Blutgefäßsystem: offen, geschlossen, Blut, Hämolymphe

Das Blutgefäßsystem im Tierreich ist mesodermaler Herkunft und besteht meist aus einer muskulösen Pumpe, einer Flüssigkeit und Gefäßen, durch welche die Zirkulation der Flüssigkeit durch den Körper erfolgt. Dies ist besonders wichtig, um Hormone, Atemgase und Moleküle des Immunsystems zu transportieren. Einige Gruppen im Tierreich kommen ohne Kreislaufsystem aus, bei anderen Gruppen liegt es offen oder geschlossen vor (◘ Abb. 3.2 und ◘ Tab. 3.2).

Einzellige Organismen können durch direkten Austausch mit der Umwelt ihren gesamten Bedarf an Nährstoffen, Atemgasen und die Entsorgung von Abfallprodukten decken. Auch einige vielzellige, wasserlebende Tiere, z. B. die Porifera (Schwämme), sind durch ihre dünne und poröse Zellschicht (Dermallager) immer mit dem Außenmedium in Kontakt. Somit erfolgt durch Diffusion ein ständiger Austausch mit der Umwelt.

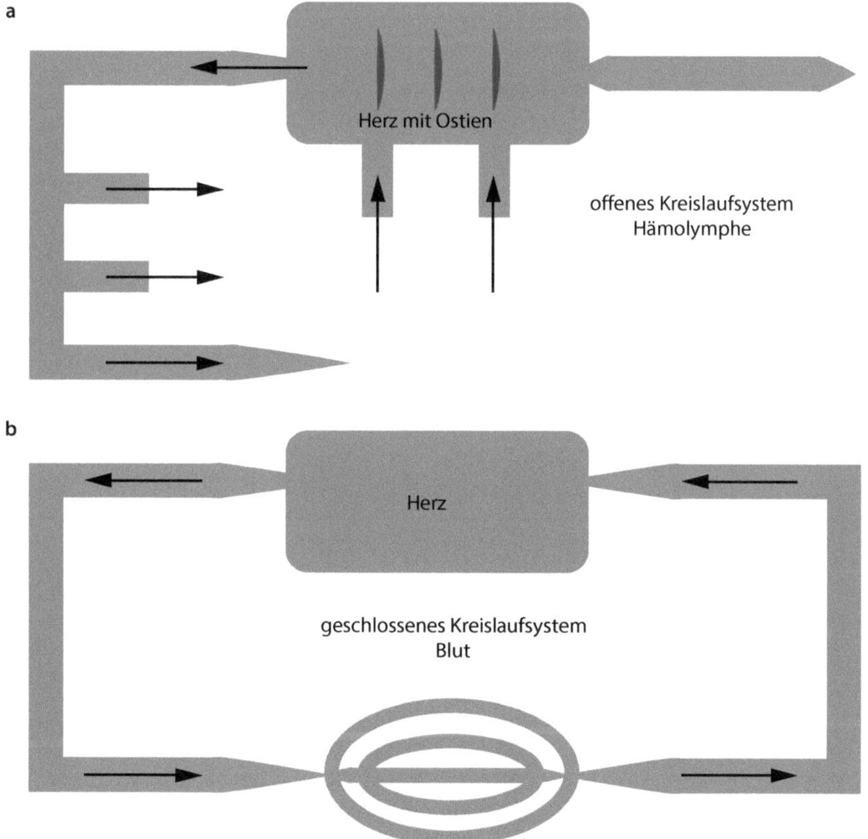

◘ **Abb. 3.2** Kreislaufsysteme der Bilateria. **a** Offene Kreislaufsysteme sind charakterisiert durch eine Herzpumpe mit seitlichen Ostien, Organe werden von Hämolymphe umspült. **b** Geschlossene Kreislaufsysteme sind charakterisiert durch geschlossene Gefäße, in denen ausschließlich Blut zirkuliert. (Verändert nach Wehner und Gehring 2013)

◻ Tab. 3.2 Blutgefäßsystem von ausgewählten Tiergruppen

Gruppen	Transportflüssigkeit	System
„Protista"	Fehlt,	Fehlt; nur Diffusion möglich
Cnidaria	Gastrovaskularsystem	
Plathelminthes	Gastrovaskularsystem	
Annelida	Blut	Geschlossen, ohne zentrales Herz (◻ Abb. 3.2)
Mollusca	Hämolymphe	Offen
Nematoda	Fehlt	Fehlt; nur Diffusion möglich
Onychophora	Hämolymphe	Offen (◻ Abb. 3.2)
Arthropoda	Hämolymphe	Offen
Craniota	Blut	Kardiovaskularsystem

Bei großen und mobilen Tieren liegen die Zellen in einer extrazellulären Flüssigkeit. Von dieser werden die Gewebe mit Sauerstoff, Signal- und Botenstoffen versorgt. Der Unterschied zwischen einem offenen und geschlossenen Blutkreislauf besteht darin, dass es bei dem offenen keinen Unterschied zwischen den einzelnen Kreislaufflüssigkeiten gibt. Interstitielle Flüssigkeit, Lymphe und Blut liegen vermengt vor. In solchen Fällen wird die Transportflüssigkeit auch Hämolymphe genannt. Bei geschlossenen Kreislaufsystemen, z. B. bei Annelida, ist das Blut von anderen Körperflüssigkeiten getrennt.

❯ Das Blutgefäßsystem ist oft eines der am frühesten aufgebauten und funktionierenden Organsysteme.

3.3 Atmungssystem: Tracheen, Kiemen, Lunge, Hautatmung

Tiere benötigen Sauerstoff, um Energie aus ihrer Nahrung zu gewinnen. Dieser Prozess der aeroben Atmung ist wichtig für weitere metabolische Prozesse. Evolutionär haben sich bei verschiedenen Tiergruppen verschiedene Systeme für die Atmung entwickelt (◻ Tab. 3.3). Dabei verfügen Gasaustauschsysteme über eine respiratorische Oberfläche und Mechanismen zur Perfusion und Ventilation. Die Atemgase, die dabei ausgetauscht werden, sind Sauerstoff und Kohlenstoffdioxid.

Die Atemgase werden zwischen den Körperflüssigkeiten der Tiergruppen und dem Außenmedium (Wasser oder Luft) getauscht. Dabei kann auch nur Diffusion erfolgen, wie z. B. bei Porifera (Schwämme) oder Cnidaria (Nesseltiere). Bei anderen Tiergruppen sind die Atemorgane durch zahlreiche anatomische Anpassungen an die jeweiligen Lebensumstände angepasst. Aquatisch lebende Tiere wie die „Crustacea" (Ausnahme Isopoda [Asseln]!) tragen Kiemen, terrestrische dagegen Tracheen oder Lungen in verschiedensten Ausführungen. Der Bau der respiratorischen Oberfläche zeigt, welche Spezialisierung beim Gasaustausch erfolgt ist (◻ Abb. 3.3).

◘ Tab. 3.3 Atmungssystem von ausgewählten Tiergruppen

Tiergruppe	System
Porifera	Fehlt
Cnidaria	Hautatmung
Plathelminthes	Hautatmung
Annelida	Hautatmung, Kiemen
Mollusca	Kiemen, Lungen
Nematoda	Hautatmung
Onychophora	Tracheen
Arthropoda	Tracheen, Buchlungen
Craniota	Hautatmung, Kiemen, Lungen

◘ Abb. 3.3 Atemorgane verschiedener Bilateria. Bedeutend ist hierbei das jeweilige Atemmedium. Verändert nach verschiedenen Autoren

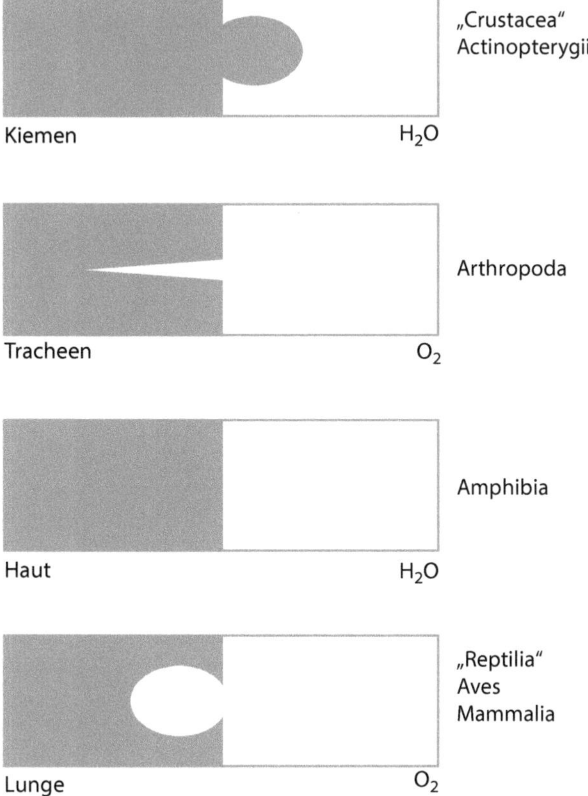

3

3.4 Nervensystem: Nervennetz, Strickleiternervensystem, Ganglien, zentrales Gehirn

Die Nervensysteme unterscheiden sich im gesamten Tierreich durch ihre Komplexität und somit auch in ihrer Funktionsweise (◘ Abb. 3.4 und ◘ Tab. 3.4). Gemeinsam haben sie jedoch, dass sie stets aus ektodermalem Gewebe gebildet werden und ein Kommunikationssystem, basierend auf einem Netzwerk aus Neuronen, bilden. Mithilfe dieses Organsystems können Informationen verarbeitet und integriert werden. Im Allgemeinen bauen sich Nervensysteme oder neuronale Netze durch zwei Zelltypen auf: Neurone (Nervenzellen) und Gliazellen (Stützzellen). Für die erfolgreiche Funktion ist eine bestimmte Anzahl an Neuronen nötig, die miteinander und mit ihren Zielzellen in Verbindung stehen.

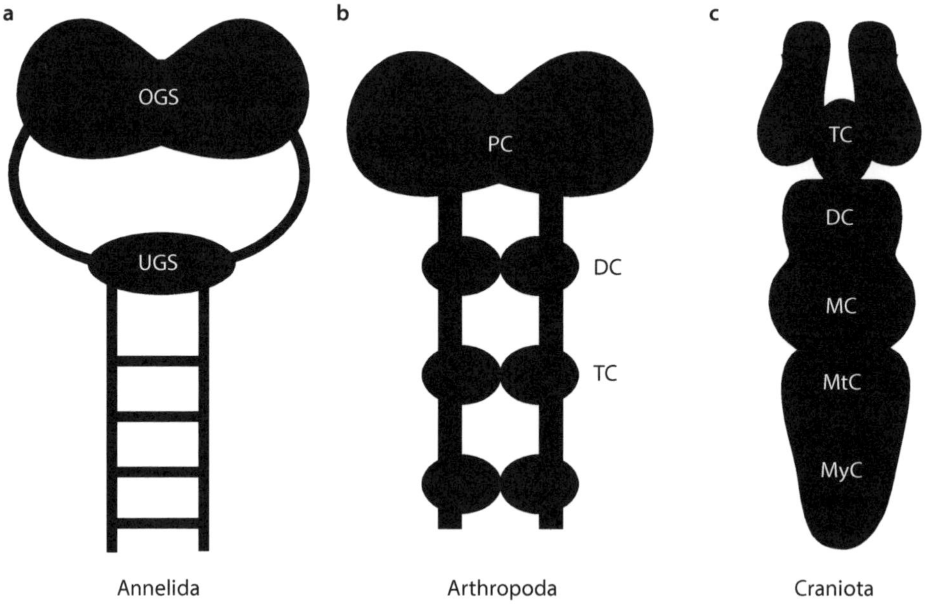

◘ **Abb. 3.4** **Aufbau** des Nervensystems ausgewählter Gruppen der Bilateria. **a** Annelida mit Oberschlundganglion (OGS), das über Schlundkonnektive mit dem Unterschlundganglion (UGS) in Verbindung steht. Grundtyp mit Strickleiterform. **b** Arthropoda mit dreiteiligem Gehirn: Protocerebrum (PC), Deutocerebrum (DC) und Tritocerebrum (TC). Strickleiterform mit segmentalen Ganglien. **c** Craniota mit fünfteiligem Gehirn: Telencephalon (TC), Diencephalon (DC), Mesencephalon (MC), Metencephalon (MtC) und Myelencephalon (MyC). (Verändert nach verschiedenen Autoren)

◘ Tab. 3.4 Nervensysteme ausgewählter Tiergruppen

Tiergruppe	**System**
„Protista"	Intrazelluläres Erregungsleitungssystem
Cnidaria	Diffuses Nervensystem
Plathelminthes	Orthogonales Nervensystem
Annelida	Strickleiternervensystem
Mollusca	Tetraneurales Nervensystem
Nematoda	Strangsystem mit Schlundring
Onychophora	Strickleiternervensystem
Arthropoda	Strickleiternervensystem mit Komplexgehirn
Craniota	Zentralnervensystem (Neuralrohr) mit Komplexgehirn

> „Ein Nervensystem ist eine gegliederte Anordnung von Zellen (Neuronen), die darauf spezialisiert sind, wiederholt Erregungszustände von Rezeptoren oder von anderen Neuronen auf die Erfolgsorgane zu übertragen" (Bullock und Horridge 1965).

Im Grundmuster der bilateralsymmetrischen Tiere zeigt sich ein intraepithelialer Nervenplexus (◘ Abb. 3.5), der auch schon bei Vertretern der Cnidaria (*cnidarian-like ancestor*) vorhanden ist und ebenso bei den Phoronida (Hufeisenwürmer, ▶ Abschn. 5.2.2.2) zu finden ist. Dieses Muster bleibt bis zu den Hemichordaten (▶ Abschn. 6.1.2) erhalten.

> Drei Grundprinzipien der Evolution von Nervensystemen sind:
> 1. Zentralisation,
> 2. Akkumulation,
> 3. Internation.

Das Nervensystem von *Drosophila* (Taufliege, Insecta) beispielsweise geht aus proneuralen Zellgruppen hervor, während bei Wirbeltieren die Neuralplatte eine

3

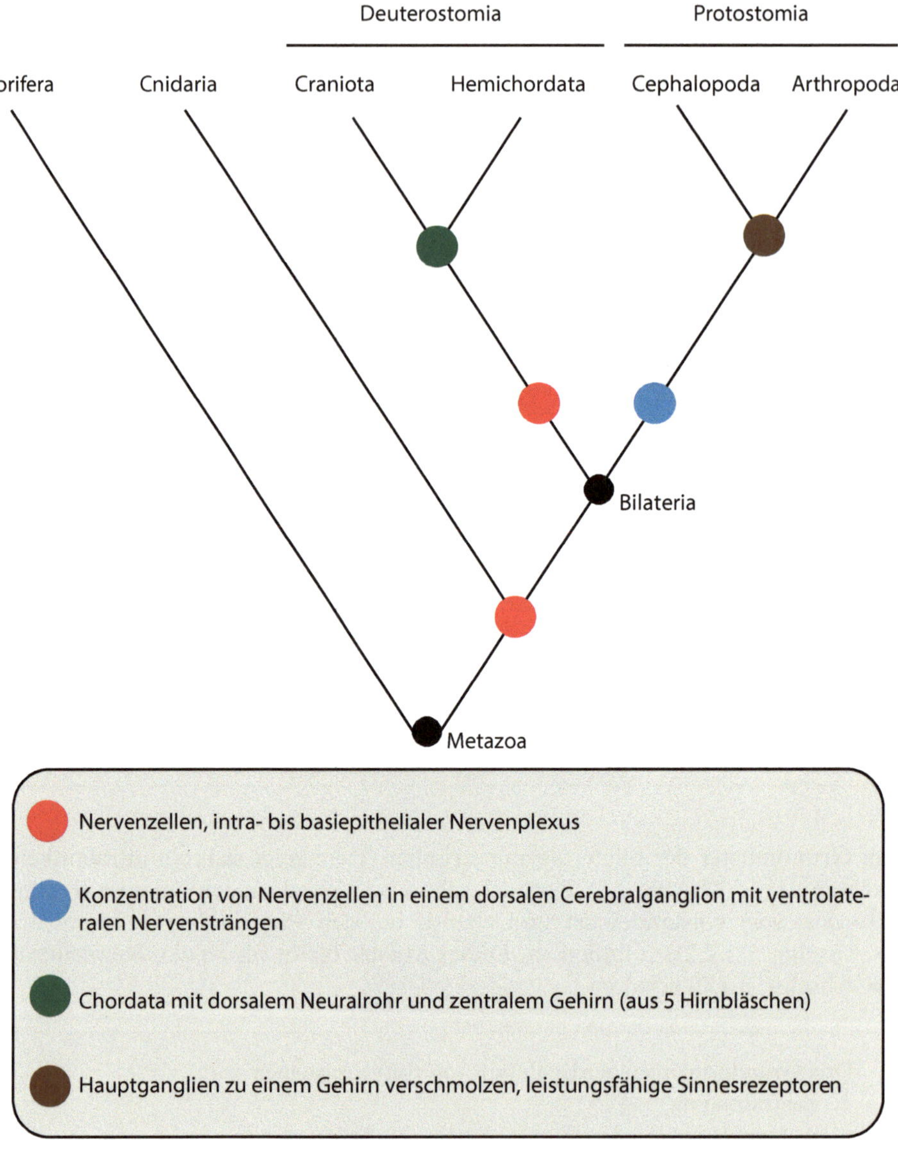

◘ Abb. 3.5   Evolution des Nervensystems. Ausgang ist ein Nervenplexus der Cnidaria, daher wird von einem Cnidaria-artigen Vorläufer des Nervensystems gesprochen. Am höchsten evolviert ist das Nervensystem bei den Craniota, Cephalopoda und Arthropoda (höchster Cephalisationsgrad).

essenzielle Rolle bei der Entwicklung des Nervensystems spielt. Auch wenn sich die Phänotypen der einzelnen Nervensysteme deutlich in Form und Funktion unterscheiden, agieren ähnliche Zell- und Entwicklungsprozesse auf molekularer Ebene.

? Teil 1: Multiple-Choice-Fragen

1. Bei welcher Tiergruppe ist ein Gastrovaskularsystem beschrieben?
   a. Arthropoda
   b. Porifera
   c. Cnidaria
2. Was ist die Besonderheit bei der Tracheenatmung?
   a. Indirekte Sauerstoffübertragung
   b. Direkte Sauerstoffübertragung
   c. Sauerstoffspeicherung
3. Können Exkretionsorgane der Tiergruppen homologisiert werden?
   a. Ja
   b. Nein
   c. Nur bei gleicher Herkunft
4. Welche drei Grundprinzipien der Evolution von Nervensystemen kennen Sie?
   a. Mutation, Selektion, Fitness
   b. Zentralisation, Akkumulation, Internation
   c. Kolonisierung, Rekombination, Radiation
5. Welches Organsystem wird in der Embryogenese am frühesten funktionsfähig?
   a. Atmungssystem
   b. Exkretionssystem
   c. Blutgefäßsystem

? Teil 2: Offene Fragen

1. Vergleichen Sie Aufbau und Funktionsweise von Proto- und Metanephridien. Wie unterscheidet sich die Filtration bei Proto- und Metanephridien von der Filtration der Niere (Metanephros)?
2. Erläutern Sie die Entwicklung der Säugetierniere ausgehend vom Holonephros.
3. Woraus entwickelte sich das Nervensystem, wie wir es beispielsweise von Chordata und Arthropoda kennen? Welche Tiergruppen zeigen den niedrigsten und welche den höchsten Grad an Cephalisation?

Notizen

Literatur

Bartolomaeus T, Ax P (1991) Protonephridia and Metanephridia – their relation within the Bilateria. J Zool Syst Evol Res 30:21–45. https://doi.org/10.1111/j.1439-0469.1992.tb00388.x

Beck H, Anastasiadou S, zu Reckendorf CM (2018) Das Nervensystem. In: Faszinierendes Gehirn. Springer, Heidelberg. S 0–31

Bullock und Horridge (1965) Structure and function in the nervous systems in invertebrates. W.H. Freeman and Company, San Franciscos/London

Campbell NA, Reece JB, Urry LA et al (2015) Campbell Biologie. Pearson, Boston

Freudig D (Red) (2020) Lexikon der Biologie. Spektrum Akademischer, Heidelberg. https://www.spektrum.de/lexikon/biologie/atmungsorgane/5863#. Zugegriffen am 28.04.2020

Holland ND (2003) Early central nervous system evolution: an era of skin brains? Nat Rev Neurosci 4:617

Lengyel JA, Iwaki DD (2002) It takes guts: the *Drosophila* hindgut as a model system for organogenesis. Dev Biol 243:1–19. https://doi.org/10.1006/dbio.2002.0577

Purves WK, Sadava D, Orians GH, Heller HC (2011) Purves Biologie. Spektrum Akademischer, Heidelberg

Sadava D, Hillis DM, Heller HC, Hacker SD (2019) Purves Biologie. Springer Spektrum, Heidelberg

Sauer KP, Hoch M (2002) Evolution des Nervensystems. AINS Anästhesiologie Intensivmedizin Notfallmedizin Schmerztherapie 37:305–313

Wehner R, Gehring WJ (2013) Zoologie. Thieme, Stuttgart

Spezielle Zoologie Teil A: „Protista" und Metazoa

Inhaltsverzeichnis

© Springer-Verlag GmbH Deutschland, ein Teil von Springer Nature 2020
I. Schumann, S. Schaffer, *Prüfungstrainer Spezielle Zoologie*,
https://doi.org/10.1007/978-3-662-61671-0_4

4.1 „Protista"

🎓 **Lernziele**

Autapomorphien der Eukaryota, Großgruppenphylogenie der „Protista", Fortpflanzungsstrategien, Merkmale der Großgruppen mit Beispielen, ökologische und medizinische Bedeutung

4

Folgende Autapomorphien der Eukaryota werden diskutiert
- Kompartimentierung der Zelle in Reaktionsräume,
- lineare DNA-Moleküle mit Histonproteinen in Chromosomen organisiert,
- Zellzyklus-Kontrollproteine,
- Cytoskelett mit Mikrofilamenten, Mikrotubuli, Clathrin,
- vakuoläre ATPasen,
- Signalproteine.

Der Begriff „Protista" (einzellige Eukaryota) ist seit etwa 200 Jahren bekannt und wird seit nicht mehr als 100 Jahren als Überbegriff für weit entfernte einzellige Mikroorganismen verwendet. Sie begründen eine paraphyletische Gruppe innerhalb der monophyletischen Eukaryota. Als „Protista" werden alle Organismen, die nicht zu den Fungi (Chitinpilzen), Archaeplastida (Pflanzen) und Metazoa (vielzellige Tiere) zählen (◘ Abb. 4.1), zusammengefasst.

„Protista" sind eine sehr diverse Gruppe in Morphologie (◘ Abb. 4.2 und 4.3) und Lebensstil und überspannen den gesamten eukaryotischen Lebensbaum. Manche Vertreter sind kleiner als Bakterien, andere wiederum können mehrere Meter lang werden, so wie der bekannte Seetang. „Protista" besiedeln nahezu alle Lebensräume und kommen dort in hoher Artenzahl und Populationsdichte vor.

Insgesamt teilen die „Protista" keine abgrenzbaren Merkmale oder Synapomorphien, sie sind lediglich dadurch charakterisiert, dass sie noch nicht das Organisationslevel von Pilzen, Pflanzen und Metazoa erreicht haben. Innerhalb der Großgruppen wiederum gibt es zahlreiche Merkmale, die sie von anderen abgrenzen (Steckbrief Großgruppen). Bei den Alveolata (Großgruppe SAR) stellen z. B. die Alveolen ein apomorphes Merkmal dar, bei den Opisthokonta die Schubgeißel.

Innerhalb der „Protista" wurde eine künstliche Grenze zwischen Pflanzen- und Tierreich definiert, die durch ernährungsphysiologische Unterschiede begründet wird.

Auch wenn es zahlreiche Formen gibt, die je nach Umweltbedingungen ihre Ernährungsweise ändern (amphitroph), werden grundlegend zwei Typen unterschieden:
- Protozoen = heterotroph,
- Protophyten = autotroph.

Eine Hypothese zur Entstehung der Eukaryota wird über eine seriale Endosymbiontentheorie (SET) beschrieben und durch das Vorhandensein von mehreren

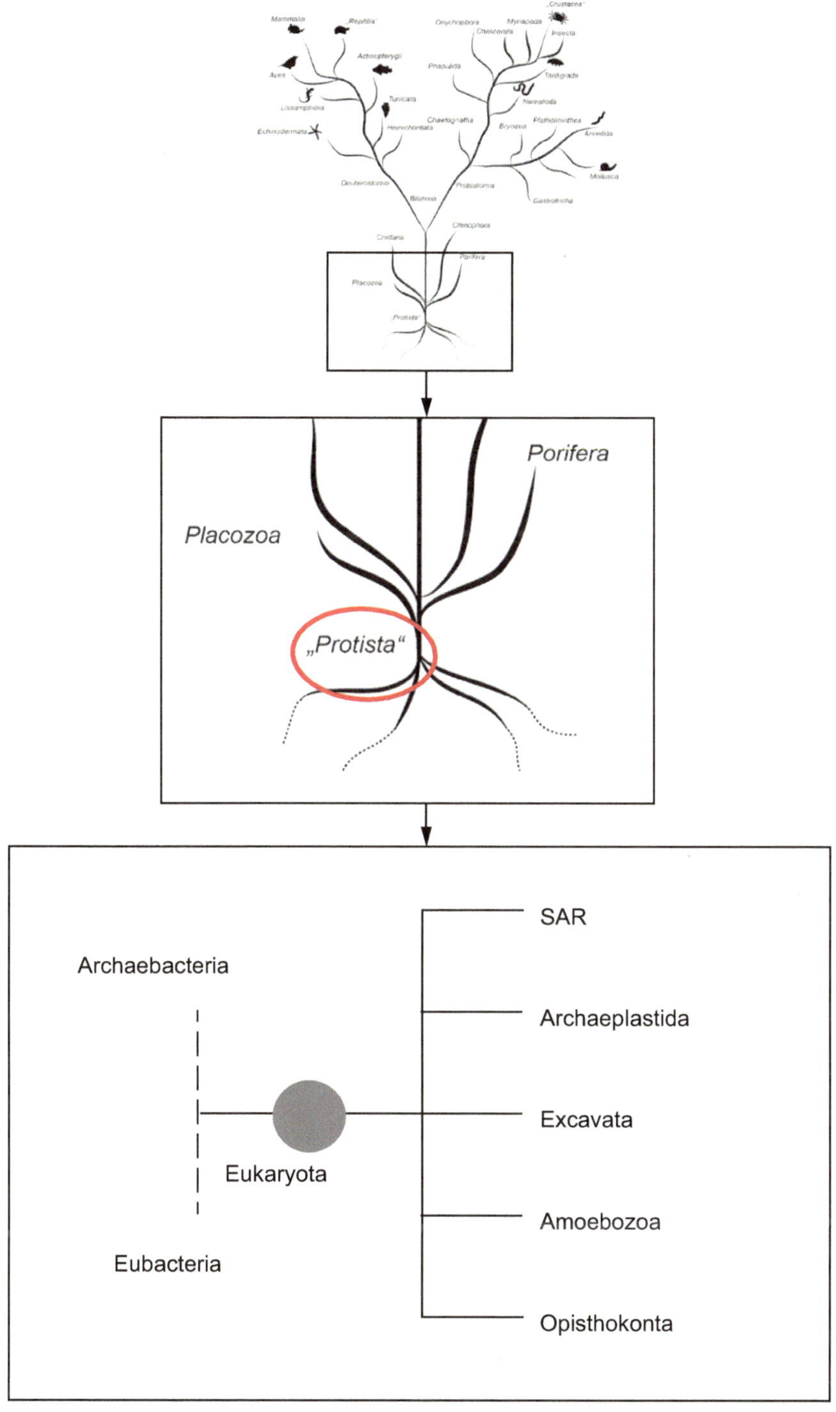

◘ **Abb. 4.1**   Vereinfachte Phylogenie der „Protista". Fünf Großgruppen sind ohne Aufzweigungsabfolge dargestellt. (Verändert nach Westheide und Rieger 2013; Adl et al. 2012)

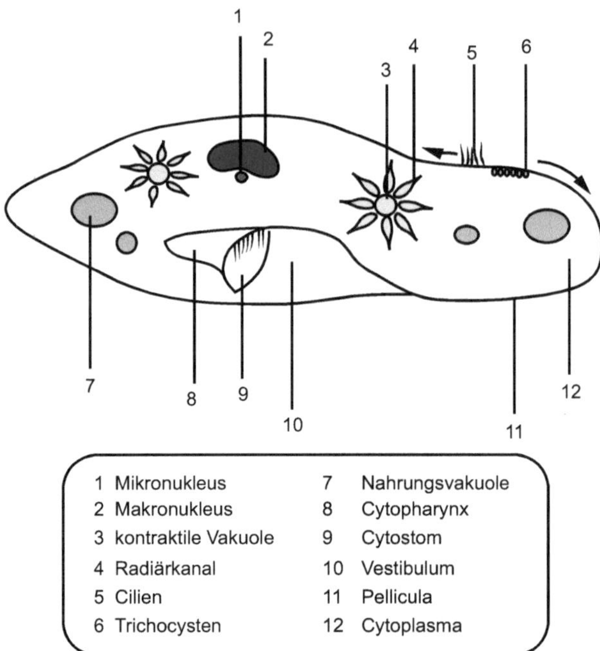

◘ Abb. 4.2 Organisation einer Protistenzelle am Beispiel *Paramecium* spec. Typisch für die Gruppe der Ciliophora (Steckbrief Großgruppen, SAR) ist der Kerndimorphismus (Makro- und Mikronukleus)

1	Mikronukleus	7	Nahrungsvakuole
2	Makronukleus	8	Cytopharynx
3	kontraktile Vakuole	9	Cytostom
4	Radiärkanal	10	Vestibulum
5	Cilien	11	Pellicula
6	Trichocysten	12	Cytoplasma

membranumschlossenen Organellen (Mitochondrium, Chloroplast) mit eigener, Prokaryoten-ähnlicher DNA begründet.

Mehrere Fortpflanzungsstrategien und Arten der Sexualität können innerhalb der „Protista" unterschieden werden (◘ Tab. 4.1):

- asexuelle Fortpflanzung (Agamogonie),
- sexuelle Fortpflanzung (Gametogamie, Gamontogamie und Autogamie),
- homophasischer Generationswechsel,
- heterophasischer Generationswechsel (◘ Abb. 4.4).

Definition

Gametogamie: paarweise Zellverschmelzung mit anschließender Kernverschmelzung.

Gamontogamie: Vereinigung von Gamonten, die paarweise miteinander verschmelzen.

Autogamie: Verschmelzung von Gameten desselben Individuums.

Homophasisch: Generationswechsel ohne Kernphasenwechsel (haplo- oder diplophasisch).

Heterophasisch: Generationswechsel mit Kernphasenwechsel (haplo-diplophasisch).

Viele „Protista" leben als mutualistische oder parasitische Symbionten in Pflanzen, Pilzen oder Tieren. Einige können auch andere „Protista" befallen oder ekto- oder endosymbiotische Prokaryota. Einige „Protista" haben als Krankheitserreger eine große Bedeutung für den Menschen (◘ Tab. 4.2).

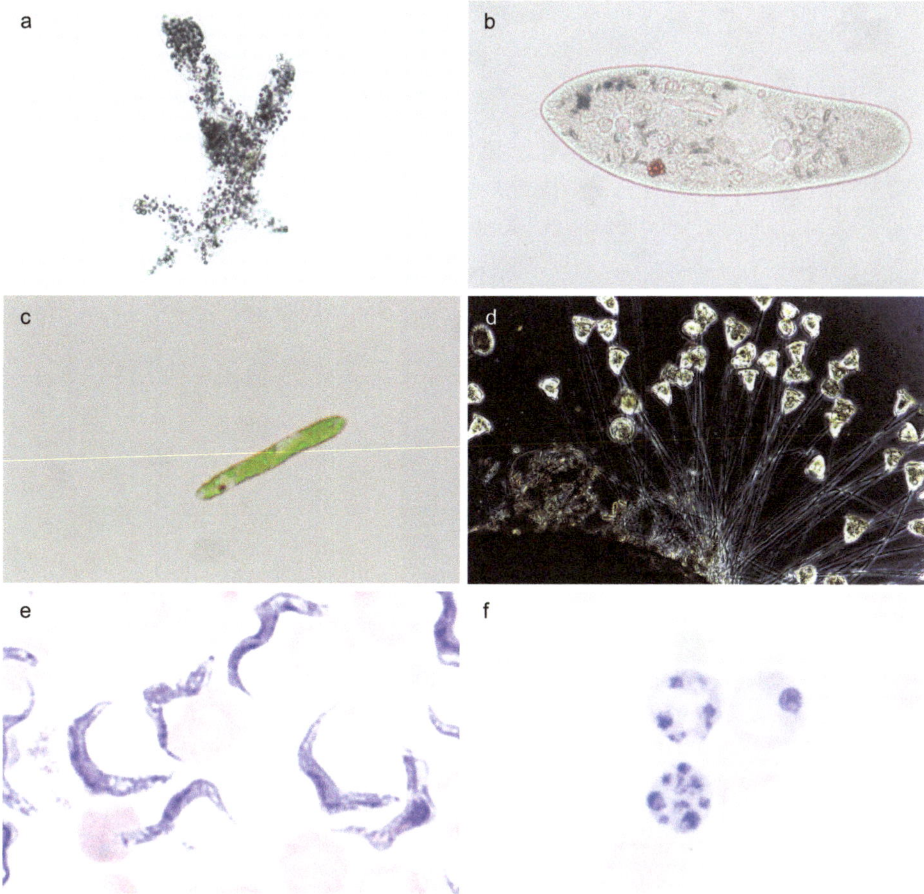

Abb. 4.3 Ausgewählte Vertreter von Protisten. Mikroskopische Aufnahmen. **a** *Amoeba proteus*. **b** *Paramecium* spec. **c** *Euglena* spec. **d** Vertreter der Vorticellidae. **e** *Trypanosoma* spec. **f** *Plasmodium malariae*. (Fotos **a–c, e, f**: Roswitha Kretzschmar; **d**: Exkursionsmaterial; Helgoland)

■ Steckbrief Großgruppen „Protista" (■ Abb. 4.1)

I. Excavata
  - Fressgrube des excavaten („ausgehöhlten") Typs zum Filtrieren der Nahrung,
  - posteriore Geißel in einer Grube,
  - Wurzelstrukturen aus Mikrotubuli und nicht-mikrotubulären Fasern der Basalkörper stützen die Grube.
    a. Metamonada
      - anaerob oder mikroaerophil,
      - freilebend, endobiontisch,
      - modifizierte Mitochondrien ohne Cristae und ohne Genom,
      - meist vier Flagellen.
      Dazu zählen: Fornicata, Praeaxostyla, Parabasalia.

4

◘ **Tab. 4.1** Meiose und Sexualität bei „Protista"

Gruppen	Art der Sexualität/Meiose
Choanoflagellata (Opisthokonta)	Keine
Trichomonada (Excavata)	Keine
Amoeboflagellaten (Amoebozoa)	Keine
Euglenoide Flagellaten (Excavata)	Keine
Volvocale Flagellaten (Archaeplastida)	Zygotische Meiose: Haplonten
Viele Dinoflagellata (SAR)	Zygotische Meiose: Haplonten
Apicomplexa (SAR)	Zygotische Meiose: Haplonten
Ciliophora (SAR)	Gametische Meiose: Diplonten
Foraminifera (SAR)	Intermediäre Meiose: Diplonten und Haplonten (◘ Abb. 4.4)

   b. Discoba
- scheibenförmige Cristae (Membraneinfaltungen der inneren Mitochondrienmembran),
- Gruppierung von Heterolobosea, Euglenozoa, Jakobida und Gattung Tsukubamonas anhand molekularer Merkmale.

II. SAR
- Akronym aus **S**tramenopile, **A**lveolata und **R**hizaria.

   a. Stramenopile
- motile (= bewegliche) Zellen mit zwei heterokonten Geißeln,
- anteriore Geißel mit dreiteiligen Flimmerhaaren (Mastigonemen),
- tubuläre Mitochondrien,
- Tendenz zu unterschiedlicher Entwicklung (pflanzlich mit sekundären Plastiden durch Aufnahme eines autotrophen Eukaryoten, pilzartig oder „tierisch").
  Dazu zählen: Opalinata, Chrysomonadea, Diatomea, Heteromonadea, Eustigmatales, Labyrinthulomycetes, Raphidophyceae, Bicosoecida, Hyphochytriales, Oomycetes und Actinophryidae.

   b. Alveolata
- heterokonte Geißeln erhalten bei einigen Gruppen,
- Amphiesmata (submembranöse Vakuolensysteme).
  Dazu zählen: Dinoflagellata, Apicomplexa, Ciliophora und Protalveolata.

   c. Rhizaria
- Filopodien (feine Pseudopodien, Scheinfüßchen).
  Dazu zählen: Cercozoa und Retaria.

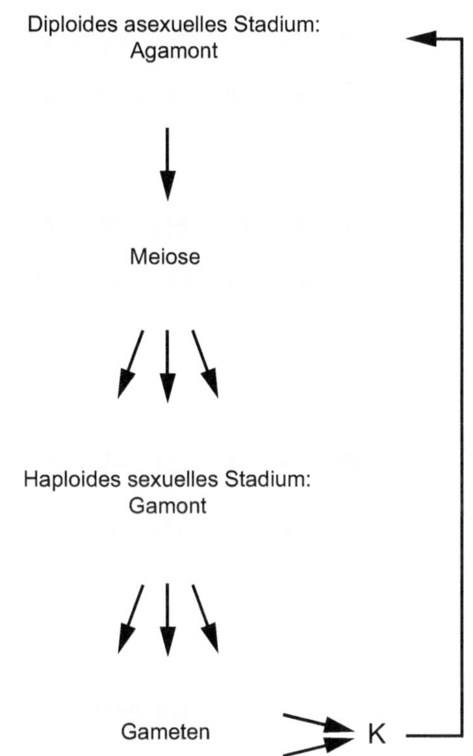

▣ Abb. 4.4 Intermediäre Meiose bei Foraminifera (Steckbrief Großgruppen: SAR). Bildung von Diplonten und Haplonten. Die letzten beiden Teilungen der Agamonten sind meiotische Teilungen; reduzierte Chromosomenzahl ist in Gamonten schon vorhanden. Kernphasenwechel (K) findet zwischen Gamonten und Agamonten statt

III. Archaeplastida
- ursprünglich heterotroph,
- einmalige Endosymbiose mit Cyanobakterium,
- z. T. mit Chlorophyll a,
- Stärke als Reservestoff,
- zellulosehaltige Zellwand,
- Mitochondrien mit flachen Cristae.
  a. Rhodophyta (Rotalgen)
    - marin, limnisch und terrestrisch,
    - meist phototroph, oft parasitisch mit hoher Wirtsspezifität,
    - keine Zellwände bei amöboider Form,
    - Flagellen fehlen.

◘ Tab. 4.2   „Protista" als Krankheitsüberträger

Erreger	Krankheit	Vektor
Trypanosomatidea (Kinetoplastida, Euglenozoa; Steckbrief Großgruppen: Excavata, Discoba)		
Leishmania donovani	Kala-Azar	Spezies der Gattung *Phlebotomus*
Leishmania tropica	Orientbeule	Spezies der Gattung *Phlebotomus*
Leishmania brasiliensis	Haut- und Schleimhautleishmaniose	Spezies der Gattung *Lutzomyia*
Trypanosoma brucei gambiense	West- und zentralafrikanische Schlafkrankheit	Spezies der Gattung *Glossina*
Trypanosoma brucei rhodesiense	Ostafrikanische Schlafkrankheit	Spezies der Gattung *Glossina*
Trypanosoma cruzi (◘ Abb. 4.5)	Chagas-Krankheit	Spezies der Gruppe Reduviidae
Haematozoa (Alveolata, Apicomplexa; Steckbrief Großgruppen: SAR)		
Plasmodium vivax (◘ Abb. 4.6)	Malaria tertiana	Spezies der Gattung *Anopheles*
Plasmodium ovale	Malaria tertiana	Spezies der Gattung *Anopheles*
Plasmodium malariae	Malaria quartana	Spezies der Gattung *Anopheles*
Plasmodium falciparum	Malaria tropica	Spezies der Gattung *Anopheles*

  b. Chloroplastida (grüne Pflanzen)
  - etwa 8000 Algenarten und 25.000 Landpflanzen,
  - mit vielen Subgruppen.
    Dazu zählen: Chlorophyta und Charophyta.

  c. Glaucophyta
  - wenige Arten in nur vier Gattungen,
  - begeißelt oder unbegeißelt (= Palmella Stadium), auch kokkoid,
  - Chloroplasten mit Peptidoglykanhülle (= Zellwand von Bakterien),
  - Chlorophyll a und Phycobiliprotein,
  - Stärke als Reservestoff,
  - zwei anisokonte Flimmergeißeln.

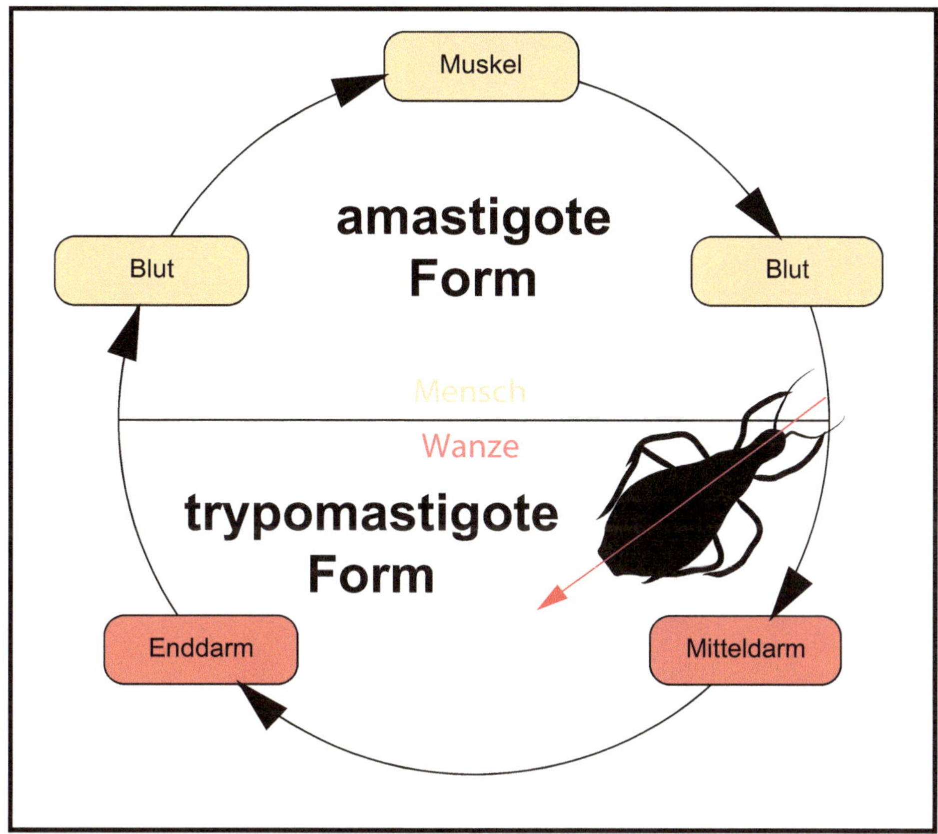

◨ Abb. 4.5 Entwicklungszyklus von *Trypanosoma cruzi*, dem Erreger der Chagas-Krankheit. Die Stadien im Wirt sind *gelb*, die Stadien im Vektor (Wanze, v. a. Vertreter der Reduviidae) sind *rot* dargestellt. Metazyklische trypomastigote Formen (mit Geißel!) durchdringen die Haut des Wirtes. Sie transformieren zur amastigoten Form (ohne Geißel!) in Körperzellen des Wirtes (z. B. Muskel). Amastigote transformieren in die trypomastigote Form, können weiter andere Wirtszellen befallen oder werden durch eine Blutmahlzeit des Vektors wieder aufgenommen (Position der Wanze). Die Vermehrung findet im Vektor statt

IV. Amoebozoa
   – monophyletisch,
   – phagotroph (= Aufnahme fester Nahrungspartikel),
   – Pseudopodien,
   – Geißeln und Centriolen reduziert,
   – nackt oder beschalt,
   – z. T. mit sexueller Fortpflanzung.
      a. Discosea
         – abgeflacht,
         – keine Pseudopodien, Zellform bei Bewegung stabil.

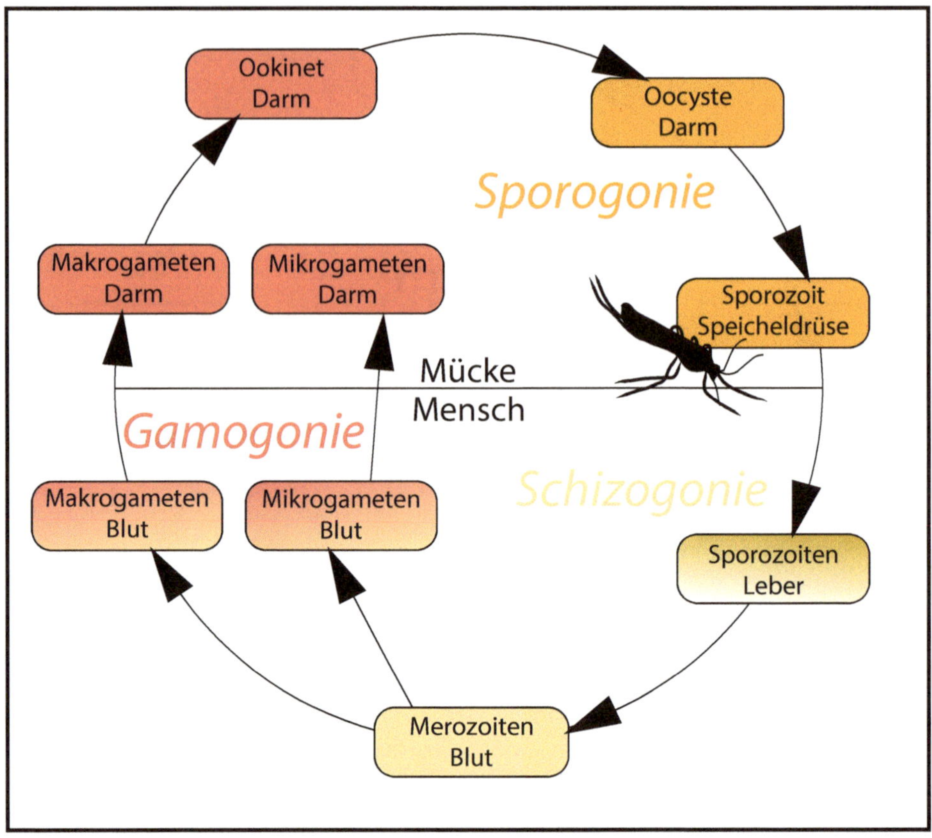

◼ **Abb. 4.6**   Entwicklungszyklus von *Plasmodium* spec., dem Erreger der Malaria. Der Generationswechsel ist schematisch dargestellt. Je nach Art werden zwischen Sporogonie (asexuelles Stadium), Gametogonie (sexuelles Stadium) und einem oder mehreren Stadien von Schizogonie (weiteres asexuelles Stadium) gewechselt. *Rot* und *orange* zeigen die Stadien im Insekt, *gelb* und *hellrot* die Stadien im Menschen. Die Position der Mücke zeigt den Stich der Mücke und die Übertragung der Sporozoiten in den Wirt

       Dazu zählen: Flabellinia, Himatismenida und Longamoebia.
  b. Tubulinea
       — lappen- oder fingerförmige Lobopodien,
       — z. T. mit Cystenbildung.
       Dazu zählen: Euamoebida, Leptomyxida und Arcellinida.
  c. Archaemoebae
       Dazu zählen: Entamoebidae, Mastigamoebaea und Pelobiontida.
  d. Gracillopodida
       — amöboid,
       — Flagellen fehlen,
       — diverse Subpseudopodien (= bewegliche Scheinfüßchen).

Ein großer Teil der Amoebozoa wird zu der paraphyletischen Gruppe der Schleimpilze gezählt („Mycetozoa"). Folgende Gruppen zählen dazu: Protostellida, Myxogastria und Dictyostelia.

V. Opisthokonta
- Geißeln ohne Mastigonemen am hinteren Pol,
- Mitochondrien mit flachen Cristae.
  a. Holozoa mit Metazoa, Ichthyosporea und Choanoflagellata
  Metazoa: ▶ Abschn. 4.2.
  Ichthyosporea: meist Tierparasiten, keine Zwischenwirte, diverse Morphologien.
  Choanoflagellata: sessil, solitär und in Kolonien, mit Flagellen, Vorderpol mit Mikrovillikragen.

> Bau und Funktion des Kragens der Choanoflagellata ähnelt den Choanocyten der Porifera (Schwämme). Außerdem sind beide Tiergruppen in der Lage, Kieselsäure zu metabolisieren und überschüssiges Wasser mithilfe von kontraktilen Vakuolen zu entfernen. Daher stehen die Choanoflagellata im Mittelpunkt bei der Diskussion um die Herkunft der vielzelligen Organismen (Metazoa).

  b. Holomycota mit Fungi
  Fungi (mit Microsporida als einzellige Vertreter): 10.000 Arten, glucan- und chitinhaltige Zellwände, Glykogen als Speicherstoff, sexuelle und asexuelle Fortpflanzung.

VI. Einzellige Eukaryota *incerta sedis*
Nicht alle Eukaryota lassen sich in das phylogenetische System einordnen, da deren Stellungen immer noch unklar sind. So werden die Centrohelida, Cryptophyceae, Prymnesiomonada, Spironemidae und Picozoa zu der Gruppe Eukaryota *incerta sedis* zusammengefasst.

> *Incerta sedis (inc. sed.) kennzeichnet die unsichere Stellung der Gruppe.*

4.2 Metazoa

 **Lernziele**

Autapomorphien der Metazoa, Großgruppenphylogenie, Entstehungshypothesen

Metazoa (tierische Vielzeller) sind heterotrophe Eukaryoten, die sich durch das Merkmal der Vielzelligkeit von den „Protisten" abgrenzen. Die Vielzelligkeit ist gekennzeichnet durch die Entwicklung und das Ineinandergreifen von verschiedenen Zellschichten. Bis heute sind etwa 1,2 Millionen Arten bekannt, dabei fällt die Zahl der marin-aquatischen geringer aus als die der terrestrischen Spezies. Paläontologische Befunde zeigen, dass sich die Artenzahlen der einzelnen Gruppen über die Zeit rapide verändert haben.

Folgende Autapomorphien der Metazoa werden diskutiert
- Vielzelligkeit,
- diploide Zellen,
- somatische Differenzierung von Zellen,
- extrazelluläre Matrix und Kollageneinlagerungen,
- Bau der Spermatozoen,
- Zellkontakte wie *Adherens Junctions*,
- Furchung in der Embryonalentwicklung.

Hauptsächlich werden zwei Hypothesen zur Entstehung der Metazoa diskutiert: die Placula- und die Gastraea-Hypothese. Da der ursprüngliche vielzellige Organismus nicht fossil belegbar ist, beziehen sich alle Hypothesen auf die Organisation und Ontogenie von ursprünglichen Metazoengruppen. Vor allem die Ontogenie ist bezeichnend für die Gruppe und grenzt sie von den Protisten ab.

Placula Hypothese (Otto Büschli, 1884)

Einschichtige Zellkolonie, die durch Delamination zweischichtig geworden ist → diploblastisches Organisationsniveau.

Gastraea-Hypothese (Ernst Haeckel, 1874):

Blastula als Ausgangsstadium mit vegetativem und animalem Pol, Einstülpung des Urmundes → Gastrulation → diploblastisches Organisationsniveau.

Die Metazoa können in drei Organisationsstufen eingeteilt werden: Parazoa, Coelenterata und Bilateria. Die Verwandtschaftsverhältnisse zwischen diesen Gruppen werden bis zum heutigen Zeitpunkt stark diskutiert (◨ Abb. 4.7). Die Monophylie der Metazoa ist durch die Zusammensetzung der extrazellulären Matrix der Porifera und Eumetazoa begründet. Mögliche Schwestergruppe der vielzelligen Tiere stellen die Choanoflagellaten dar.

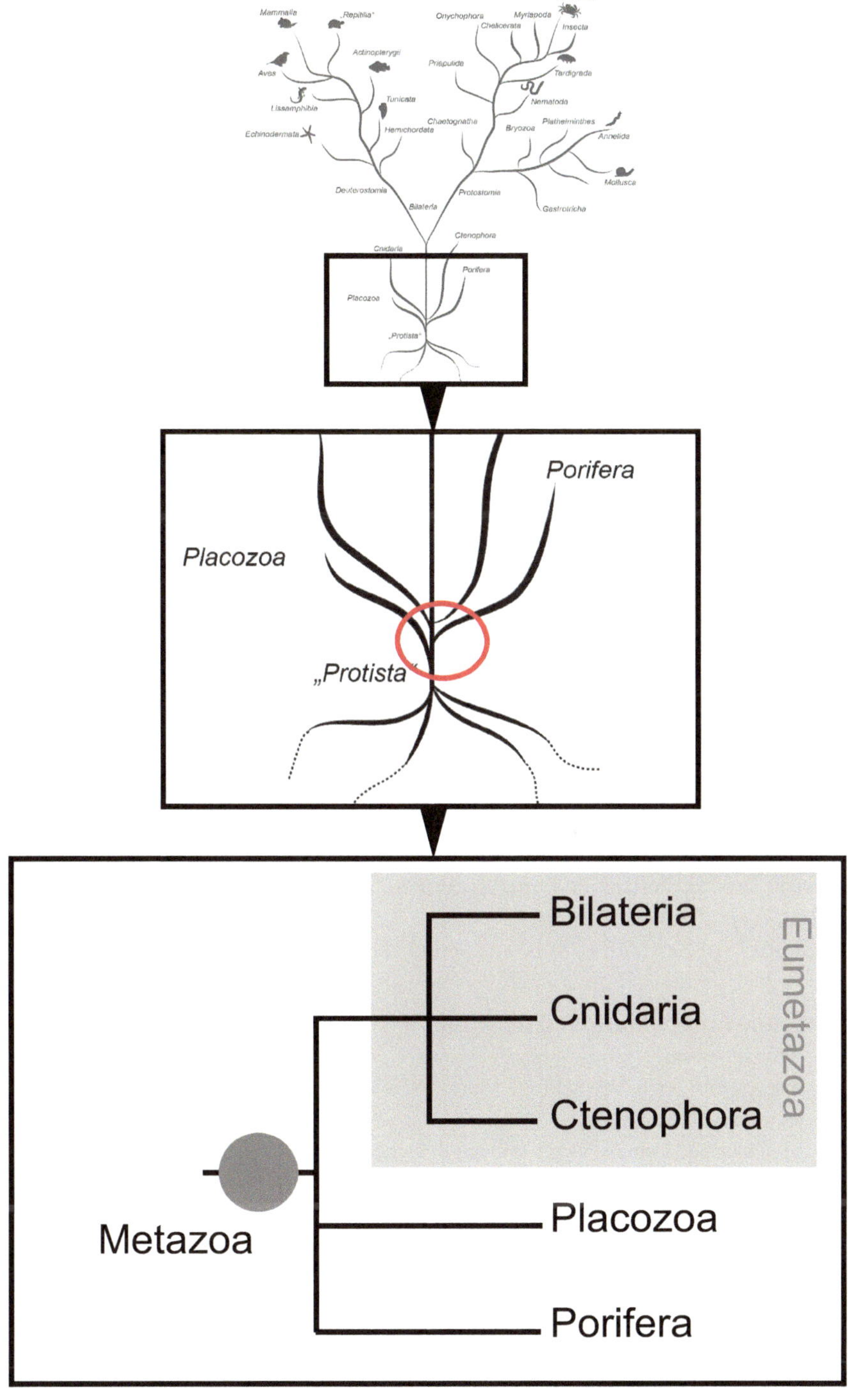

◨ Abb. 4.7   Vereinfachte Phylogenie der Metazoa. Porifera stehen als Schwestergruppe zu den übrigen Metazoa-Großgruppen. (Verändert nach Westheide und Rieger 2013)

4.2.1 Metazoa I: Parazoa

Die einzige rezente Gruppe der Parazoa („Neben-Tiere") sind die Porifera (Schwämme). Sie bilden die ursprünglichste Metazoa-Gruppe.

4.2.1.1 Porifera (Schwämme)

Lernziele

Autapomorphien der Porifera, Großgruppenphylogenie und Verwandtschaftshypothesen, Organisationstypen, Besonderheit der Zellen, ökologische und medizinische Bedeutung

Die Porifera (Schwämme) stellen eine marine Gruppe mit etwa 8500 Arten dar und finden ihren Ursprung im Präkambrium. Sie gehören somit zu den ältesten mehrzelligen Organismen. Sie sind festsitzende Filtrierer, die nur im Larvenstadium beweglich sind. Durch die Filtration sind Schwämme in der Lage, das Wasser von hohen organischen Anteilen zu säubern, und stellen ein wichtiges Substrat vor allem für wirbellose Tiere dar.

Die Porifera zeichnen sich durch einen asymmetrischen Körperbau aus, der durch eine Vielzahl von Zellformen gekennzeichnet ist. Viele Körperzellen sind totipotent, d. h. sie sind in der Lage, ihre Form und Funktion zu ändern. Dabei werden allerdings noch keine Gewebe oder Organe ausgebildet. Generell zeigen die Porifera den einfachsten Körperbau im gesamten Tierreich, da ihnen Nerven- und Muskelzellen fehlen. Trotzdem sind einige Larvenstadien von potenziellen gewebe- und organartigen Strukturen, wie z. B. einem photosensitiven Ring, gekennzeichnet. Die Gestalt der Porifera ist abhängig von der Ernährung und dem Milieu, in dem sie leben. Die ausgebildeten Zellen zeigen einen hohen Grad an Plastizität. Drei verschiedene Organisationstypen werden unterschieden:
1. Ascon-Typ: einheitlicher Zentralraum.
2. Sycon-Typ: Zentralraum mit Taschen.
3. Leucon-Typ: Zentralraum ist in Geißelkammern gegliedert.

Folgende Autapomorphien der Porifera werden diskutiert
- Archaeocyten,
- dreischichtiger Körper: Pinakoderm, Mesohyl, Choanoderm mit Choanocyten (Kragengeißelzellen),
- biphasischer Lebenszyklus mit planktischer Larve.

Schwämme besitzen viele sekundäre Inhaltsstoffe, z. B. Lycopin. Daher wird diese Tiergruppe auch gern als „Apotheke der Meere" bezeichnet.

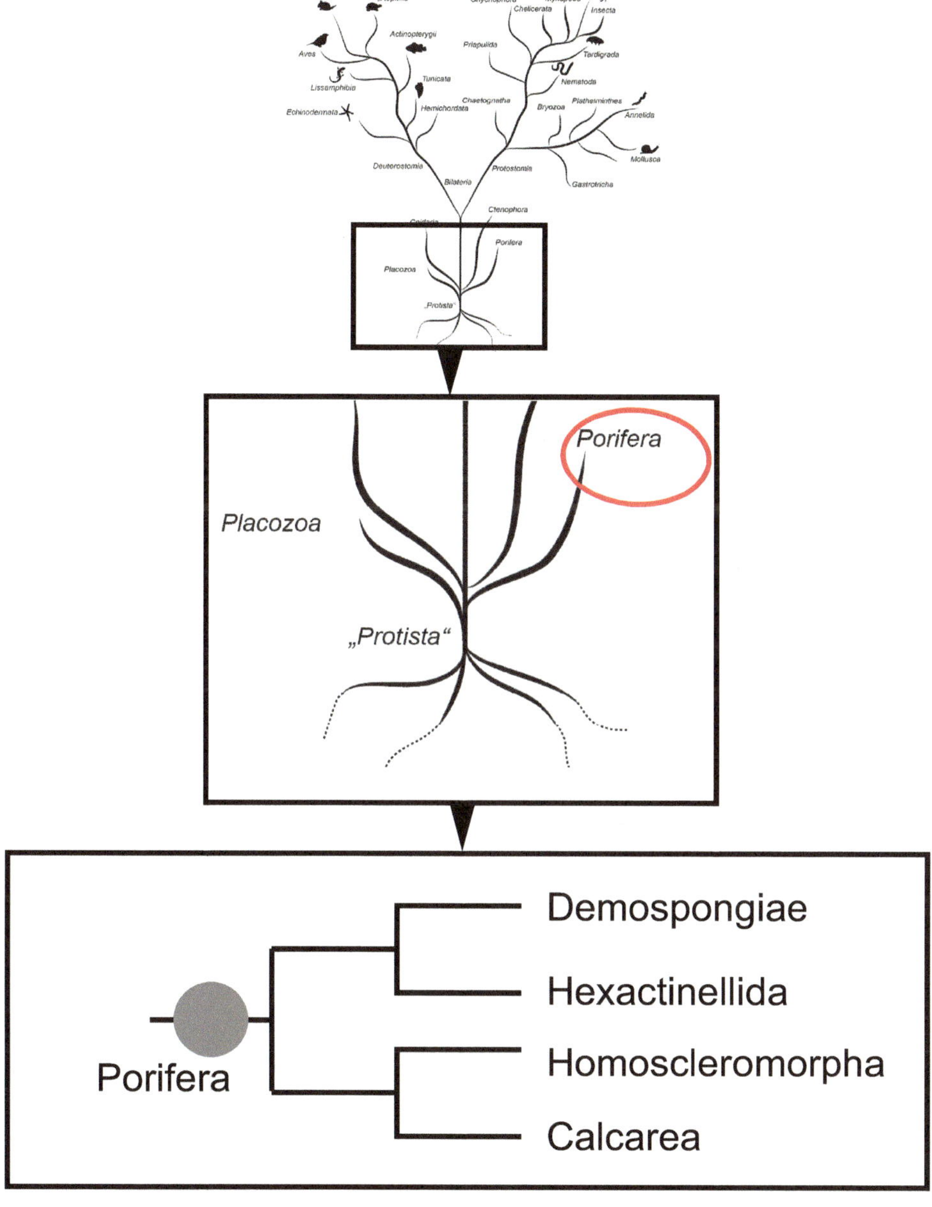

Abb. 4.8 Vereinfachte Phylogenie innerhalb der Porifera. (Verändert nach Westheide und Rieger 2013)

■ **Steckbrief Großgruppen Porifera (** Abb. 4.8**)**

Die Einteilung der Großgruppen der Porifera erfolgt größtenteils durch die Charakterisierung der jeweiligen Skelettelemente.

I.   Demospongiae (Horn- und Kieselschwämme)

- etwa 7000 Arten mit hoher Formenvielfalt,
- Silikatskelett,
- meist mit Spongin (= kollagenhaltiges Stützprotein),
- Leucon-Typ,
- besondere Form der Blastula (Coelo- oder Parenchymulablastula).
  Dazu zählen: Keratosa, Verongimorpha, Haplosclerida und „Heterosclero-morphe" Schwämme.

II. Hexactinellida (Glasschwämme)
- etwa 700 Arten,
- triaxone Kieselsklerite,
- syncytiales Gewebe (▶ Kap. 7, Syncytium),
- Trichimella-Larve.
  Beispiel: *Euplectella aspergillum* (Gießkannenschwamm).

III. Homoscleromorpha
- etwa 100 Arten,
- Basalmembran mit Typ-IV-Kollagen,
- Spicula bilden kein Skelett,
- Cinctoblastula-Larve.

IV. Calcarea (Kalkschwämme)
- etwa 700 Arten,
- Kalkskelett,
- Ascon- und Sycon-Typ,
- hohle Larve, wächst innerhalb der Mutter.
  Dazu zählen: Calcinea und Calcaronea.

4.2.2 Metazoa II: Placozoa (Plattentiere)

Lernziele
Besonderheit der Gruppe

Die Placozoa sind eine sehr kleine Gruppe, die bislang nur aus einer Art besteht: *Trichoplax adhaerens*. Bereits im Jahr 1883 wurde *Trichoplax* beschrieben, allerdings als Larve der Cnidaria charakterisiert. Nach der Wiederentdeckung im Jahr 1969 wurde für *Trichoplax* eine eigene Gruppe errichtet, die Placozoa. Da diese Tiergruppe vermutlich auf einer sehr frühen Stufe der Metazoenentwicklung stehen geblieben ist, stellt sie eine Besonderheit dar. Der Körperbau von *Trichoplax* (◘ Abb. 4.9) stützt die Placula-Theorie (Plattenkolonie, ▶ Abschn. 4.2) der Metazoa.

Die Placozoa bewohnen das Litoral von warmen Meeren und leben dort auf Algen. Mithilfe von Geißeln können sie sich gleitend fortbewegen und ihre Form sehr stark verändern. Über ein Ventralepithel wird Nahrung aufgenommen, dabei kommt es zur Bildung von lokalen Emporwölbungen („Verdauungssack"). Deckzellen mit Geißeln bilden das Dorsalepithel der Plattentiere aus.

Durch das Auftreten von Desmosomen-ähnlichen Zell-Zell-Verbindungen könnten die Placozoa die Schwestergruppe zu allen übrigen Eumetazoa darstellen.

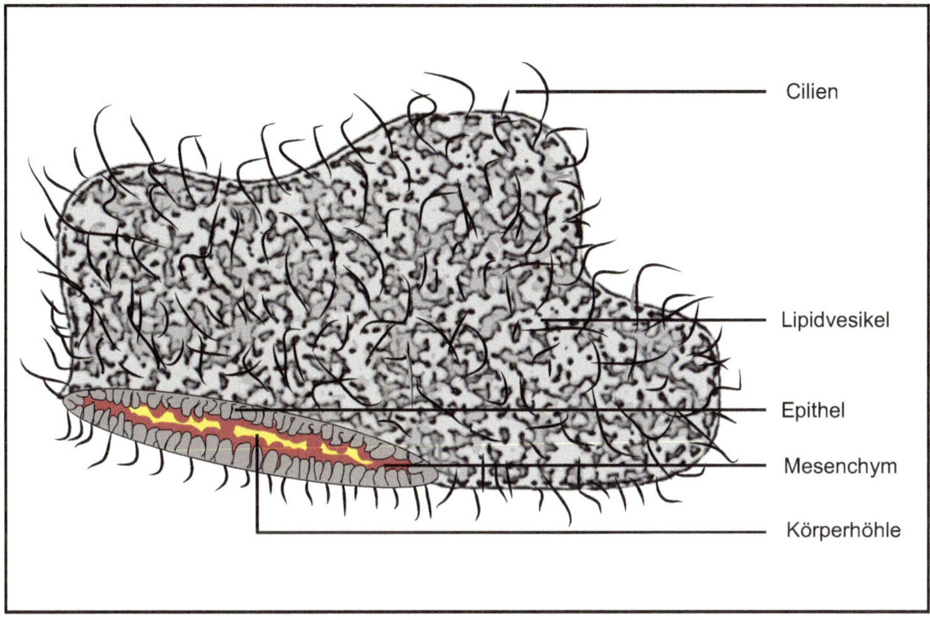

◘ Abb. 4.9 Vereinfachte schematische Darstellung von *Trichoplax*

Die Zugehörigkeit zu den Eumetazoa kann durch das Fehlen von z. B. echten Muskel- und Nervenzellen noch nicht nachgewiesen werden.

4.2.3 Metazoa III: Eumetazoa

Eumetazoa unterscheiden sich von den Para- und Placozoa durch das Vorhandensein von echtem Epithelgewebe. Durch die Entstehung von echten Epithelien ist eine Kontrolle zwischen Außen- und Innenmilieu entstanden, die als Voraussetzung für die Evolution von z. B. Nerven- und Muskelgewebe gilt.

Was sind echte Gewebe?

Ein Zellverbund mit gezielter Aufgabenteilung der Zellen bildet ein differenziertes Grundgewebe innerhalb eines Organismus, welches durch Haft- und Signalaustauschstrukturen (z. B. Desmosomen und *Gap Junctions*) gekennzeichnet ist. Insgesamt können im Tierreich vier verschiedene Grundgewebe unterschieden werden, zu denen sich alle Organe zuordnen lassen: Epithel-, Muskel-, Binde-/ Stützgewebe sowie Nervengewebe. Bei phylogenetisch ursprünglicheren Gruppen treten funktionelle und morphologische Mischformen auf, die von Epithelien ausgehen (plurifunktionelle Epithelien als ursprünglichste Gewebeform).

4.2.4 Cnidaria (Nesseltiere)

☻ Lernziele

Autapomorphien, Großgruppenphylogenie, Fortpflanzung, Körperbau, Riffbildung, Beispiele

Die Cnidaria (Nesseltiere) sind mit etwa 11.000 Arten Meeresbewohner, die sich durch einen radiärsymmetrischen, diploblastischen Körperbau auszeichnen. Zwischen der Epidermis und der Gastrodermis befindet sich eine Mesogloea, die einer extrazellulären Matrix gleichzusetzen ist.

> **Folgende Autapomorphien der Cnidaria werden diskutiert**
> - Cniden (Nesselkapseln),
> - Nesselzellen mit Flagellum,
> - Planula-Larve,
> - Polypenstadium.

Unterschied Nesselzellen und Cniden

- Nesselzellen: von interstitiellen Zellen gebildet, bilden Cniden.
- Cniden: Sekretionsprodukt des Golgi-Apparates, können in verschiedene Formen differenziert werden (Volventen, Glutinanten und Penetranten).

Embryogenese	Radiärfurchung
Körperhöhle	Fehlt
Nervensystem	Nervenzellen unterhalb der Epidermis, Konzentration im Mundfeld oder an den Rhopalien (= Sinneskolben)
Sinnesorgane	Einzelne Rezeptorzellen an Epitheloberfläche bis hin zu Licht- und Schweressinnesorganen bei Medusen
Verdauungssystem	Gastrovaskularsystem
Kreislaufsystem	Gastrovaskularsystem
Exkretionssystem	An Körperepithelien
Fortpflanzung	Asexuelle und sexuelle Fortpflanzung möglich
Entwicklung	Über Planula-Larve

Die Fortpflanzung der meisten Gruppen der Cnidaria läuft über einen sekundären Generationswechsel ab, auch Metagenese genannt (◘ Abb. 4.10). Hierbei findet ein Wechsel zwischen ungeschlechtlicher und geschlechtlicher Vermehrung statt.

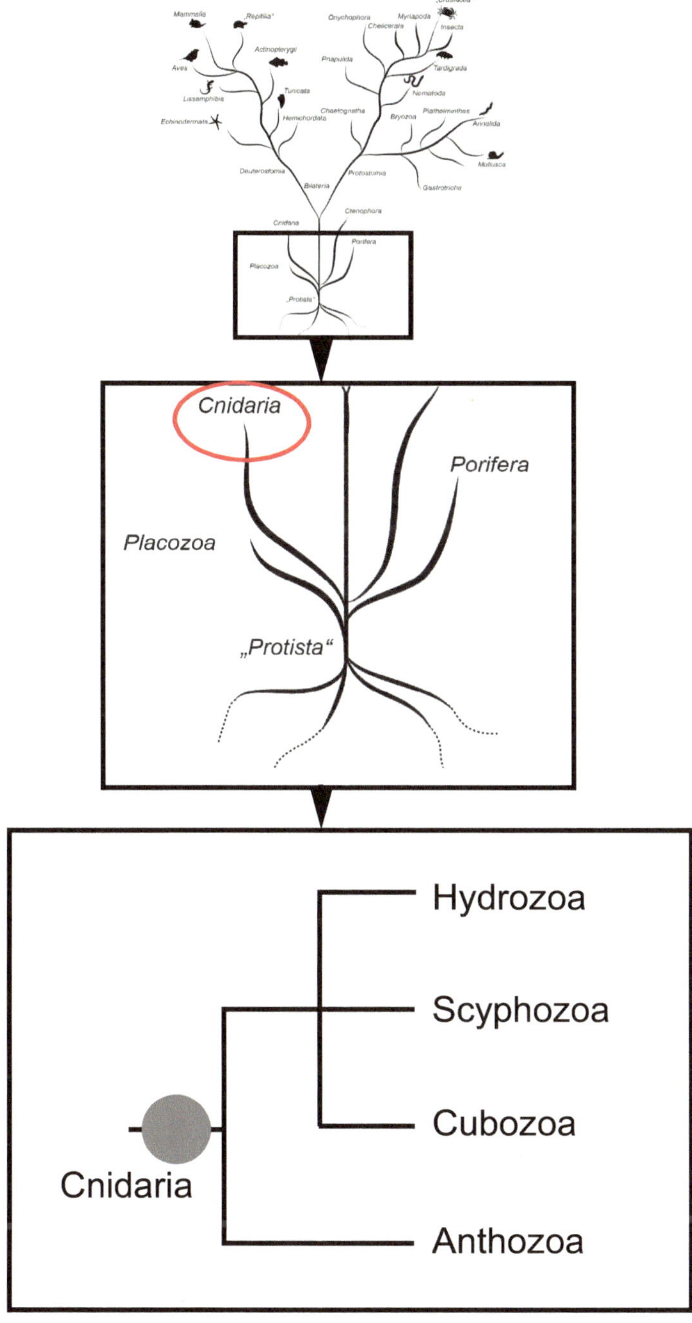

◼ Abb. 4.10 Vereinfachte Phylogenie der Cnidaria. Anthozoa stehen als Schwestergruppe zu den übrigen Großgruppen. (Verändert nach Westheide und Rieger 2013)

4

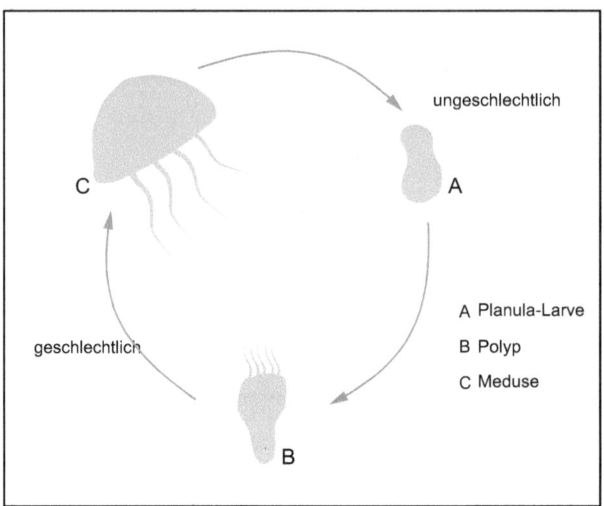

◘ Abb. 4.11   Generationswechsel innerhalb der Cnidaria. Ungeschlechtliche Vermehrung findet im Polypenstadium und geschlechtliche Vermehrung im Medusenstadium statt (bei einigen Gruppen reduziert). (Verändert nach Sadava et al. 2019)

> Als Metagenese wird die Abwechslung von Generationen mit unterschiedlicher Fortpflanzung verstanden. Hierbei wechseln ungeschlechtliche Fortpflanzung (Agamogonie) und geschlechtliche Fortpflanzung (Gamogonie) ab.

Dieser Generationswechsel sollte nicht verwechselt werden mit dem Fortpflanzungswechsel, d. h. bei demselben Individuum kommen unterschiedliche Fortpflanzungsweisen vor, wie z. B. die Bildung von Knospen (asexuell) und Gameten (sexuell) bei den Süßwasserpolypen (*Hydra*).

- **Steckbrief Großgruppen Cnidaria (◘ Abb. 4.11)**
I.   Anthozoa (Blumentiere)
  - etwa 5600 Arten,
  - arten- und formenreichste Gruppe,
  - solitär oder stockbildend,
  - keine Medusen,
  - ursprüngliches Cnidocil.
  a. Octocorallia
    - acht Septen (= Trennwände im Gastralraum),
    - acht gefiederte Tentakel,
    - koloniebildend,
    - nur ein Typ Nesselkapseln,
    - Innenskelett der Mesogloea aus Kalkskleriten und Hornsubstanz. Beispiel: *Tubipora musica* (Orgelqualle).
  b. Hexacorallia
    - sechs Septen oder 6n Septen,

 = Tentakel meistens ungefiedert,
 = solitär oder stockbildend.
 Beispiele: *Actinia equina* (Gemeine Pferdeactinie), *Acrospora* spp. (Baumkorallen, Riffbildner).
II. Cubozoa (Würfelquallen)
 = etwa 20 Arten,
 = Vorkommen: warme Meere, in Küstennähe,
 = getrenntgeschlechtlich mit Generationswechsel,
 = Polypen solitär, ohne Septen, Septaltrichter, Septalmuskulatur und Nervenring,
 = Nesseln an Tentakelspitze konzentriert,
 = tetraradiale Meduse,
 = Medusenschirm fast würfelförmig.
 Dazu zählen: Carybdeida und Chirodropida.

> ▶ **Beispiel**

Die Würfelqualle *Chironex fleckeri* (Seewespe) gilt als gefährlichstes Meerestier durch die Produktion des Giftes Cardiotoxin. Sie ist in den Gewässern des Indopazifiks beheimatet und kommt von November bis April vor der Küste Nordaustraliens vor. Obwohl *C. fleckeri* hochgiftig ist, stehen die Würfelquallen auf dem Speiseplan der Lederschildkröte (*Dermochelys coriacea*) und der Echten Karettschildkröte (*Eretmochelys imbricata*) als Schutz für das Verdauungssystem. ◀

III. Scyphozoa (Scheibenquallen)
 = etwa 230 Arten,
 = einheitliche Embryonalentwicklung,
 = mit Generationswechsel (kleine Polypen: wenige mm, große Medusen: 20–60 cm).
 Dazu zählen: Coronata, Stauromedusida, Rhizostomea und Semaeostomea.
 Beispiel: *Aurelia aurita* (Ohrenqualle).
IV. Hydrozoa
 = etwa 3200 Arten,
 = kleine Medusen (oft zu sessilen Gonophoren reduziert) und Polypen (koloniebildend).
 Dazu zählen: Leptolina und Trachylina.
 Beispiel: *Hydra* spp. (Süßwasserpolypen).

> ▶ **Beispiel**

Die Polypen von *Polypodium hydriforme* parasitieren in den Oocyten von Stören. Dabei sind sie evert, d. h. das Entoderm liegt außen und das Ektoderm mit den Tentakeln innen. Sobald die Störe ihre Eier ablegen, drehen die Polypen sich um und geben ihre Medusen ab. ◀

> **Wie entsteht ein Riff?**
>
> Die Madreporaria stellen die Gruppe der riffbildenden Polypen dar. Diese scheiden an ihrer Fußscheibe ein Außenskelett ab, welches zu 98 % aus Kalk ($CaCO_3$) besteht. Durch Wachstum wird dieser Kalksockel immer dicker. Krustenförmige Rotalgen und Kalk-abscheidende Grünalgen tragen außerdem zum Aufbau von Riffen bei. Nicht zu vergessen sind die Dinoflagellaten, die als Endosymbionten (Zooxanthellen) in den Entodermzellen der Korallen wesentlich zu deren Ernährung und zur Riffbildung beitragen. Riffe stellen einen besonderen Lebensraum für viele marine Organismen dar. Durch die enorme Diversität der Mikro- und Makrofauna können Korallenriffe auch als „Regenwald der Meere" bezeichnet werden.
>
> Es werden unterschiedliche Rifftypen unterschieden:
> - Korallenbänke,
> - Saumriffe,
> - Barriereriffe und
> - Atolle.

4.2.5 Ctenophora (Rippenquallen)

Lernziele

Autapomorphien der Ctenophora, Vergleich mit Cnidaria, Muskelzelltypen, Klassifizierung der Gruppe

Die Ctenophora (Rippenquallen) sind eine überschaubare Gruppe mit etwa 190 Arten. Sie leben ausschließlich marin und zeigen in ihrer Embryonalentwicklung – wie auch die Cnidaria – zwei Keimblätter: eine innere, gastrodermale und eine äußere, epidermale Schicht. Beide sind durch eine Mesogloea getrennt. Kennzeichnend für die Ctenophora sind acht longitudinal verlaufende Rippen, welche mit Cilien besetzt sind. Die Rippenquallen zeigen eine klare Grundorganisation, dennoch sind sie sehr formenreich.

> **Folgende Autapomorphien der Ctenophora werden diskutiert**
> - Besitz von Ctenen (Rippen: Bänder aus Cilienplatten),
> - Statolith als apikales Sinnesorgan,
> - retraktile Tentakeln mit Colloblasten (Klebzellen).

Die Grundachse der Tiere wird durch eine orale und aborale Seite bestimmt. Zwei Symmetrieebenen stehen senkrecht aufeinander, die spiegelbildlich gleiche Hälften trennen (= Disymmetrie, biradialer Bau). Die Ctenophora besitzen im Gegensatz zu den Cnidaria keine Nesselzellen. Der Körper ist charakterisiert durch Fasermuskelzellen, keine Epithelmuskelzellen. Die Muskulatur ist geteilt in Körperwand, Pharynx und Tentakeln.

> Fasermuskelzellen können als abgeleitetes Merkmal betrachtet werden. Sie werden als mögliche Synapomorphie mit den Bilateria diskutiert, kommen jedoch auch bei einigen Cubozoa und Scyphozoa vor.

Unterschied Fasermuskelzellen und Epithelmuskelzellen

- Fasermuskelzellen: zelluläre Grundeinheit von quergestreifter Muskulatur.
- Epithelmuskelzellen (auch Myoepithelzellen): kontraktile Epithelzellen, die zeitlebens den Epithelcharakter behalten, allerdings myofibrillenartige Fortsätze bilden.

Embryogenese	Hochdeterminierte, disymmetrische Furchung (einmalig im Tierreich!)
Körperhöhle	Fehlt
Nervensystem	Diffuser Plexus mit apikalem sensorischen Organ, Neurone in Mesogloea
Sinnesorgane	Statocyste (▶ Kap. 7)
Verdauungssystem	Tentakel mit Tentillen und Colloblasten (= Klebzellen) zum Beutefang, Gastrovaskularsystem
Kreislaufsystem	Gastrovaskularsystem
Exkretionssystem	Rosettenzellen in der Gastrodermis
Fortpflanzung	Zwitter, Selbstbefruchtung möglich, Tiere können zweimal geschlechtsreif werden (Dissogonie)
Entwicklung	Keine Larve, keine Metamorphose

Aufgrund ihrer medusenartigen Gestalt sind die Ctenophora leicht mit den Medusen der Cnidaria zu verwechseln. Die Grundorganisationen der beiden Gruppen haben ein ähnliches Niveau, sie besitzen z. B. eine gallertige Mesogloea und weisen keine Cephalisation auf. Ctenophora durchleben bei ihrer Fortpflanzung keinen Generationswechsel und zeigen keine sessilen Stadien.

Die Zuordnung der Ctenophora im System der Metazoa ist bislang noch unklar und umstritten (◨ Tab. 4.3). Auch wenn ein Schwestergruppenverhält-

◨ **Tab. 4.3** Hypothesen zur Klassifizierung der Ctenophora im System nach verschiedenen Autoren

Hypothese	Schwestergruppen	Morphologische Unterstützung	Molekulare Merkmale
Coelenterata	Ctenophora + Cnidaria	Diploblastie, Organe gehen aus zwei Epithelien hervor	+
Acrosomata	Ctenophora + Bilateria	Fasermuskelzellen, großes akrosomales Vesikel in Spermien	−

nis zu den Cnidaria auf molekularer Ebene gestützt werden kann, reichen diese Untersuchungen nicht aus, um die Ctenophora zu klassifizieren. Traditionell werden die Ctenophora zusammen mit den Cnidaria zu den Coelenterata zusammengefasst. Gemeinsame Strukturen müssen hierbei als plesiomorph angenommen werden. Eine Veränderung der Schwestergruppenverhältnisse innerhalb der Coelenterata wie auch zu den Bilateria ist in den nächsten Jahren zu erwarten.

Zu den Ctenophora werden zwei Gruppen gezählt: Tentaculifera und Atentaculata.

> *Mnemiopsis leidyi* (Meerwalnuss) gilt als invasive Art in der Nord- und Ostsee sowie im Schwarzen Meer. Molekulare Merkmale weisen darauf hin, dass sie aus dem Atlantik vor dem Nordosten Amerikas stammen. Möglicherweise wurden sie durch Ballastwasser von Handelsschiffen verbreitet. Invasive Arten haben einen massiven Einfluss auf Ökosysteme und können die Artenzusammensetzung stark verändern (z. B. durch Nahrungskonkurrenz oder Prädation).

4.2.6   Bilateria (Zweiseitentiere)

Lernziele

Autapomorphien der Bilateria, Großgruppenphylogenie, Artenreichtum, Lagebezeichnungen, Vielfalt an Organsystemen, Verwandtschaftshypothesen

Die Bilateria (Zweiseitentiere) umfassen etwa 95 % aller Tiere. Die Monophylie dieser Gruppe ist nicht nur durch morphologische, sondern auch durch molekulare und entwicklungsbiologische Merkmale belegt. Die Phylogenie und die Evolution des Bauplans dieser Tiergruppe sind bis heute weit diskutierte Themen für Evolutions- und Entwicklungsbiologen, Systematiker und Taxonomen. Die Ausbildung eines dritten Keimblatts („echtes" Mesoderm), eines Exkretionssystems und die Bilateralsymmetrie (◨ Abb. 4.12) sind die prägnantesten Merkmale der Bilateria.

Folgende Autapomorphien der Bilateria werden diskutiert
- Bilateralsymmetrie,
- Ausbildung des *Hox*-Genclusters,
- Triploblastie (drei Keimblätter: Ekto-, Meso- und Entoderm),
- Exkretionssystem,
- Hautmuskelschlauch mit innerer Längs- und äußerer Ringmuskulatur,
- Vorderende mit Nervenplexus (u. a. Gehirn, Sinnesorgane),
- dorsoventral abgeplattet.

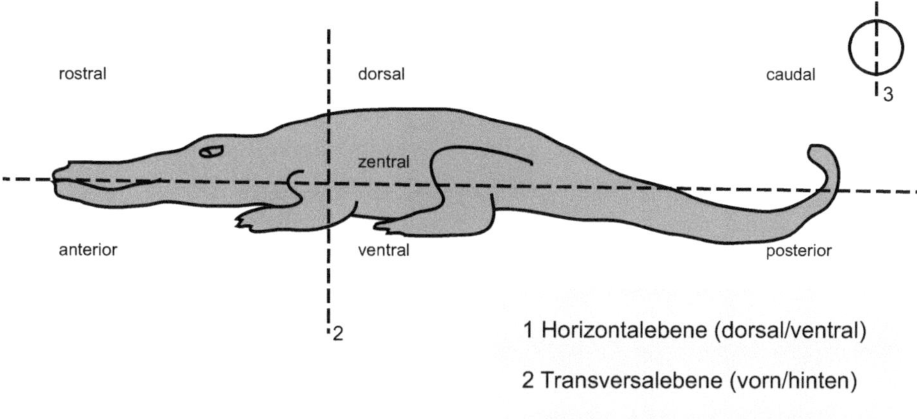

◨ **Abb. 4.12** Symmetrien und Lagebezeichnung innerhalb der Bilateria. (Verändert nach Westheide und Rieger 2013)

Die Entwicklung eines eigenen Kopfabschnittes mit dem dazugehörigen basiepithelialen Nervensystem spielt eine besondere Rolle in der Entwicklung der Bilateria. Dieser hohe Grad an Cephalisation geht einher mit einer gerichteten Fortbewegung. Die Bilateria sind also nicht mehr ausschließlich holopelagisch und sessil, sondern eher frei beweglich. Durch die freie Beweglichkeit hat sich ebenso eine hohe Diversifikation der Ernährungsweisen und damit einhergehend des Verdauungstraktes entwickelt:

- Mundraum und ektodermaler Vorderdarm mit Strukturen zum Nahrungserwerb, z. B. Zungen, Saugpumpen, Kiefer oder Radula.
- Nahrung wird aus dem Wasser mit Tentakeln oder Kiemen frei gefangen (aktive und passive Filtrierer, Suspensionsfresser, Detritusfresser).

Innerhalb der bilateralsymmetrischen Tiere können drei Grundtypen bei der Ausbildung der Körperhöhle unterschieden werden, je nach dem Vorkommen einer sekundären Leibeshöhle (▶ Abschn. 2.3):

1. Acoelomata (z. B. Plathelminthes),
2. Pseudocoelomata (z. B. Nematoda),
3. Coelomata (z. B. Annelida).

Nicht nur die Ausbildung der Körperhöhlen unterscheidet sich, sondern auch die Mundöffnung entsteht auf unterschiedliche Weise innerhalb der Gruppe. Daher können die Bilateria in zwei große Gruppen eingeteilt werden: Protostomia und Deuterostomia (◨ Tab. 4.4 und ◨ Abb. 4.13)

4

◘ Tab. 4.4   Vergleich der Großgruppen der Bilateria nach verschiedenen Aspekten

	Furchung	Coelombildung	Blastoporus?	Nervensystem	Blutgefäßsystem
Protostomia	Determinierte Spiralfurchung	Schizocoelie	Blastoporus = MundAnus = Neubildung	Ventral	Dorsal
Deuterostomia	Indeterminierte Radialfurchung	Enterocoelie	Blastoporus = AnusMund = Neubildung	Dorsal	Ventral

Zusätzlich zu einem Gastrovaskularsystem (z. B. Plathelminthes, ▶ Abschn. 5.2.1) kommen bei den Bilateria noch drei weitere Systeme vor, die durch ihre Herkunft und Histologie eng verwandt sind:
– Blutgefäßsystem (offen oder geschlossen),
– Mixocoel,
– Coelom.

Der Gastransport der Bilateria erfolgt im bewegten Medium, der Austausch findet über ein Konzentrationsgefälle durch die Membranen statt, die durch ihre große Fläche und geringe Dicke die Diffusion der Atemgase begünstigen. Einige Vertreter haben kein eigenes Respirationssystem ausgebildet. Mit zunehmender Größe und Komplexität haben sich jedoch verschiedene Organsysteme für den Gasaustausch entwickelt (▶ Abschn. 3.3):
– Kiemen,
– Tracheen,
– Lungen.

Zur Regulation des Wasserhaushalts lassen sich zwei Grundtypen von Exkretionsorganen unterscheiden (▶ Abschn. 3.1):
1. Sekretionsnieren (z. B. Malpighische Gefäße),
2. Filtrationsnieren (z. B. Proto- und Metanephridien).

Die Geschlechtszellen der Bilateria reifen nicht innerhalb der Gastrodermis, sondern es haben sich Gonaden für die Differenzierung der Geschlechtszellen entwickelt. Diese werden über bestimmte Ausleitungskanäle, die Gonodukte, nach außen geleitet. Als ursprünglich wird eine äußere Besamung und Befruchtung betrachtet, davon abgeleitet haben sich mehrfach unabhängig bei männlichen Vertretern spezielle Kopulationsorgane für eine innere Befruchtung entwickelt. Auch das weibliche Geschlecht hat sich z. B. mit der Ausbildung eines Vaginalorgans an die innere Befruchtung angepasst.

Die Entwicklung der Bilateria erfolgt oft durch einen biphasischen Lebenszyklus, dabei können vor allem zwei Larventypen unterschieden werden:

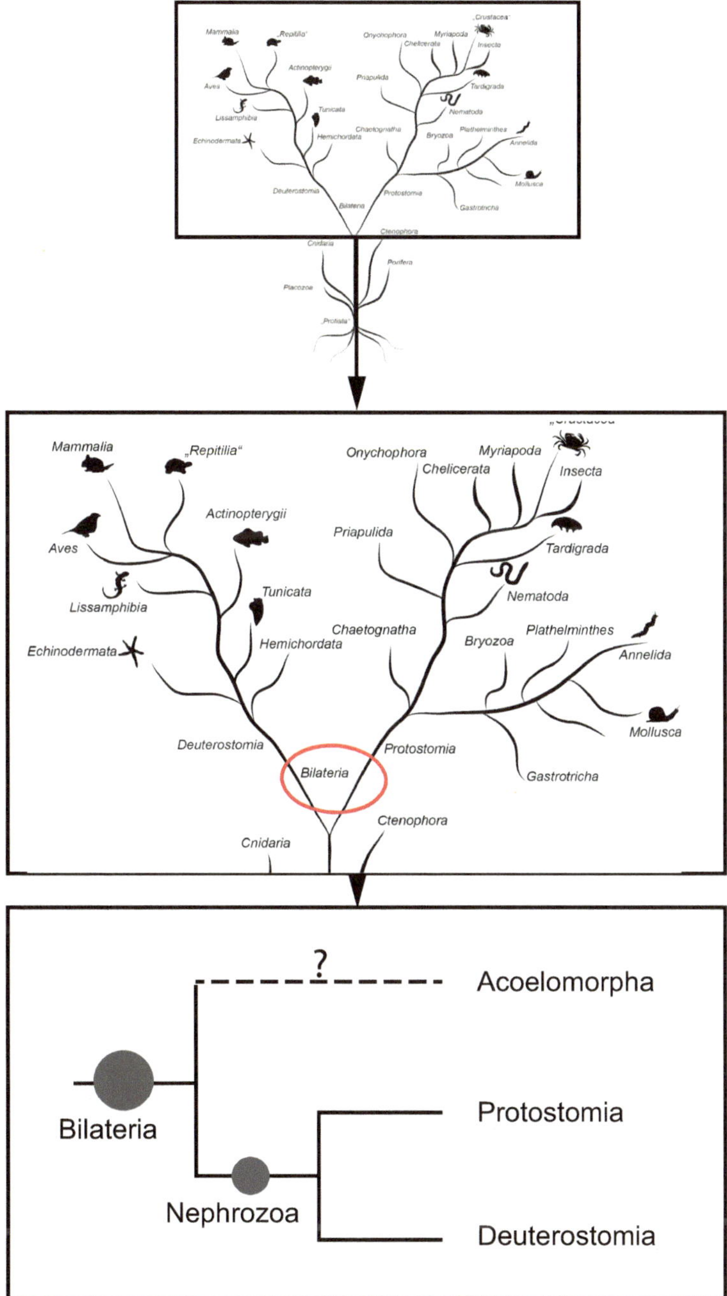

◘ Abb. 4.13 Vereinfachte Phylogenie der Bilateria. Die Position der Acoelomorpha im System der Bilateria ist noch unklar. Protostomia und Deuterostomia stehen in einem Schwestergruppenverhältnis und werden zusammen als Nephrozoa (oder auch Eubilateria) bezeichnet. (Verändert nach Westheide und Rieger 2013)

1. Trochus-Larventyp (v. a. bei Lophotrochozoa),
2. Tornaria- oder Dipleurula-Larventyp (v. a. bei Ambulacraria).

Es werden verschiedene Hypothesen zum Ursprung der Bilateria und zu deren Phylogenie diskutiert (z. B. Phagocytella-Hypothese, Gastraea-Hypothese, „Trochaea-Hypothese" bis hin zur Bilaterogastraea-Hypothese). Alle Versuche, die Stammesgeschichte zu rekonstruieren, beginnen mit einem kleinen, bilateralsymmetrischen Organismus. Vor allem Entwicklungsbiologen greifen diese Vorstellung auf, um Erkenntnisse über den Ursprung und die Evolution von Merkmalszuständen in den Vertretern der Bilateria zu gewinnen.

Innerhalb der Bilateria werden zwei große Gruppen unterschieden: Acoelomorpha und die Nephrozoa (Protostomia und Deuterostomia).

4.2.7 Xenacoelomorpha (*inc. sed.*)

Lernziele

Autapomorphien der Xenacoelomorpha, Besonderheit und Klassifizierung der Gruppe

Die Xenacoelomorpha sind kleine, wurmförmige Organismen, die bis zu 30 mm groß werden können. Sie leben ausschließlich in marinen Habitaten und zeichnen sich durch einen acoelomaten Körperbau aus, mit dorsoventraler Abflachung und einschichtiger, multiciliärer Epidermis.

> **Folgende Autapomorphien der Xenacoelomorpha werden diskutiert**
> – Cilien mit terminaler wurzelartiger Verzweigung.

Die einschichtige Epidermis der Xenacoelomorpha zeigt Cilien mit stufenförmig abgesetzten Spitzen. In den Spitzen fehlen Mikrotubuli-Paare, und sie weisen ein komplexes Wurzelsystem auf.

Embryogenese	Keine Angaben
Körperhöhle	Acoelomat
Nervensystem	Basiepitheliales Nervennetz
Sinnesorgane	Verschiedene Sinneszellen
Verdauungssystem	Mundöffnung ohne Pharynx, einschichtiges und sackförmiges Darmepithel, After fehlt
Kreislaufsystem	Fehlt
Exkretionssystem	Fehlt
Fortpflanzung	Hermaphroditismus
Entwicklung	Direkte Entwicklung

Die phylogenetische Position der Xenacoelomorpha ist bislang umstritten. Vor allem die Acoelomorpha teilen Merkmale mit den Plathelminthes (▶ Abschn. 5.2.1), sodass die Acoela und Nemertodermatida auch als Schwestergruppen zu den Plathelminthes diskutiert werden können. Nach neueren Studien kann diese Positionierung nicht mehr gehalten werden. Die Frage, ob die Xenacoelomorpha ursprüngliche Bilateria oder möglicherweise die Schwestergruppe der Deuterostomia darstellen, kann derzeit nicht geklärt werden. Daher werden sie als *incertae sedis* geführt.

- **Steckbrief Großgruppen Xenacoelomorpha**
I. Acoelomorpha
  - Vorkommen: marines Sandlückensystem,
  - räuberisch,
  - extrazelluläre Matrix fehlt, aber epidermale Glykokalyx,
  - Pigmentbecherocellen ohne ciliäre oder rhabdomere Rezeptorstrukturen,
  - tröpfchenförmige Gestalt mit Statocyste,
  - engmaschiges Netz aus Ring-, Diagonal- und Längsmuskelfasern,
  - Drüsenzellen (und *pulsatile bodies*, osmoregulatorische Funktion?),
  - zentral ist ein verdauendes Parenchym als Syncytium ausgebildet,
  - Frontalorgan mit mindestens zwei Drüsentypen,
  - weibliche Genitalöffnung kann fehlen,
  - Spermaübertragung durch Kopulation,
  - Spiralfurchung,
  - drei Haupttypen der asexuellen Vermehrung: Architomie, Paratomie und Knospung.
  Dazu zählen: Acoela und Nemertodermatida.
II. Xenoturbellida
  - nur eine beschriebene Art: *Xenoturbella bocki*,
  - 5–30 mm lang,
  - Vorkommen: in Küstennähe,
  - Nahrung: Eier von Mollusken, verwesende Tiere,
  - multiciliäre Epidermiszellen mit monociliären Drüsenzellen,
  - epidermale Statocyste,
  - laterale Sinnesfurchen,
  - postorale Wimpernfurche,
  - keine Kopulationsorgane, keine Genitalporen,
  - ursprüngliche Spermien.

4.2.8 Chaetognatha (Pfeilwürmer)

Lernziele

Apomorphien der Chaetognatha, Verwandtschaftsverhältnis zu den Bilateria, ökologische Bedeutung

Die Chaetognatha (Pfeilwürmer) sind eine kleine, erdgeschichtlich sehr alte Gruppe von Coelomaten mit etwa 150 beschriebenen Arten, die ausschließlich marin leben und maximal 10 cm groß werden. Sie kommen nahezu in allen Weltmeeren vor und nehmen dort einen großen Teil der Biomasse ein (bis zu 10 %). Somit stellen sie eine bedeutende Rolle in der Nahrungskette von marinen Ökosystemen dar. Sie ernähren sich hauptsächlich von Copepoden (Crustacea).

4

> **Folgende Merkmale der Chaetognatha werden diskutiert**
> — Mehrschichtige Epidermis aus zwei Zelltypen mit einem Nervennetz,
> — Muskelzellen mit alternierenden s2-Sarkomeren ohne Myosinfilamente,
> — neuromuskuläre Innervierung mittels Transmitterdiffusion durch das Stratum fibrosum (ECM),
> — besondere Coelombildung,
> — großes Ventralorgan,
> — Greifhaken und Kopfkappe.

Der Körper der Chaetognatha ist in Kopf und Rumpf gegliedert. Der Rumpf ist durch ein Querseptum in einen vorderen Teil und einen hinteren Teil getrennt. Im vorderen Teil liegen Darm und weibliche Geschlechtsorgane, im hinteren Teil, welcher auch als Schwanz bezeichnet wird, die männlichen. Äußere Konturen zeigen sich durch ein oder zwei Paar Seitenflossen und eine Schwanzflosse.

Die Epidermis der Chaetognatha ist mehrschichtig – das ist einzigartig innerhalb der wirbellosen Tiere. Der Halsbereich wird häufig von einem epidermalen Blasengewebe bedeckt, zum Teil wird dieses auch an Rumpf und Schwanz gefunden.

Der Kopf der Tiere besitzt bewegliche Greifhaken und ein oder zwei Paar Zahnreihen im Mundfeld. Außerdem sind Lateral- und Ventralspangen als chitinöse Skelettelemente an der Epidermis zur zusätzlichen Stabilisierung des Kopfes beschrieben. Als Besonderheit im Tierreich zeichnet die Chaetognatha eine Kopfkappe (= Praeputium) aus.

Bei den Chaetognathen lassen sich generell zwei Muskeltypen unterscheiden:
1. Gestreifte Längs- und Kopfmuskulatur,
2. Sarkomerstruktur ohne Myosinfilamente.

Embryogenese	Total-äqual-radiäre Furchung
Körperhöhle	Echtes Coelom
Nervensystem	Komplex, zwei zentralisierte Bereiche: dorsales Cerebralganglion und ventrales Ventralganglion (über Konnektive verbunden), Kopfganglienkette, peripherer Nervenplexus
Sinnesorgane	Paarige Augen aus Pigmentbecherocellen, Corona ciliata (= drüsenreiche Wimpernrinne), ciliäre Rezeptoren
Verdauungssystem	Vestibulum (▶ Kap. 7, Vertiefung der Mundhöhle) mit Drüsen- und Sinnesorganen, Vestibularorgan (Gleichgewichtsorgan), Oesophagus mit Sekret-produzierenden Zellen, Verdauungsschlauch

Kreislaufsystem	Fehlt
Atmungssystem	Fehlt
Exkretionssystem	Fehlt
Fortpflanzung	Protandrische Zwitter, Fremd- und Selbstbefruchtung möglich
Entwicklung	Direkte Entwicklung

Als Fortpflanzungsstrategie kann vor allem bei Invertebraten das Zwittertum (Hermaphroditismus) beobachtet werden. Dichogamie spielt bei dieser Art der Fortpflanzung eine wichtige Rolle, was bedeutet, dass bei einem zwittrigen Tier die Geschlechter zu unterschiedlichen Zeitpunkten reifen. Dabei wird zwischen Protandrie (Vormännlichkeit, männliche Gonaden reifen zuerst) und Protogynie (Vorweiblichkeit, weibliche Gonaden reifen zuerst) unterschieden. Protandrie finden wir bei Vertretern der Plathelminthes, Annelida und Bryozoa. Protogynie finden wir bei Vertretern der Tunicata und bei einigen Cestoda (zu Plathelminthes gehörig). Dichogamie soll die Selbstbefruchtung verhindern.

Bis heute ist die nähere Verwandtschaft der Chaetognatha zu einer Bilateriagruppe noch nicht nachgewiesen. Durch Gemeinsamkeiten mit den Bilateria in der Embryogenese bis hin zum Gastrulastadium wird angenommen, dass ihr Ursprung im Bereich der frühen Bilateria liegt. Ältere Befunde deuteten auf eine Zugehörigkeit zu den Deuterostomia; neuroanatomische Befunde dagegen sprechen für eine basale Gruppierung innerhalb der Protostomia. Einige molekularsystematische Befunde deuten darauf hin, dass die Chaetognatha die Schwestergruppe zu den Protostomia darstellt. Für diese basale Position sprechen nicht nur die bisher sechs isolierten *Hox*-Gene, sondern auch die geringe Anzahl an mitochondrialen Genen wird diskutiert. Die Chaetognatha selbst können als monophyletische Gruppe durch zahlreiche Autapomorphien bestätigt werden, im System der Bilateria wird die Gruppe als *incerta sedis* gekennzeichnet.

❓ Teil 1: Multiple-Choice-Fragen

1. „Protista" sind …
   a. eine paraphyletische Gruppe
   b. eine monophyletische Gruppe
   c. eine polyphyletische Gruppe
2. Protozoen ernähren sich …
   a. amphitroph
   b. autotroph
   c. heterotroph
3. Welches plesiomorphe Merkmal teilen alle „Protista"?
   a. Vielzelligkeit
   b. Einzelligkeit
   c. Verlust des Zellkerns
4. Wodurch wird die Entstehung der Eukaryota durch SET begründet?

4

    a. Membranumschließende Organelle: Mitochondrium und Chloroplast
    b. Ausgeprägtes Sexualsystem
    c. Metagenese
5. Welcher Erreger löst die Chagas-Krankheit aus, und durch wen wird er übertragen?
    a. *Leishmania donovani*; durch Vertreter der Gattung *Phlebotomus*
    b. *Plasmodium vivax*; durch Vertreter der Gattung *Anopheles*
    c. *Trypanosoma cruzi*; durch Vertreter der Familie Reduviidae
6. Welche Gruppen zählen zur Großgruppe SAR der „Protista"?
    a. Stramenopila, Alveolata und Rhizaria
    b. Stramenopila, Archaeplastida und Rhizaria
    c. Stramenopila, Alveolata und Rhodophyta
7. Durch welches Merkmal grenzen sich die Metazoa von den „Protista" ab?
    a. Vielzelligkeit
    b. Ausprägung einer Körperachse
    c. Cephalisation
8. In welche drei Organisationsstufen werden die Metazoa eingeteilt?
    a. Bilateria, Placozoa und Porifera
    b. Parazoa, Cnidaria und Protostomia
    c. Parazoa, Coelenterata und Bilateria
9. Welche Organisationstypen der Porifera können unterschieden werden?
    a. Ascon-, Sycon- und Leucon-Typ
    b. Ascon- und Leucon-Typ
    c. Nur Sycon-Typ
10. Welchen sekundären Inhaltsstoff besitzen Porifera?
    a. Cantharin
    b. Lycopin
    c. Carotin
11. Wie heißt der bislang einzige Vertreter der Placozoa?
    a. *Trichoplax*
    b. *Trichoplaxus*
    c. *Trochodorax*
12. Wodurch unterscheiden sich die Eumetazoa von den übrigen Metazoa?
    a. Triploblastie
    b. Körnige Zelloberfläche
    c. Echtes Epithelgewebe
13. Durch welche Autapomorphie zeichnen sich die Cnidaria aus?
    a. Nesselkapseln
    b. Trochophora-Larve
    c. Ausbildung eines Verdauungssacks
14. Bei welcher Gruppe der Cnidaria kommt kein Generationswechsel vor?
    a. Cubozoa
    b. Anthozoa

   c. Scyphozoa
15. Welche Gemeinsamkeiten zeigen Cnidaria und Ctenophora?
   a. Nesselkapseln und Cilienplatten
   b. Cilienplatten und Statolithen
   c. Ausbildung von zwei Keimblättern
16. Welche Großgruppen zählen zu den Bilateria?
   a. Protostomia und Chordata
   b. Acoelomorpha, Protostomia und Deuterostomia
   c. Ecdysozoa und Deuterostomia
17. Was ist der Unterschied zwischen Protostomia und Deuterostomia?
   a. Ausbildung eines Nervensystems
   b. After-/Mundformation
   c. Bilateralsymmetrie
18. Cephalisation ist eine Autapomorphie der …
   a. Bilateria
   b. Protostomia
   c. Spiralia

? Teil 2: Offene Fragen
1. Erläutern Sie den Lebenszyklus von *Plasmodium* spec.
2. Was ist die Besonderheit der intermediären Meiose der Foraminifera?
3. Welche Hypothesen werden für die Entstehung der Metazoa diskutiert? Erläutern Sie!
4. Welche Gruppe der Protisten steht in einer nahen Verwandtschaftsbeziehung zu den Metazoa? Welche cytologischen Merkmalsübereinstimmungen werden zum Verständnis der Evolution der Metazoa diskutiert?
5. Wodurch unterscheiden sich Parazoa und Eumetazoa?
6. Was ist der Unterschied zwischen Generationswechsel und Fortpflanzungswechsel? Geben Sie je ein Beispiel.
7. Unterscheiden Sie die Organisationstypen der Porifera.
8. Ctenophora und Cnidaria sind sich sehr ähnlich. Nennen Sie Gemeinsamkeiten und Unterschiede.
9. Skizzieren Sie einen Vertreter der Bilateria und kennzeichnen Sie die Symmetrie und Lagebeziehungen.
10. Vergleichen Sie das Grundmuster der Protostomia und Deuterostomia.

Notizen

Literatur

Adl SM, Simpson AG, Lane CE et al (2012) The revised classification of eukaryotes. J Eukaryot Microbiol 59:429–493. https://doi.org/10.1111/j.1550-7408.2012.00644.x

Böhm H, Heidelbach J, Hoelscher C et al (2010) Zoologie. Thieme, Stuttgart

Borowiec ML, Lee EK, Chiu JC et al (2015) Extracting phylogenetic signal and accounting for bias in whole-genome data sets supports the Ctenophora as sister to remaining Metazoa. BMC Genomics 16:987. https://doi.org/10.1186/s12864-015-2146-4

Botting JP, Muir LA (2018) Early sponge evolution: a review and phylogenetic framework. Palaeoworld 27:1–29

Campbell NA, Reece JB, Urry LA et al (2015) Campbell Biologie. Pearson, Boston

Gavilán B, Sprecher SG, Hartenstein V et al (2019) The digestive system of xenacoelomorphs. Cell & Tissue Res. https://doi.org/10.1007/s00441-019-03038-2

Geisen S, Bonkowski M (2018) Methodological advances to study the diversity of soil protists and their functioning in soil food webs. Appl Soil Ecol 123:328–333

Jékely G, Paps J, Nielsen C (2015) The phylogenetic position of ctenophores and the origin(s) of nervous systems. Evoluti Dev 6(1). https://doi.org/10.1186/2041-9139-6-1

Koecke HU (2013) Allgemeine Zoologie: Bau und Funktion tierischer Organismen. Springer, Heidelberg

Munk K, Brose U, Kronberg I (2009) Ökologie, Evolution. Thieme, Stuttgart

Nielsen C (2012) Animal evolution: Interrelationships of the living phyla, 3. Aufl. Oxford University Press, Oxford

Purves WK, Sadava D, Orians GH, Heller HC (2011) Purves Biologie. Spektrum Akademischer, Heidelberg

Ryan JF, Pang K, Schnitzler CE et al (2013) The genome of the ctenophore *Mnemiopsis leidyi* and its implications for cell type evolution. Science 342:1242592. https://doi.org/10.1126/science.1242592

Sadava D, Hillis DM, Heller HC, Hacker SD (2019) Purves Biologie. Spektrum Akademischer, Heidelberg

Schlegel M, Hülsmann N (2007) Protists – a textbook example for a paraphyletic taxon. Org Divers Evoluti 7:166–172. https://doi.org/10.1016/j.ode.2006.11.001

Storch V, Welsch U (2014) Kükenthal – Zoologisches Praktikum. Springer, Heidelberg

Wehner R, Gehring WJ (2013) Zoologie. Thieme, Stuttgart

Westheide W, Rieger R (2013) Spezielle Zoologie: Teil 1 Einzeller und Wirbellose. Springer, Heidelberg

Whelan NV, Kocot KM, Moroz TP et al (2017) Ctenophore relationships and their placement as the sister group to all other animals. Nat Ecol Evolut 1:1737–1746. https://doi.org/10.1038/s41559-017-0331-3

Spezielle Zoologie Teil B: Bilateria – Prostostomia

Inhaltsverzeichnis

🏠 Lernziele

Autapomorphien und Merkmale der Gruppen, Hypothesen zur Großgruppen-phylogenie

Protostomia (Urmünder) stellen eine Großgruppe der Bilateria dar. Die Gruppe wird dadurch definiert, dass der Urmund (Blastoporus) sich zum definitiven Mund entwickelt (◘ Abb. 5.1). Obwohl dieses Merkmal innerhalb der einzelnen Gruppen der Protostomia sehr divers erscheint, zeigt sich die Gruppe durch morphologische, ontogenetische und molekulare Merkmale als Monophylum. Die Trochaea-Hypothese rekonstruiert die Stammart der Protostomia mit einer pelagischen Trochophora-Larve und einem benthischen Adultus (Gastrula-ähnlich).

> **Folgende Autapomorphien der Protostomia werden diskutiert**
> - Blastoporus (Urmund) wird zum definierten Mund,
> - Spiralfurchung,
> - Trochophora-Larve,
> - Protonephridien.
>
> **Weitere Merkmale der Protostomia werden diskutiert**
> - ventrales Nervensystem.

Protostomia besitzen ventrale Nervenstränge mit Ringbildung um den Mund und After sowie ein dorsales Blutgefäßsystem. Außerdem ist die Entstehung des Coeloms (► Abschn. 2.3, Schizocoelie, Aushöhlung des Mesoderms) maßgebend für die Geschlossenheit der Gruppe (► Kap. 6).

Bis Ende der 1990er-Jahre wurde die Articulata-Hypothese in der Einteilung der Protostomia kaum infrage gestellt. Hier wurden aufgrund von einigen morphologischen Merkmalen, z. B. ein polymeres Coelom und eine metamere Gliederung, die Annelida mit den Arthropoda in ein Schwestergruppenverhältnis gesetzt. Dabei soll der Bauplan Annelida-ähnlich sein (◘ Abb. 5.10). Durch 18S-rRNA-Analysen erfolgte eine Neugruppierung, wodurch nun die Annelida zu den Spiralia (►Abschn. 5.2) und die Arthropoda zu den Ecdysozoa (►Abschn. 5.3) gestellt werden. Die Ecdysozoa-Hypothese wird zunehmend akzeptiert. Dadurch werden die Protostomia nun in die Spiralia (Lophotrochozoa) und die Ecdysozoa eingeteilt.

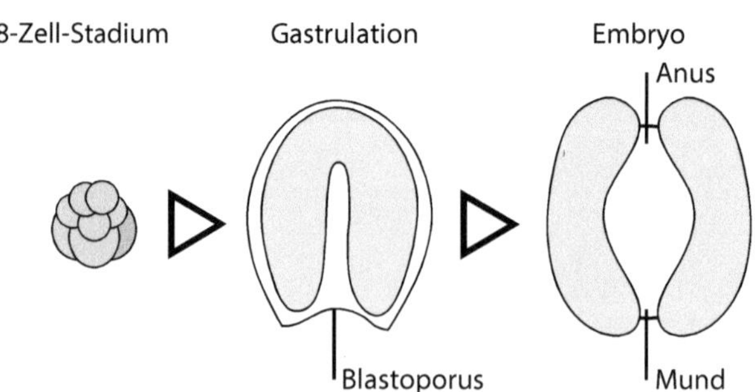

◘ Abb. 5.1 Entstehung des Mundes der Protostomia. Der Blastoporus wird zum definierten Mund, und der Anus entwickelt sich an der gegenüberliegenden Seite

Die Protostomia werden in zwei Großgruppen eingeteilt: die Spiralia und die Ecdysozoa. Zu den Protostomia zählen die Annelida (Ringelwürmer), Mollusca (▶ Abschn. 5.2.5.3), und eine Reihe von „wurmartigen" Gruppen. Während die Einteilung der Protostomia in die zwei Großgruppen immer mehr Zuspruch findet, sind zur Aufklärung der Verwandtschaftsverhältnisse innerhalb der Spiralia und Ecdysozoa weitere morphologische und molekulare Untersuchungen notwendig.

5.1 Gastrotricha (Bauchhärlinge)

 **Lernziele**

Autapomorphien der Gastrotricha, systematische Stellung, Verwandtschaften

Die Gastrotricha (Bauchhärlinge) stellen eine Gruppe mit etwa 770 Arten dar. Sie leben vor allem aquatisch und kommen als mikroskopisch kleine Tiere im Sandlückensystem vor. Die Gastrotricha ernähren sich hauptsächlich von Bakterien und Kleinstorganismen, aber auch von Diatomeen und größeren Nahrungspartikeln.

Die Tiere werden nicht länger als 1 mm, sind schlank und dorsoventral abgeplattet. Sie bewegen sich mit einer Wimpernsohle und können sich mit ihren Haftröhrchen schnell und reversibel am Substrat festhaften.

> **Folgende Merkmale der Gastrotricha werden diskutiert**
> - Haftröhrchen,
> - Bedeckung der Körperwand (inklusive Cilien) mit der Exocuticula.

Einzigartig im Tierreich bedeckt die Cuticula der Gastrotricha den gesamten Körper, inklusive aller lokomotorischen Cilien. Die Cuticula enthält kein Chitin und wird nicht gehäutet. Die Epidermis der Tiere ist einschichtig, die Ring- und Längsmuskulatur sind in Strängen angeordnet und bilden keine zusammenhängende Schicht.

Embryogenese	Totale, bilaterale Furchung
Körperhöhle	Keine Angaben
Nervensystem	Cerebralganglion dorsal und ventral vom Pharynx, ein Paar ventrolaterale Markstränge
Sinnesorgane	Monociliäre, einfache Sensillen, paarige Ocellen
Verdauungssystem	Mund mit Höhle, muskulöser Pharynx, terminaler After
Kreislaufsystem	Fehlt
Exkretionssystem	Protonephridien
Fortpflanzung	Zwitter, vor allem Heterogonie
Entwicklung	Direkte Entwicklung

> Heterogonie stellt eine Form des Generationswechsels dar. Dabei findet ein Wechsel zwischen einem bisexuellen Stadium (Männchen und Weibchen) und einem unisexuellen Stadium (Parthenogenese, Jungfernzeugung) statt (▶ Kap. 7).

Die Einordnung der Gastrotricha im System der Bilateria wird noch kontrovers diskutiert. Durch morphologische Gemeinsamkeiten mit den Cycloneuralia wurde ein Schwestergruppenverhältnis von Gastrotricha und Cycloneuralia vorgeschlagen (Nemathelminthes i. e. S., ▶ Abschn. 5.3.1).

> Die Abkürzung „i. e. S." (= im engeren Sinne) steht im phylogenetischen System für eine gut abgegrenzte Teilgruppe einer systematisch nicht eindeutigen Gruppe.

Molekulare Merkmale hingegen zeigen eine nähere Verwandtschaft zu den Spiralia, insbesondere zu den Plathelminthes oder Gnathifera. Daher werden die Gastrotricha oft an verschiedene Positionen im phylogenetischen System gestellt. In diesem Buch stehen sie daher durch ihre unsichere Einordnung sowohl außerhalb der Spiralia als auch der Ecdysozoa.

■ **Steckbrief Großgruppen Gastrotricha**
 I. Macrodasyida
   – Pharynxlumen umgekehrt Y-förmig,
   – ein Paar Pharyngealporen,
   – zahlreiche Klebröhrchen,
   – zweigeschlechtliche Vermehrung.
II. Chaetonotida
   – Pharynxlumen Y-förmig,
   – keine Pharyngealporen,
   – Körper flaschenförmig,
   – ein Paar Klebröhrchen,
   – Fortpflanzung auch mit Heterogonie oder nur Parthenogenese.

5.2 Spiralia (Lophotrochozoa, Spiralfurcher)

 **Lernziele**

Autapomorphien der Spiralia, Großgruppenphylogenie, Merkmale der Gruppen

Spiralia (Spiralfurcher) sind eine der beiden Großgruppen der Protostomia (◘ Abb. 5.2). Sie werden aufgrund ihres gemeinsamen Furchungstyps, der Spiralfurchung, zusammengefasst. Die Besonderheit dieser Furchung liegt darin, dass Zellquartette gebildet werden, welche durch eine schräg zur Eiachse stehende Spindel gegeneinander versetzt liegen. Das festgelegte Schicksal der ein-

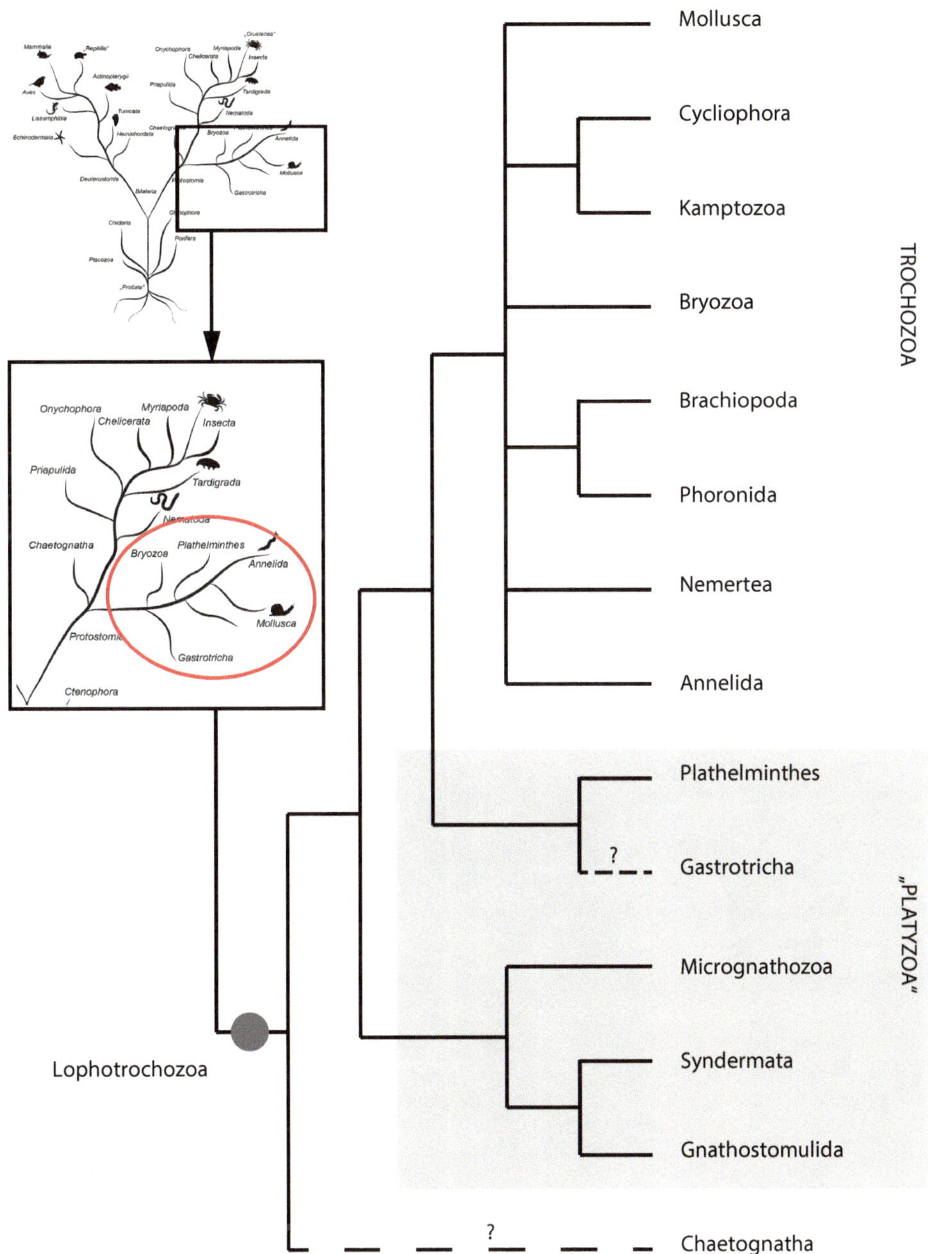

◻ Abb. 5.2   Vereinfachte Phylogenie der Spiralia. Die Chaetognatha sind als Schwestergruppe dargestellt. (Verändert nach Kocot 2016)

zelnen Blastomere ist besonders intensiv in Anneliden und Mollusken erforscht, Plathelminthes und Nemertini zeigen diese Art der Furchung ebenfalls. Bei einigen Gruppen der Spiralia (z. B. Brachiopoda oder Bryozoa) liegt eine Abwandlung dieses Furchungstyps vor. Spiralia sind morphologisch sehr vielfältig (◘ Abb. 5.3), aber nicht so artenreich wie ihre Schwestergruppe, die Ecdysozoa.

Folgende Merkmale der Spiralia werden diskutiert
- Spiralfurchung (auch Spiral-Quartett-4d-Furchung),
- Lophophor-/Trochophora-Larve.

◘ **Abb. 5.3**   Verschiedene Vertreter der Spiralia. **a** *Tetrastemma* spec (Nemertini). **b** *Polycera quadrilineata* (Mollusca). **c** *Lysidice ninetta* (Annelida). **d** *Stylochoplana* spp. (Plathelminthes). (Fotos **a, b, d**: Exkursionsmaterial, Helgoland; **c**: Anne Weigert)

5.2.1 Plathelminthes (Plattwürmer)

⊜ Lernziele

Merkmale der Plathelminthes, Großgruppenphylogenie, Körperbau, Parasitismus, Beispiele

Plathelminthes (Platyhelminthes, Plattwürmer) stellen mit etwa 36.000 beschriebenen Arten eine Gruppe mit nicht nur frei lebenden, sondern auch vielen parasitischen Vertretern dar. Die frei lebenden Vertreter (etwa 5000 Arten) sind unsegmentiert und wurmförmig mit charakteristisch bewimperter Körperoberfläche. Sie zeigen einen einfachen Bauplan (◘ Abb. 5.4).

Folgende Merkmale der Plathelminthes werden diskutiert
- Acoelomata mit Parenchym,
- hydrostatisches Skelett,
- Zwittrigkeit,
- Protonephridien mit mehreren Terminalzellen.

Der Körper der Plathelminthes ist umzogen von einer multiciliären, einschichtigen und drüsenreichen Epidermis. Unter der Epidermis liegt der Hautmuskelschlauch, zusammengesetzt aus äußerer Ring-, innerer Längs- und zwei Lagen Diagonalmuskulatur. Die Zellerneuerung in der Epidermis erfolgt durch undifferenzierte Stammzellen (Neoblasten), welche aus dem mesodermalen Gewebe einwandern. Diese Art der Zellerneuerung ist das grundlegende Prinzip der Neubildung der Körperdecke bei parasitischen Vertretern (Neodermata, Neodermis). Das Mesoderm liegt bei den Plathelminthes als solides Bindegewebe vor, welches als Parenchym bezeichnet wird.

Embryogenese	Spiralfurchung
Körperhöhle	Acoelomat (▶ Abschn. 2.3)
Nervensystem	Versenktes Gehirn im Hautmuskelschlauch mit wechselnder Anzahl an markhaltigen Längssträngen, Kommissuren, orthogonale Struktur mit Plexusbildungen
Sinnesorgane	Pigmentbecherocellen, Statocysten
Verdauungssystem	Gastrovaskularsystem, bei Parasiten stark reduziertes bis fehlendes Darmsystem
Kreislaufsystem	Fehlt
Atmungssystem	Fehlt
Exkretionssystem	Protonephridien (selten auch Paranephrocyten)
Fortpflanzung	Protandrische Zwitter, Reproduktionsorgane komplex und stark variabel, innere Befruchtung
Entwicklung	Parasiten mit Larvenstadien

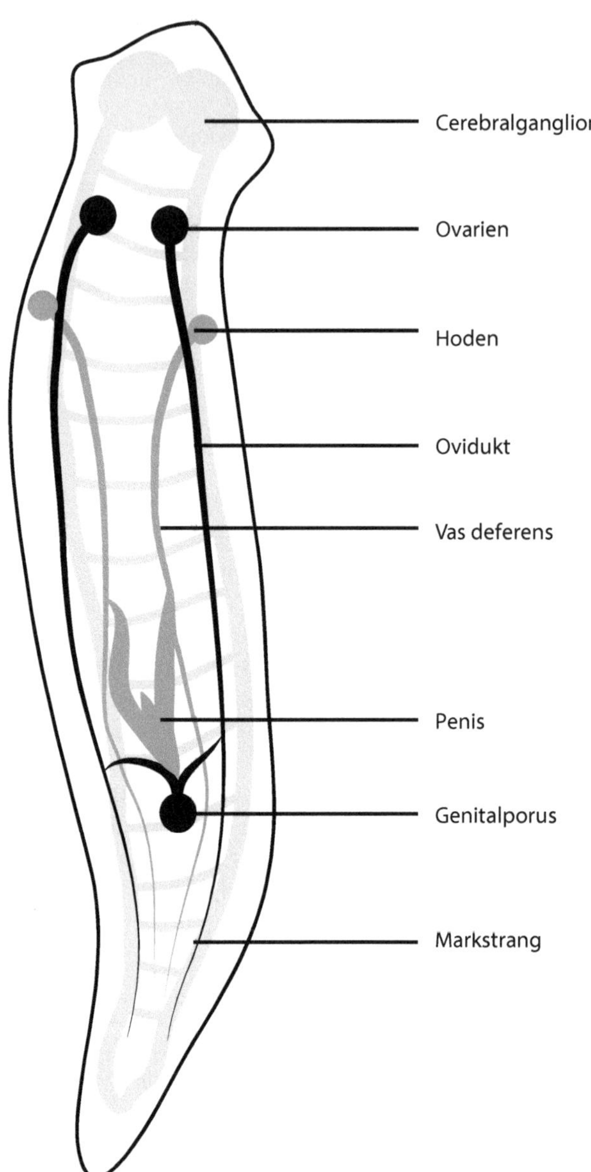

◘ Abb. 5.4   Vereinfachte schematische innere Organisation eines Plathelminthes. Vor allem parasitische Vertreter zeigen einen ausgeprägten Hermaphroditismus. (Verändert nach Westheide und Rieger 2013)

Nach aktuellen morphologischen und molekularen Merkmalen werden die Plathelminthes in zwei monophyletische Gruppen eingeteilt (◘ Abb. 5.5): Catenulida (frei lebende Vertreter) mit unpaaren dorsalen Protonephridien und Rhabditophora (parasitische Vertreter) mit stäbchenförmigen Drüsensekreten (Rhabditen). Durch embryologische und morphologische Merkmale werden

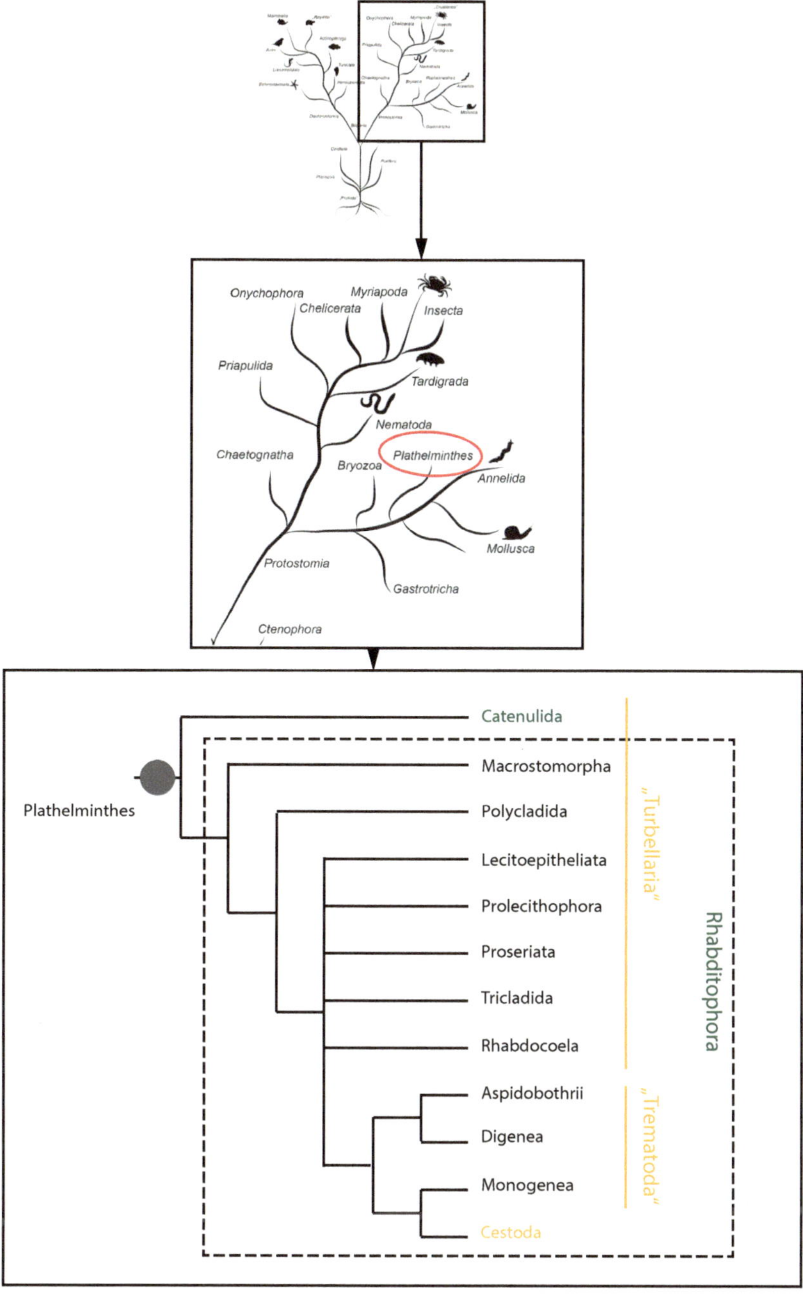

◘ Abb. 5.5 Vereinfachte Phylogenie der Plathelminthes. Die traditionelle Einteilung erfolgt in drei Gruppen (*gelb*), nur die Cestoda gelten hierbei als Monophylum. Die aktuelle Einteilung erfolgt dagegen in zwei monophyletische Gruppen (*grün*). (Verändert nach Westheide und Rieger 2013)

die Plathelminthes als ursprüngliche oder in vielen Merkmalen reduzierte Gruppe der Spiralia betrachtet.

■ **Steckbrief Großgruppen Plathelminthes (☐ Abb. 5.5)**
„Turbellaria" (Strudelwürmer, frei lebende Plathelminthes, alte Systematik)
= etwa 5000 Arten,
= marine, limnische und terrestrische Lebensräume,
= Indikatoren für Gewässergüte (gut: *Cranobia alpina*, schlecht: *Dendrocoelum lacteum*).

I. Catenulida (neue Systematik)
  = etwa 100 Arten,
  = oft räuberisch,
  = spärlich bewimperte, multiciliäre Epidermis,
  = einzigartiges protonephridiales Exkretionsorgan: biciliäre Cyrtocyten,
  = Paratomie und Parthenogenese.
II. Rhabditophora (neue Systematik)
  = alle weiteren Gruppen der Plathelminthes,
  = Körperwand dick, mit dreischichtigem Hautmuskelschlauch
  = Tendenz zum Syncytium
    Dazu zählen unter anderem die Neodermata (Trematoda [Aspidobothrii, Digenea] und Cercomeromorpha [Monogenea, Cestoda]).
    Merkmale der Neodermata:
  = parasitische Vertreter der Plathelminthes,
  = verlieren beim Übergang in den Wirt die Epidermis und bilden ein neues Syncytium (Neodermis),
  = bilateralsymmetrische Protonephriden,
  = Hermaphroditismus, z. T. protandrische Zwitter, ungeschlechtliche Vermehrung auch möglich (selten, möglicherweise auch Heterogonie),
  = Aufbau Genitalsystem gruppen- oder artspezifisch (Bestimmungsmerkmal!),
  = Spermienkörper mit Autapomorphien.

„Trematoda" (Saugwürmer, parasitische Vetreter, alte Systematik); ☐ Tab. 5.1
endoparasitisch,
= 1. Wirt: oft Gastropoden,
= Anheftungsorgane ohne Hartstrukturen (Häkchen).

Cestoda (Bandwürmer, parasitische Vertreter, alte Systematik); ☐ Tab. 5.1
etwa 5000 Arten,
= selten Generationswechsel, fast immer Wirtswechsel,
= endoparasitisch,
= Endwirte: Wirbeltiere,
= Darm fehlt, Resorption über Körperoberfläche (durch Mikrovillisaum vergrößert),
= Halteapparat am Vorderende,
= netzförmiges Protonephridialsystem.

◘ Tab. 5.1   Parasitische Vertreter der Plathelminthes mit ihren Wirten

Spezies	Zwischenwirt	Endwirt	Symptome
„Trematoda"			
Schistosoma mansoni	Wasserschnecken (*Biomphalaria*)	Craniota	Juckreiz, Hautausschlag, Darmbilharziose u. a.
Schistosoma heamatobium	Wasserschnecken (*Bulinus*)	Craniota	Fieber, Kopfschmerzen, Hämaturie, Blasenbilharziose u. a.
Schistosoma japonicum	Wasserschnecken (*Oncomelania*)	Craniota	Asiatische Darmbilharziose, u. a. Katayama-Syndrom
Fasciola hepatica	Wasserschnecken (in Europa: *Galba trunculata*)	Bovidae*Homo sapiens*	Fieber, Diarrhoe, Urtikaria (Nesselsucht) u. a.
Dicrocoelium dendriticum (◘ Abb. 5.6)	1. Zwischenwirt: Landschnecken der Gattung *Zebrina* oder *Helicella* 2. Zwischenwirt: Ameisen der Gattung *Formica*	Bovidae	Vorwiegend ohne Symptome
Cestoda			
Taenia saginata	Bovini (Rinder)	*Homo sapiens*	Gewichtsverlust und Darmstörungen
Taenia solium	Spezies der Gattung *Sus* (Schwein)	*Homo sapiens*	Häufig symptomlos, gastrointestinale Beschwerden, Schwindel, Kopfschmerzen
Echinococcus multilocularis	*Microtus arvalis* (Feldmaus)Spezies der Gattung *Arvicola**Homo sapiens*	*Vulpes vulpes* (Fuchs)*Canis lupus* (Hund)*Felis silvestris* (Katze)	Alveoläre Echinokokkose, ohne Behandlung tödlich

5.2.2 Lophophorata (Tentaculata, Kranzfühler)

⊜ Lernziele

Autapomorphien der Lophophorata, Großgruppenphylogenie, Körperbau (v. a. bei Phoronida), ökologische und medizinische Bedeutung

Die Lophophorata (Kranzfühler) sind sessile, filtrierende Organismen. Die Filtration der Nahrung aus der Wassersäule findet auf der Innenseite der Tentakel statt

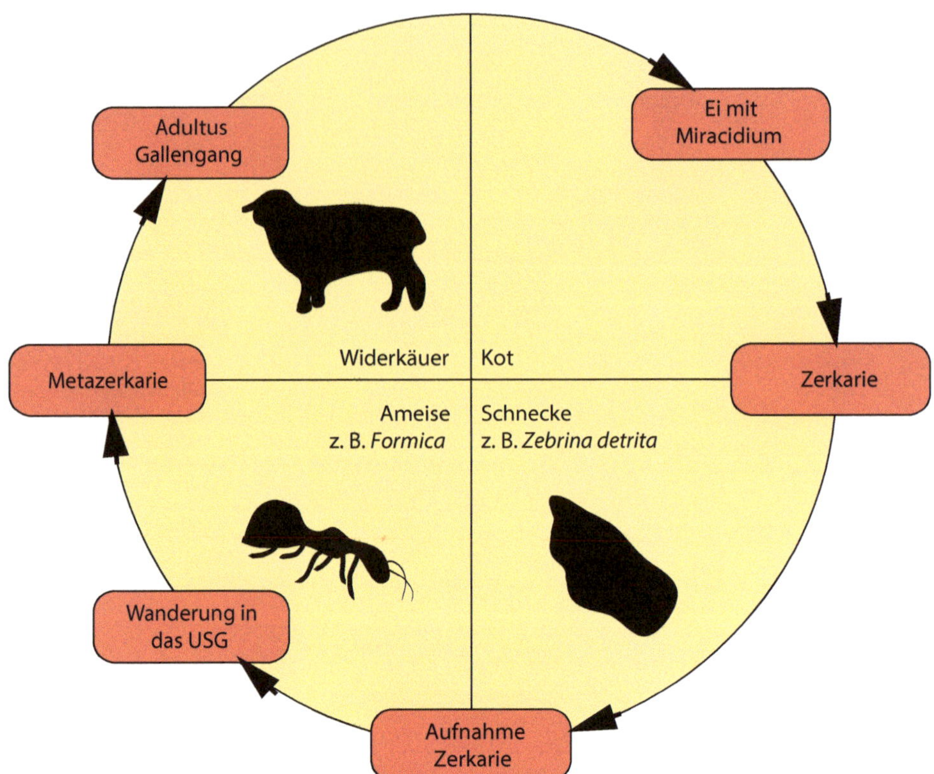

◘ Abb. 5.6   Entwicklungszyklus von *Dicrocoelium dendriticum* (Kleiner Leberegel). Embryonierte Eier der Widerkäuer werden mit dem Kot ausgeschieden und von der Schnecke (Zwischenwirt 1) aufgenommen. Dort entwickelt sich das Miracidium zu Sporocyste und Zerkarie. Zerkarien werden über Schleimballen der Schnecken ausgeschieden und von der Ameise (Zwischenwirt 2) aufgenommen. Die Zerkarie entwickelt sich zur Metazerkarie im Unterschlundganglion (USG) der Ameise. Die Ameise erleidet einen Beißkrampf und sitzt am Gras fest, wo sie vom Widerkäuer (Endwirt) aufgenommen wird

(*upstream-collecting system*). Die Tentakel enthalten ein Coelom, welches als Hydroskelett fungiert.

Folgende Merkmale der Lophophorata werden diskutiert
- Lophophor (Tentakelträger) und Epistom,
- U-förmiger Darmkanal,
- Körpergliederung und Coelomorganisation,
- Spiralfurchung sekundär verloren.

Morphologische und molekulare Hinweise stützen die Monophylie der Lophophorata. Sie umfassen drei wiederum monophyletische Gruppen: Bryozoa (Moostierchen), Phoronida (Hufeisenwürmer) und Brachiopoda (Armfüßer). Für die systematische Position der Lophophorata werden zwei Hypothesen diskutiert. Zum einen die Radiala-Hypothese, die einen gemeinsamen Vorfahren der Lophophorata und Deuterostomia annimmt, zum anderen steht die Lophotrochozoa-Hypothese, welche die Lophophorata und die Trochozoa in eine gemeinsame Abstammungsgemeinschaft stellt. Letztere wird durch zahlreiche molekulare Merkmale unterstützt, auch wenn die Verwandtschaften innerhalb der Lophotrochozoa noch nicht eindeutig geklärt sind.

5.2.2.1 Bryozoa (Moostierchen)

Bryozoa (Moostierchen) bilden eine große und formenreiche Gruppe mit etwa 6000 rezenten Arten. Sie sind sehr klein und bilden ein röhrenartiges Gehäuse aus Chitin aus, welches sie später noch durch Calcit oder Aragonit verfestigen können. Sie leben zum größten Teil marin von der Küstenlinie bis 500 m Wassertiefe und ernähren sich von Mikroplankton, wobei der Lophophor als wichtigstes Organ für die Nahrungsaufnahme (*tentacle flicking*) gesehen wird. Andere leben in stehenden oder fließenden Süßgewässern (etwa 90 Arten).

Bedeutung der Moostierchen

- **Indikator für Klimawandel und Ozeangesundheit:** Schon im Perm haben die Bryozoa umfangreiche Riffe gebildet. Die Bildung und Struktur des Kalkexoskeletts der Bryozoa hängt maßgeblich von Temperatur, pH-Wert und Salzgehalt der Meere ab, in dem sie leben. Daher spielen nicht nur fossile Moostierchen eine wichtige Rolle in der Paläoklimatologie, sondern auch rezente Vertreter sind Indikatoren für den Zustand der Ozeane.
- **Medizin:** Bryozoa besitzen einen hohen Anteil an sekundären Inhaltsstoffen, welche antimikrobielle und auch Tumor-hemmende Wirkung (z. B. Bryostatine) haben können. Daher sind die Moostierchen auch von pharmazeutischem und medizinischem Interesse.
- ***Fouling*-Organismen:** *Fouling* ist die unerwünschte Ansiedlung von Organismen an verschiedenen technischen Oberflächen. Moostierchen sind *Fouling*-Organismen und besiedeln gern Schiffsrümpfe, Hafenanlagen oder aber auch Wasserleitungen, was zu wirtschaftlichen Schäden führen kann. Andere *Fouling*-Organismen sind Seepocken (Balanidae, „Crustacea") oder einige Vertreter der Mollusca.

Alle Bryozoa sind sessil und koloniebildend, Einzeltiere werden als Zooide bezeichnet. Diese Zooide sind genetisch identisch und entstehen durch ungeschlechtliche Knospung.

Folgende Merkmale der Bryozoa werden diskutiert
- zweiteiliges Coelom,
- fehlendes Kreislaufsystem.

Die Körperabschnitte der Bryozoa können aufgrund der komplizierten embryologischen Merkmale schwer mit denen der übrigen Metazoa verglichen werden. Allerdings kann zwischen einer ventralen (dem Substrat zugewandten) und einer dorsalen Seite unterschieden werden. Die Seite mit dem After wird Anal-, die mit dem Mund Oralseite genannt. Es gibt einen flexiblen Körperabschnitt (Polypid) und einen festsitzenden Körperabschnitt (Cystid).

Das Polypid ist weichhäutig und maximal mit einer Glykocalyx umzogen. Es umfasst den Lophophor, Verdauungstrakt und die Muskulatur sowie den Tentakelschaft beim Übergang zum Cystid. Im Gegensatz dazu besteht der festsitzende Körperabschnitt hauptsächlich aus Körperwand (Ektocyste und Endocyste). Das Polypid kann mithilfe eines Retraktormuskels in das Cystid eingezogen werden.

Embryogenese	Keine Angaben
Körperhöhle	Zweiteiliges Coelom
Nervensystem	Zentralisiert, Cerebralganglion mit seitlichen Nervensträngen
Verdauungssystem	U- bzw Y-förmig, mit Vormagen, Rektum mit Sphinktern, Kotpellets werden über Tentakel abgegeben (= „Ectoprocta")
Kreislaufsystem	Bei vielen Vertretern vom Coelom übernommen
Atmungssystem	Fehlt
Exkretionssystem	Wenn, dann über Körperoberfläche
Fortpflanzung	Getrenntgeschlechtlich, protandrische Zwitter, innere Befruchtung
Entwicklung	Metamorphose, Ausbildung von Dauerstadien bei asexueller Vermehrung

Die Systematik der Gruppe ist ansatzweise geklärt, drei Gruppen der Bryozoa sind bisher beschrieben: Gymnolaemata, Stenolaemata und Phylactolaemata. Die Verwandtschaften innerhalb der Gruppe sind noch unzureichend geklärt. Zwei Hypothesen werden hierfür beschrieben: Die erste Hypothese stellt die Phylactolaemata an die basale Position der Bryozoa, die zweite Hypothese hingegen zeigt die Gymnolaemata als basale Bryozoa.

■ **Steckbrief Großgruppen Bryozoa**
  I. Gymnolaemata
    ▬ etwa 5500 Arten,
    ▬ marin,
    ▬ kreisförmige Anordnung der Tentakel,
    ▬ ohne Epistom,
    ▬ getrennte Coelomräume.
    Dazu zählen: „Ctenostomata" und Cheilostomata.
  II. Stenolaemata
    ▬ etwa 500 Arten,
    ▬ marin,

- zylinderförmige Zooide (= Einzeltiere einer Kolonie),
- kleiner Lophophor mit 14 Tentakeln.

III. Phylactolaemata
- etwa 70 Arten,
- limnisch, in langsam fließenden Gewässern,
- hufeisenförmiger Lophophor,
- mit Epistom,
- mit Dauerstadien.

5.2.2.2 Phoronida (Hufeisenwürmer)

Die Phoronida (Hufeisenwürmer) sind eine Gruppe der Lophophorata mit etwa 16 marin lebenden Arten. Sie sind unabhängige Einzelindividuen und in gemäßigten Küstengewässern bis hin zu tropischen Meeren mit einer Tiefe von 400 m verbreitet. Häufig werden sie in kolonieartiger Individuendichte gefunden. Die 10 cm langen Tiere leben in selbst gebauten, chitinigen Röhren und schützen dadurch den lang gestreckten Rumpf.

Folgende Merkmale der Phoronida werden diskutiert
- Merkmale Protostomia: z. B. Coelom- und Mesodermbildung, Protosomie.
- Merkmale Deuterostomia: z. B. Radiärfurchung, dorsales Nervensystem bei adulten Vertretern.

Die Phoronida zeigen eine Mischung aus Merkmalen der Protostomia und Deuterostomia.

Der Körper der Phoronida wird eingeteilt in das Prosoma (mit zwei Lophophororganen), das Mesosoma (mit zwei Lophophoren) und das Metasoma. Die Körperwand setzt sich aus einer monociliären Epidermis zusammen, die im Rumpfbereich viele Drüsenzellen besitzt. Die darunterliegende Muskulatur besteht aus einer dünnen Ring- und einer stärkeren Längsmuskulatur. Dies ermöglicht eine peristaltische Bewegung in der selbst gebauten Röhre. Die Anzahl der Tentakel am Lophophor ist größenabhängig und kann von 28–1600 Tentakel variieren.

Embryogenese	Total-äquale Furchung
Körperhöhle	Tentakel- und Rumpfcoelom
Nervensystem	Subepidermaler Nervenplexus, Hauptzentrum mit Riesenaxonen
Sinnesorgane	Sensorische Nervenzellen auf der Körperoberfläche
Verdauungssystem	Mit Mundöffnung, langer Vormagen, After auf Analhügel
Kreislaufsystem	Blutgefäßsystem in Mesenterien und Tentakelcoelom

Exkretionssystem	Zwei Metanephridien
Fortpflanzung	Getrenntgeschlechtlich oder protandrische Zwitter, äußere Befruchtung
Entwicklung	Biphasischer Lebenszyklus mit Metamorphose

Mit 16 Arten in zwei Gattungen, *Phoronis* und *Phoronopsis*, sind die Phoronida eine der kleinsten Gruppen im gesamten Tierreich.

5.2.2.3 Brachiopoda (Armfüßer)

Brachiopoda (Armfüßer) stellen mit etwa 380 Arten eine weitere marine Gruppe der Lophophorata dar. Sie sind Filtrierer in bis zu 500 m Tiefe und werden bis zu 5 cm groß. Im Vergleich zu den äußerlich ähnlichen Bilvalvia (Muscheln, Mollusca) ist bei den Brachiopoda die Symmetrie anders gelagert. Die Schalen bedecken die ventrale und dorsale Körperseite (nicht die linke und rechte wie bei den Mollusca). Die heutige Fauna der Brachiopoda stellt nur einen kleinen Rest einer hochdiversen Gruppe dar: 30.000 fossile Arten datieren das Vorkommen der Tiere bis ins Präkambrium.

> **Folgende Merkmale der Brachiopoda werden diskutiert**
> - Ventral- und Rückenplatte, Stiel,
> - Hautmantel,
> - zwei- oder dreiteiliges Coelom,
> - Chitinborsten am Mantelrand.

Die doppelklappige Schale mit Rücken- und Bauchklappe ist eines der auffälligsten Merkmale der Gruppe. Die beiden Klappen sind nicht gleichförmig, die dorsale ist meistens kleiner als die ventrale. An der Ventralklappe zeigt sich oft ein Schnabel (Umbo). Die Symmetrieachse der Brachiopoda verläuft durch die Schalenmitte. Konvergente Merkmale zu den Bivalvia zeigen sich im Schalenaufbau: Periostracum, feinkörnige Primärschicht und lamellenartige Sekundärschicht. Dorsoventralmuskeln sorgen dafür, dass die beiden Schalenklappen zusammengehalten werden. Auch das Schalenschloss mit Zähnen und Zahnfächern erinnnert an die Bivalvia. Die meisten Brachiopoda sind mit einem Stiel am Untergrund festgehaftet, die inneren Organe sind mit einem Mantel geschützt.

Das Brachidium (Armskelett, Lophophorskelett) der Brachiopoda ist das wichtigste taxonomische Merkmal der Gruppe. Es befindet sich an der Innenseite der Schale und stützt den Tentakelapparat, welcher als Filter- und Atmungsorgan arbeitet.

Embryogenese	Total-äquale Furchung
Körperhöhle	Coelomata
Nervensystem	Basiepidermal, Plexus mit ganglienartigen Verdichtungen

Sinnesorgane	Ciliäre Rezeptorzellen, Lichtsinn
Verdauungssystem	Mundöffnung, mit Cilien ausgekleidet, Mitteldarmdrüse, mit und ohne After (artspezifisch!)
Kreislaufsystem	Geschlossenes Blutgefäßsystem
Exkretionssystem	Ein Paar Metanephridien
Fortpflanzung	Getrenntgeschlechtlich, auch protandrische Zwitter, äußere Befruchtung
Entwicklung	Gruppenspezifisch, mit Metamorphose

Die Brachiopoda stellen ein Monophylum dar, das durch morphologische und molekulare Untersuchungen gut begründet ist.

■ **Steckbrief Großgruppen Brachiopoda:**
  I. Linguliformea
     ▬ Kambrium bis heute,
     ▬ organophosphatische Schale ohne Schloss,
     ▬ Afteröffnung rechts.
        Dazu zählen: Linguloidea und Discinoidea.
  II. Craniiformea
     ▬ Ordovizium bis heute,
     ▬ konvexe, hutförmige Dorsal- und Ventralklappe,
     ▬ Stiel kurz und muskulös.
 III. Rhynchonelliformea
     ▬ unteres Kambrium bis heute,
     ▬ calcitische Schale,
     ▬ Schloss aus einem Paar ventralen und einem Paar dorsalen Zähnen.
        Dazu zählen: Rhynchonellida, Thecideida und Terebratulida.

5.2.3 Cycliophora (Kreistragende)

 **Lernziele**

Merkmale der Cycliophora, Artenreichtum, Klassifizierung der Gruppe

In der Gruppe der Cycliophora (Kreistragende) sind erst zwei bekannte Arten beschrieben: die europäische Art *Symbion pandora* (1995, R. M. Kristensen) und die amerikanische Art *Symbion americanus*. Die verwandtschaftlichen Beziehungen sind umstritten, auch weil sich die beiden Arten sehr stark voneinander unterscheiden, sodass sie möglicherweise Teile eines unvollständig bekannten Artenkomplexes darstellen. Die rund 350 µm kleinen Tiere leben marin auf den Mundwerkzeugen von „Crustacea" (u. a. Nephropidae) als Supensionsfiltrierer. Wenn der Wirtsorganismus stirbt oder sich häutet, dann muss ein neuer Wirt gesucht werden.

Hintergrundinformation

Symbion pandora wurde identifiziert an *Nephrops norvegicus* (Kaisergranat).
Symbion americanus wurde identifiziert an *Homarus americanus* (Amerikanischer Hummer).

Folgende Merkmale der Cycliophora werden diskutiert

- Zwergmännchen,
- Metagenese,
- Chordoid-Larve,
- Mundring mit Cilien.

5

Die Cycliophora sind gekennzeichnet durch verschiedene Lebensstadien. Das auffälligste davon ist ein sessiles, asexuelles Nähr- oder Fressstadium. Der Körper ist acoelomat und lässt sich in drei Regionen einteilen: Mundtrichter, Rumpf und Stiel mit Haftscheibe. Die Epidermis sezerniert eine mehrschichtige Cuticula mit pentagonaler Strukturierung.

Embryogenese	Keine Angaben
Körperhöhle	Acoelomat
Nervensystem	Ein Ganglion in Oesophagusnähe
Sinnesorgane	Fehlen
Verdauungssystem	Mundring mit Myoepithelzellen, U-förmiger Verdauungstrakt, After
Kreislaufsystem	Fehlt
Exkretionssystem	Protonephridien nur bei Chordoid-Larven
Fortpflanzung	Sexuelle und asexuelle Vermehrung
Entwicklung	Metagenetischer Generationswechsel mit festsitzenden und frei schwimmenden Larven

Die systematische Stellung der Cycliophora innerhalb der Metazoa ist noch umstritten, eine Verwandtschaft zu den Gnathifera und Entoprocta wird nicht ausgeschlossen. Die Gruppe ist eigenständig durch die Morphologie der einzelnen Lebenszyklusstadien als Monophylum begründet.

5.2.4 Gnathifera

 **Lernziele**

Autapomorphien der Gnathifera, Großgruppenphylogenie, Klassifizierung

Die Gnathifera mit den Gnathostomulida und „Rotatoria" werden erst seit 1995 in eine gemeinsame Gruppe gestellt. Ihr wurden die im Jahr 2000 entdeckten

Micrognathozoa hinzugefügt. Alle frei lebenden Arten sind sehr klein, Spermien werden nur durch Kopulation übertragen, und die Entwicklung ist stets direkt. Häufig findet Parthenogenese statt.

> **Folgende Merkmale der Gnathifera werden diskutiert**
> — cuticulärer Kieferapparat.

> Die Gnathifera werden aus zwei Gründen zu den Spiralia gestellt:
> 1. Gnathostomulida mit Spiralfurchung,
> 2. Mundöffnung liegt ventral hinter dem Vorderende.

5.2.4.1 Gnathostomulida (Kiefermäulchen)

Die Gnathostomulida (Kiefermäulchen) sind eine sehr kleine Gruppe mit etwa 100 Arten. Erste Vertreter wurden im Jahr 1928 von A. Remane (Entdecker der interstitiellen Sandfauna) beschrieben. Sie leben ausschließlich marin und sind weltweit verbreitet. Die meisten Arten sind aus dem Eulitoral und Sublitoral bekannt (bis zu 25 m), manche kommen aber auch bis zu 400 m Tiefe vor. Gnathostomulida sind drehrund und werden etwa 1 mm lang.

> **Folgende Merkmale der Gnathostomulida werden diskutiert**
> — Epidermiszellen mit nur einem Cilium,
> — Parenchymgewebe fehlt, Gastrodermis reicht bis zum Hautmuskelschlauch.

Die Epidermis ist einschichtig und rundum monociliär bewimpert. Die Muskulatur besteht aus einer schwachen Ring- und einer kräftigen Längsmuskulatur.

Embryogenese	Spiralfurchung
Körperhöhle	Keine Angaben
Nervensystem	Zum Teil basiepithelial, unpaare Frontalganglien, unpaares Buccalganglion, paarige Buccal- und Längsnerven
Sinnesorgane	Tastcilien, Cirren, Spiralcilium-Organe, diverse Rezeptoren
Verdauungssystem	Bilateraler, cuticulärer Pharynxbulbus mit starken Kiefern, einschichtiges Darmrohr, kein permanenter Anus (nur Verzahnung von Zellen vorhanden)
Kreislaufsystem	Fehlt
Exkretionssystem	Paarige Gruppen von Protonephridien
Fortpflanzung	Hermaphroditismus, drei Typen von Spermien (filiforme, aflagellate und Conuli), direkte Befruchtung
Entwicklung	Direkte Entwicklung

■ **Steckbrief Großgruppen Gnathostomulida**
I. Filospermoida
   ━ Körper fadenförmig mit spitzem Rostrum,
   ━ Tastcirren, Vagina und Bursasystem fehlen,
   ━ Spermien filiform.
II. Bursovaginoida
   ━ Körper gedrungen, mit rundem Rostrum,
   ━ paarige Tastcirren,
   ━ Bursasystem vorhanden, einige Gruppen auch mit Vagina.

5.2.4.2 Micrognathozoa

Diese Gruppe wurde erst im Jahr 2000 mit der neu beschriebenen Art *Limnogna-thia maerski* eingeführt. Die Tiere werden 100–150 µm lang und leben in Polstern von Wassermoosen in Grönland.

Die Körpergewebe der Micrognathozoa sind zellig, partiell mit faserigen Verdichtungen. Am Hinterende liegt ein paariges Drüsenfeld. Die Körpermuskulatur setzt sich aus spindelförmigen Muskelzellen zusammen, die dorsoventral oder von vorn nach hinten verlaufen.

Embryogenese	Keine Angaben
Körperhöhle	Keine Angaben
Nervensystem	Cerebralganglion frontal vom Kieferapparat, 175 Nervenzellen
Sinnesorgane	Sinnesborsten
Verdauungssystem	Mächtiger Kieferapparat, Rektum und permanenter After fehlen, Mitteldarm öffnet sich periodisch nach außen
Kreislaufsystem	Fehlt
Exkretionssystem	Zwei Paar Protonephridien
Fortpflanzung	Nur Weibchen bekannt
Entwicklung	Direkte Entwicklung

5.2.4.3 Syndermata

Für die Syndermata ist die syncytiale Epidermis charakteristisch. Zahlreiche Einstülpungen des Plasmalemms ragen in diese hinein. Die meisten Arten sind sehr klein, außer parasitische Vertreter der Acanthocephala, die sich jeweils an die Lebensweise ihrer Wirte angepasst und sich sekundär vergrößert haben. Weitere morphologische und anatomische Merkmale der „Syndermata" sind nicht ausführlich beschrieben.

■ **Steckbrief Großgruppen Syndermata**
I. „Rotatoria" (Rädertierchen)
   ━ etwa 2000 Arten,
   ━ paraphyletische Gruppierung,

- Eutelie (= Zellkonstanz),
- Räderorgan am Vorderende,
- dominante Weibchen, Zwergmännchen,
- vielfältige Fortpflanzungsstrategien: Parthenogenese, Heterogonie.
  Dazu zählen: Seisonida, Bdelloida, Monogononta.

❯ Bei den Bdelloida wurden die Männchen komplett abgeschafft. Alle Vertreter pflanzen sich nur durch Parthenogenese fort.

II. Acanthocephala (Kratzer)
- etwa 1100 Arten,
- monophyletische Gruppierung,
- Größenvariation von 2 mm bis 70 cm,
- Darmparasiten mit obligatorischem Wirtswechsel,
- Eutelie (= Zellkonstanz),
- Entwicklung über Larve (Acanthor-Typ).
  Dazu zählen: Eoacanthocephala, Palaeacanthocephala und Archiacanthocephala.

5.2.5 Trochozoa

🏠 **Lernziele**

Autapomorphien und Merkmale der Großgruppen, Großgruppenphylogenie, Artenreichtum, Körperbau

Die Trochozoa sind durch die Ausbildung einer Trochophora-Larve in ihrer Entwicklung charakterisiert. Außerdem wird das Mesoderm aus einer 4d-Zelle gebildet, Ocellen sind vorhanden, und ein biphasischer Lebenszyklus ist Bestandteil der Entwicklung. Zur Gruppe der Trochozoa zählen: Kamptozoa, Nemertini, Mollusca und Annelida.

5.2.5.1 Kamptozoa (auch Entoprocta, Kelchwürmer)

Die Kamptozoa (Kelchwürmer) sind bis heute mit etwa 260 Arten als meeresbewohnende, festsitzende Wirbellose bekannt. Sie sind weltweit verbreitet und kommen von der Gezeitenzone bis zu 500 m Tiefe vor. Die Kamptozoa sind eine phylogenetisch junge Gruppe, die als solitäre Form auf anderen Wirbellosen lebt oder individuenreiche Kolonien auf Muschelschalen oder Steinen bildet.

Folgende Merkmale der Kamptozoa werden diskutiert
- Einteilung in Kelch und Stiel,
- Tentakel mit fünf longitudinalen Reihen von Cilien,
- Filtrationsmechanismus,
- Larve mit Frontalorgan,
- Metamorphose mit Torsion des Atriums und Darmtrakts.

Der becherförmige Körper der Kamptozoa (daher Kelchwürmer) wird eingeteilt in einen Kelch und einen Stiel mit einer Oralseite (Mund) und einer Aboralseite (After), wobei der Kelch alle Organe beinhaltet. Der Stiel ist oft zu einem Haftfuß erweitert und mit einer Klebedrüse oder einem Saugnapf versehen, beides fehlt bei stockbildenden Arten.

An der Vorderseite befindet sich ein bewimperter Tentakelkranz, welcher das gesamte Atrium umgibt. Die Tentakelmuskulatur setzt sich aus zwei exzentrisch angeordneten Längsmuskelsystemen zusammen. Die Tentakel sind nicht rückziehbar, sie können nur einwärts gekrümmt werden.

Die Epidermis ist einschichtig und von einer Cuticula mit geringem Anteil an Chitin (5 %) bedeckt. Mikrovilli der Epithelzellen durchziehen die gesamte Cuticula und münden nach außen. Bis auf wenige Schleim-sezernierende Zellen im Atrium ist die Epidermis der Kamptozoa drüsenlos. Unter der Epidermis liegt schräggestreifte Muskulatur, welche im Stiel einen geschlossenen Muskelschlauch bilden kann. Im Kelch hingegen fiedert sie sich auf. Diese Form verleiht dem Tier Stabilität.

Embryogenese	Spiralfurchung
Körperhöhle	Pseudocoel
Nervensystem	Hantelförmiges Ganglion als Postoralganglion, Lateralnerven, subepithelialer Nervenplexus
Sinnesorgane	Mechanorezeptoren
Verdauungssystem	U-förmiger Darm, Enddarm mündet in Atrium (= „Entoprocta")
Kreislaufsystem	Fehlt
Exkretionssystem	Zwei Protonephridien
Fortpflanzung	Ungeschlechtlich, ektodermale Knospung an der Kelchwand
Entwicklung	Über Kriech- oder Schwimmlarve

Die Kamptozoa stellen eine monophyletische Gruppe dar. Dabei werden sie in zwei Gruppen eingeteilt: die „Solitaria", die wahrscheinlich eine paraphyletische Gruppe darstellen und als die ursprünglichere gelten, und die abgeleiteten, monophyletischen Coloniales.

- **Steckbrief Großgruppen Kamptozoa**
  I. „Solitaria"
    - solitär (Name der Gruppe!),
    - meist unter 1 mm,
    - Kelch und Stiel nicht deutlich getrennt.
  II. Coloniales
    - stockbildend (Name der Gruppe!),

- Kelch und Stiel getrennt,
- Kelch ist zur Regeneration fähig.

5.2.5.2 Nemertini (Schnurwürmer)

Die Nemertini (Schnurwürmer) stellen eine hauptsächlich marine Gruppe mit etwa 1275 beschriebenen Arten dar. Sie sind sehr dünne, blatt-, schnur- oder bandförmige Würmer und können eine Größe von bis zu 30 cm erreichen, z. B. *Lineus longissimus* (die lange Nemertine). Sie leben als Teil der Epi- und Endofauna in litoralen und sublitoralen marinen Böden und auch im Sandlückensystem.

Folgende Merkmale der Nemertini werden diskutiert
- ausstülpbarer Rüssel,
- multiciliäre Epidermis ohne Cuticula und Chitin,
- Keimdrüsen in Längsreihen,
- „Coelomgefäße".

Der Körper ist unsegmentiert, jedoch zeigen einige Arten regelmäßige Einschnürungen im Körper. In der Epidermis treten zylindrische oder kuboide multiciliäre Zellen, Sinneszellen, Drüsenzellen, Pigmentzellen und „Basalzellen" auf. Die darunterliegende Muskulatur ist kräftig entwickelt und setzt sich aus Ring- und Längsmuskelzellen zusammen. Bei vielen Arten kommt auch Diagonalmuskulatur hinzu.

Embryogenese	Spiralfurchung
Körperhöhle	Keine Angaben
Nervensystem	Cerebralganglion, Längsstränge und Kommissuren, peripherer Plexus, Rüsselnerven
Sinnesorgane	Cerebralorgane, Frontalorgane, Pigmentbecherocellen, Statocysten
Verdauungssystem	Subterminaler Mund, Vorderdarm, Mitteldarm, terminaler Anus, Mund und Rüssel münden getrennt nach außen
Kreislaufsystem	Zwei laterale Gefäße, ein dorsales Längsgefäß, Gefäße vollständig mit Epithel ausgekleidet
Exkretionssystem	Zwei (oder mehr) Protonephridien
Fortpflanzung	Getrenntgeschlechtlich, einfach gebaute Reproduktionsorgane, häufig äußere Befruchtung, zur Regeneration fähig
Entwicklung	Zweiphasischer Lebenszyklus mit Pilidium-Larve und Metamorphose

Die Nemertini als Gruppe der Lophotrochozoa sind klar monophyletisch. Sie werden traditionell in zwei Gruppen eingeteilt: die paraphyletischen „Anopla" und monophyletischen Enopla.

■ **Steckbrief Großgruppen Nemertini**

I. „Anopla"
   - Rüssel ohne Stilett,
   - Rüsselöffnung und Mundöffnung getrennt,
   - Mundöffnung hinter oder ventral vom Gehirnganglion.
   Dazu zählen: Palaeonemertea und Heteronemertea.

II. Enopla
   - Rüsselöffnung zusammen mit Mundöffnung vor dem Gehirnganglion,
   - Körpermuskulatur in zwei Lagen,
   - Längsnervenstränge innerhalb der Muskulatur.
   Dazu zählen: Hoplonemertea und Bdellonemertea.

5.2.5.3 Mollusca (Weichtiere)

Die Mollusca (Weichtiere) stellen mit etwa 80.000 rezenten und 70.000 fossilen Arten eine sehr artenreiche und nach den Arthropoda die formenreichste Gruppe dar (◗ Abb. 5.7). Der Ursprung der Mollusca geht auf das Präkambrium zurück.

Sie leben mit einigen Formen auf dem Festland, die größte Artenvielfalt zeigt sich jedoch im Meer- und im Süßwasser, wo sie fast alle Lebensräume bis in größte Tiefen nutzen. Mollusca sind Nahrungsanteil von zahlreichen anderen Tieren, z. B. von Crustaceen, Echinodermaten und „Fischen", und auch die menschliche Bevölkerung der ganzen Welt ernährt sich von marinen Mollusken.

Allgemein sind die Mollusca charakterisiert durch eine Reihe von plesiomorphen und apomorphen Merkmalen. Diese Merkmalskomplexe sind nicht durchgehend in allen Gruppen der Mollusca ausgeprägt, so muss die Charakterisierung der Gruppe auf grundlegende Merkmale beschränkt werden.

Folgende Plesiomorphien der Mollusca werden diskutiert
- dorsoventral abgeplattet,
- paarige Coelomsäcke,
- bewimperte Gleitsohle mit Drüsen,
- Hautmuskelschlauch und seriale Dorsoventralmuskulatur,
- vier Längsnervenstränge mit paarigem Cerebralganglion,
- determinierte Spiralfurchung,
- Trochophora-Larve.

Folgende Autapomorphien der Mollusca werden diskutiert
- Gliederung des Körpers durch Mantelrinne in Cephalopodium und Visceropallium,
- offenes Blutgefäßsystem,
- maximal zwei Paar doppelt gekämmte Kiemen,
- Osphradien als Chemorezeptoren in der Mantelhöhle,
- gonoperikardiales Coelom,
- Metanephridien,
- Radula (= Raspelzunge).

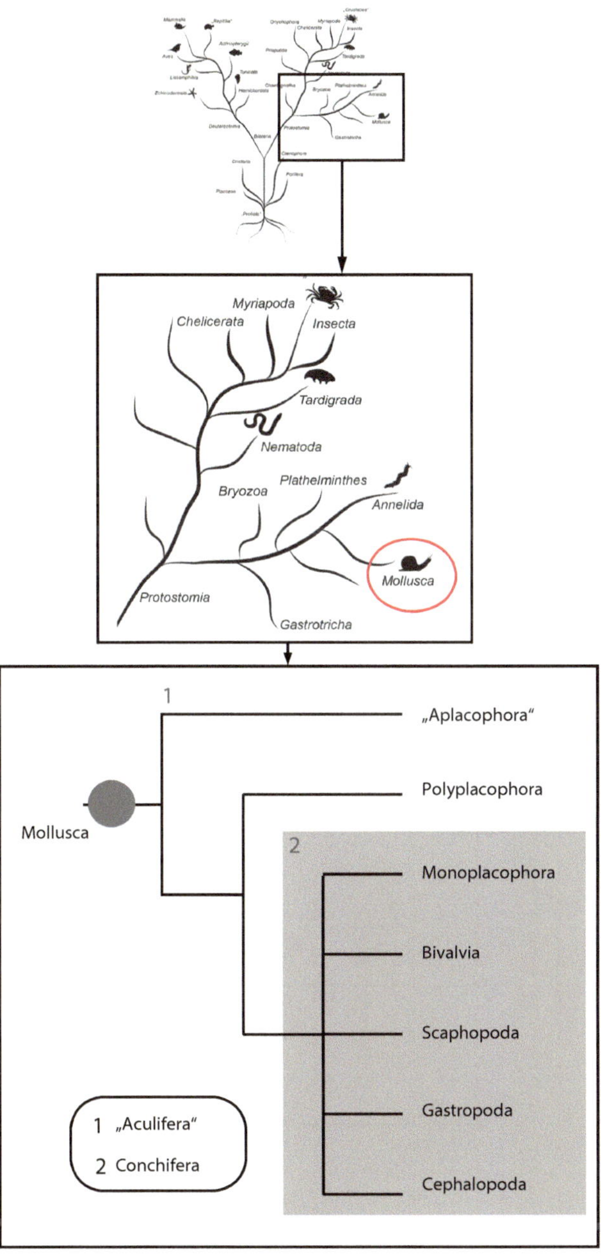

■ **Abb. 5.7** Vereinfachte Phylogenie der Mollusca. Die Phylogenie der beiden Großgruppen ist unaufgelöst dargestellt. (Verändert nach Westheide und Rieger 2013)

Der Aufbau des Körpers der Mollusca ist primär bilateralsymmetrisch und durch eine acoelomat-mesenchymatische bis pseudocoelomate Organisation gekennzeichnet. Die Epidermis ist stets einschichtig, die inneren Organe sind von einer extrazellulären Matrix, Bindegewebe, Kollagenfasern und Muskelzellen umgeben. Durch Flüssigkeit und Muskulatur sowie antagonistische Muskelkontraktionen wird der Körper stabilisiert und verformt.

> Die Stammart der Mollusca geht wahrscheinlich auf ein 1–5 mm kleines Tier zurück, welches mit einer dorsalen Chitincuticula mit Aragonitschuppen und einer bewimperten Gleitsohle ausgestattet war.

Höhere Mollusca zeigen einen deutlich abgesetzten Kopfbereich, welcher zusammen mit dem Fuß das Cephalopodium bildet (◘ Abb. 5.8). Der Eingeweidesack wird als Visceropallium bezeichnet.

Der Fuß besteht aus einer bewimperten und drüsenreichen Epidermis und dient hauptsächlich der Fortbewegung („Gleitsohle"). Dorsoventrale Muskeln verbin-

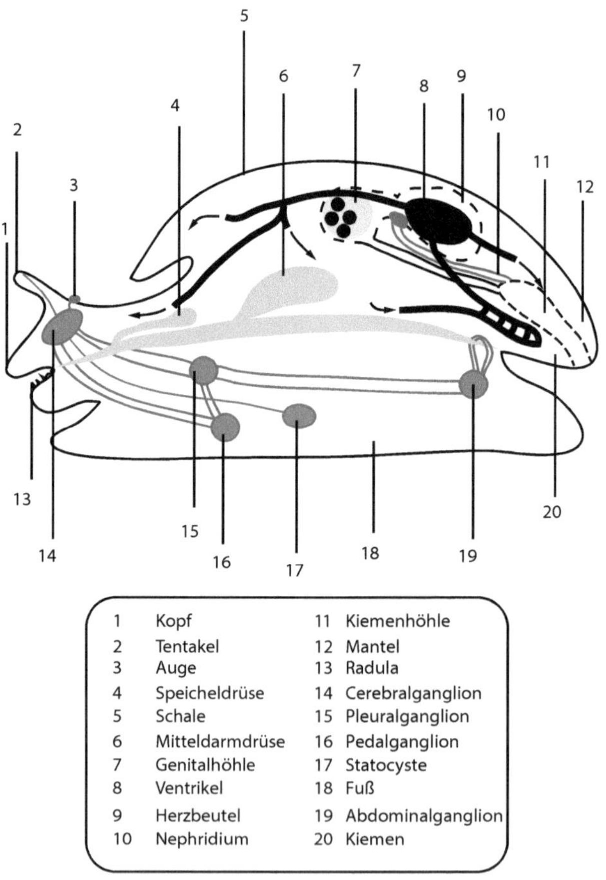

◘ **Abb. 5.8**   Innere Organisation eines Vertreters der Gastropoda. (Verändert nach Wehner und Gehring 2013)

den das dorsale Epithel (Mantel, Pallium) mit dem Fuß. Die Ausbildung des Mantels ist gruppenspezifisch, die Randfalte bildet gegen den Fuß den sogenannten Mantelraum, in den viele Ausführgänge münden. Viele Vertreter dieser Gruppe zeigen die Tendenz zur Asymmetrie.

Embryogenese	Spiralfurchung
Körperhöhle	Gonoperikardialer Coelomraum
Nervensystem	Tetra-orthogonal-gastroneurales Nervensystem, paariges Cerebralganglion, vier körperlange Nervenstränge
Sinnesorgane	Mechano- und Chemorezeptoren, Buccalapparat, Tentakel/Fühler, osphradiales Sinnesorgan, Statocysten, bei einigen Gruppen auch Linsenaugen und Ocellen
Verdauungssystem	Vorderdarm mit Radula (Raspelzunge), Mitteldarm und Enddarm im Eingeweidesack, mit Mitteldarmdrüse
Kreislaufsystem	Ctenidien als ursprüngliche Atmungsorgane, offenes Kreislaufsystem, Zirkulation in Lakunen, Herz aus muskulösen Ventrikeln, Gefäße ausgeprägt, Hämolymphe
Exkretionssystem	Ein Paar Metanephridien (Larven mit Protonephridien), auch Nephridialorgane
Fortpflanzung	Sexuelle Fortpflanzung, Mehrheit getrenntgeschlechtlich, äußere und innere Befruchtung
Entwicklung	Direkte oder indirekte Entwicklung mit Trochophora-Larve/Veliger-Larve

Die Zugehörigkeit zu den Spiralia ist auf morphologischer und molekularer Ebene unumstritten. Die Mollusca lassen sich grob in zwei Gruppen einteilen (◖ Abb. 5.7): die paraphyletischen „Aculifera", zu denen unter anderem auch die Käferschnecken (Polyplacophora) zählen, und die monophyletischen Conchifera mit unter anderen den Muscheln (Bivalvia), Schnecken (Gastropoda), Kahnfüßern (Scaphopoda) und Kopffüßern (Cephalopoda).

■ **Steckbrief Großgruppen Mollusca (◖ Abb.** 5.7)
I. Solenogastres („Aplacophora", Furchenfüßer)
   ▬ etwa 275 Arten,
   ▬ marin,
   ▬ Ernährung: Cnidaria,
   ▬ Körper schmal, mit Fußfurche,
   ▬ Mantel mit chitinöser Cuticula,
   ▬ Sklerite u. a. als Schuppen oder Hohlnadeln,
   ▬ Mantelraum ohne Ctenidien,
   ▬ Radula bei einigen Gruppen reduziert,
   ▬ Zwitter mit paarigen Gonaden und innerer Befruchtung.
   Dazu zählen: Pholidoskepia, Neomeniamorpha, Sterrofustia und Cavibelonia.

II. Caudofeveata („Aplacophora", Schildfüßer)
- etwa 130 Arten,
- marin,
- postorale Region als Grabschild,
- terminaler Mantelraum,
- Fuß- und Dorsoventralmuskulatur reduziert,
- Radula reduziert oder nur als ein Zahnpaar ausgebildet,
- hinterer Mitteldarm mit unpaarem, ventralem Drüsensack,
- getrenntgeschlechtlich mit äußerer Befruchtung.

III. Polyplacophora (Käferschnecken)
- etwa 900 Arten,
- marin,
- dämmerungsaktiv,
- bis 43 cm groß,
- acht dorsale Schalenplatten, umgeben von Cuticula und Skleriten,
- ventral mit Schuppen, Mantelrinne, Kopfscheibe und Fuß,
- Photorezeptoren, tropische Arten mit Schalenauge (Linse und Retina),
- paarig-lateraler Einrollmuskel,
- kräftige Radula,
- freie Gonodukte und äußere Befruchtung,
- Brutpflege.
  Dazu zählen: Lepidopleurida und Chitonida.

IV. Tryblidia (Monoplacophora, Napfschaler)
- etwa 30 Arten,
- marin,
- sekundäre Vermehrung von Ctenidien (3–6 Paar), Nephridialorganen (3–7 Paar) und Gonaden (1–3 Paar),
- vollständig von napfförmiger Schale bedeckt,
- Pharynx mit unpaarem Kiefer,
- laterale Lippen (Velum),
- Radula mit 11 Zähnen pro Reihe,
- paarige Statocysten als Sinnesorgane,
- keine Osphradien.

V. Bivalvia (Muscheln)
- etwa 15.000 Arten,
- monophyletische Gruppe,
- aquatisch,
- detrivore und filtrierende Ernährung,
- kiemenatmend,
- Körper dorsoventral abgeflacht,
- Buccalapparat vollständig reduziert,
- sensorische Mundlappen,
- Pedalganglion,
- zweiklappige Schale mit Schloss,
- Öffnungen am Hinterende sorgen für Wasserstrom (Ingestions- und Egestionsöffnung, ventral und dorsal),

  - drei Muskelgruppen: Fuß-, Mantelrand- und Schließmuskeln,
  - Statocysten, Osphradien und Photorezeptoren,
  - vorwiegend getrenntgeschlechtlich.
    Dazu zählen: Protobranchia (Fiederkiemer) und Autobranchia (Echtkiemer).
- VI. Scaphopoda (Kahnfüßer)
  - etwa 520 Arten,
  - marin,
  - Schale an beiden Enden offen und röhrenförmig,
  - Kopfbereich vollständig rückziehbar,
  - Kopftentakel zu Fangfäden (Captacula) umgebildet,
  - kegelförmiger Grabfuß,
  - bilaterales Nervensystem,
  - Perikard und Gonaden getrennt, Herz reduziert und nur rechte Gonade vorhanden,
  - Verlust der Ctenidien.
    Dazu zählen: Dentaliida und Gadilida.
- VII. Gastropoda (Schnecken)

❯ Die Systematik der Gastropoda wurde in den letzten Jahren komplett revidiert. Die alte Klassifizierung in „Prosobranchia", „Pulmonata" und „Allogastropoda" ist aufgehoben. Neu definierte Gruppen sind Patellogastropoda, Cocculiformia, Neritimorpha, Vetigastropoda, Neomphalina, Caenogastropoda und Heterobranchia.

  - etwa 38.000 Arten,
  - detrivor, herbivor, carnivor, filtrierend, auch parasitisch,
  - Asymmetrie des Körpers (Torsion): Eingeweidesack hat sich im Gegenuhrzeigersinn gegen die Längsachse des Kopf-Fuß-Bereiches gedreht,
  - einteilige Schale,
  - Cephalopodium mit einem Fühlerpaar,
  - Augen an Fühlerbasis oder eigenem Stiel,
  - landlebende Formen mit Lunge,
  - Radula kann erneuert werden,
  - getrenntgeschlechtlich, aber auch Hermaphroditismus und Parthenogenese,
  - Trochophora- und Veliger-Larve.

❯ Torsionsfolgen bei den Gastropoda:
  - Respirationsorgane liegen vor dem Herzen (Prosobranchia, Pulmonata),
  - sekundäre Rückdrehung verlagert die Kiemen hinter das Herz (Opisthobranchia),
  - Osphradien sind zu kiemenartigen Organen umgebildet (v. a. bei den Caenogastropoda),
  - Streptoneurie (Pleural- und Oesophagalganglien überkreuzen sich),
  - vorderer Oesophagus dreht sich in Längsachse um 180°,
  - Embryo mit Apertur, Adultus mit Operculum,
  - einseitige Organreduktion (posttorsional).

VIII.   Cephalopoda (Kopffüßer)
- etwa 800 rezente Arten,
- marin,
- größte lebende Wirbellose,
- carnivor, einige Vertreter mit Tintendrüse,
- hoch organisiert und differenziert,
- Licht- und Nahrungswanderungen,
- Schale gekammert mit Siphunculus (= röhrenförmige Erweiterung des Eingeweidesacks),
- hohe Tendenz zur Cephalisation,
- leistungsfähigstes Nervensystem der wirbellosen Tiere, mit z. T. Riesenfasern,
- Osphradien, Lochkameraaugen (z. B. *Nautilus*), Linsenaugen (z. B. Coleoida),
- everse Augen (▶ Kap. 7),
- Kopf mit Fangarmen und Saugnäpfen,
- getrenntgeschlechtlich, innere Befruchtung,
- partiell-discoidale Furchung,
- Sexualdimorphismus.
  Dazu zählen: Nautiloida und Coleoida.

> **▶ Beispiel**

Durch die Aktivierung der Tintendrüse bei den Cephalopoda wird zugleich auch die Trichterdrüse aktiviert – durch den zusätzlichen Schleim wird im Wasser ein „Phantom" gebildet, welches den Angreifer zusätzlich noch abschrecken soll. Dieses Sekret kann zum Teil auch lähmende Wirkung erzielen. ◀

5.2.5.4 Annelida (Ringelwürmer)

Die Annelida (Ringelwürmer) stellen ökologisch und systematisch eine sehr vielfältige Gruppe dar. Sie sind mit etwa 16.500 Arten beschrieben und bewohnen marine, limnische und terrestrische Lebensräume in hoher Individuendichte. Ihre Herkunft liegt im marinen Bereich, dort ist heute auch noch ihr Verbreitungsschwerpunkt.

Die Annelida sind eine sehr alte Gruppe, schon im kambrischen Burgess-Schiefer (500 Mio. Jahre) wurden Polychaeten-Fossilien gefunden. Die Annelida können 0,2–10 cm groß werden; die größte Art (*Eunice aphroditois*) kann mit der Ausbildung von 1000 Segmenten sogar eine Länge von 3 m erreichen. Viele Arten sind Feinpartikelfresser, einige leben aber auch räuberisch. Manche Vertreter sind obligatorische Kommensalen, Endo- oder Ektoparasiten.

> **Bioturbation durch Ringelwürmer**
>
> Regenwürmer (Lumbricidae, Clitellata) haben durch ihre detrivore Ernährung eine enorme ökologische Bedeutung, indem sie durch die Aufnahme von Kot und alten Pflanzenteilen an der Bildung von Ton-Humus-Komplexen im Boden mitwirken, die zur Erhöhung der Wasserspeicherkapazität beitragen. Durch ihre hohe Individuendichte werden bis zu 25 t Regenwurmkot auf einem Hektar Landfläche im Jahr produziert. Regenwürmer gelten somit als Bodenverbesserer, da sie für Bodenstabilität sorgen.

> **Folgende Merkmale der Annelida werden diskutiert**
> - Körpersegmentierung,
> - Prostomium mit Anhängen (z. B. Palpen) und Nuchalorganen,
> - paarige Parapodien mit cuticularen Borsten,
> - zwei Augengenerationen mit rhabdomeren Photorezeptorzellen.

Die Segmente der Annelida werden über eine präanale Sprossungszone vor dem Pygidium gebildet. Jedes Segment setzt sich zusammen aus:

- einem Paar Parapodien,
- einem Paar ventrale Ganglien,
- einem Paar Coelomsäckchen,
- einem Paar Metanephridien und
- einem Paar Gonaden.

Die klare Gliederung des Körpers in eine Kopfregion (Prostomium, Peristomium), den gegliederten Rumpf und das Hinterende (Pygidium) (◨ Abb. 5.9) ist bei vielen Gruppen der Annelida stark abgeleitet, vor allem bei den sedentären Arten werden Röhren gebaut, die den Körper zusätzlich schützen sollen.

Grundsätzlich sind die Annelida eher weichhäutige Tiere mit einer drüsenreichen Epidermis zum Schutz des Körpers oder zur Unterstützung der Fortbewegung. Die Epidermis ist umgeben von einer Cuticula, welche eine Art elastischen Mantel bildet. Diese Cuticula setzt sich aus Kollagenfasern in einer feinfibrillären Matrix zusammen.

Unter der Cuticula und der Epidermis liegt der Hautmuskelschlauch der Annelida, der sich aus dünnen, äußeren Ring- und kräftigen, inneren Längsmuskeln zusammensetzt. Dazu können auch diagonale Fasern, Parapodialmuskulatur, Borstentraktoren, Schräg-, Dissepiment- und Dorsoventralmuskeln kommen.

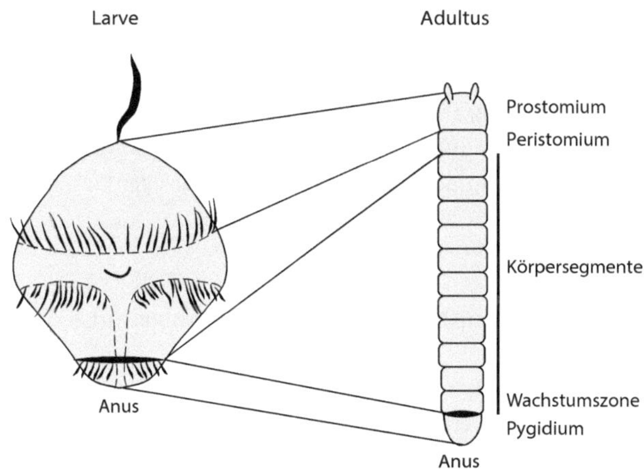

◨ **Abb. 5.9** Larve der Annelida im Vergleich zum adulten Tier. Die äußere Larvalanatomie und die dazugehörigen Positionen im Adultus sind gezeigt. (Verändert nach Westheide und Rieger 2013)

Embryogenese	Spiral-Quartett-Furchung
Körperhöhle	Ein Paar Coelomsäckchen, Hydroskelett
Nervensystem	Grundtyp Strickleiternervensystem, paariges Oberschlundganglion, Schlundkonnektive, paarige ventrale Ganglien pro Segment, stomatogastrisches Nervensystem
Sinnesorgane	Palpen, Antennen, Tentakelcirren, Augen, Nuchal-, Lateral- und Dorsalorgan, Statocysten
Verdauungssystem	Einfaches, gerades Rohr (in drei Abschnitte geteilt), mit After, Chloragoggewebe mit Leberfunktion, Typhlosolis (Darmeinfaltung) zur Oberflächenvergrößerung
Kreislaufsystem	Geschlossenes Blutgefäßsystem mit Bauch-, Rücken- und Seitengefäß, Hämoglobin als Blutfarbstoff
Exkretionssystem	Proto- und Metanephridien
Fortpflanzung	Getrenntgeschlechtlich, paarige Gonaden, reparative Regeneration, geschlechtliche (i. d. R. äußere Befruchtung) und ungeschlechtliche Fortpflanzung (bei Clitellata Hermaphroditismus im Grundmuster)
Entwicklung	Mit Metamorphose, zweiphasischer Lebenszyklus, Trochophora-Larve

> Ein Hydroskelett ist ein Flüssigkeitspolster (z. B. Coelomflüssigkeit) anstelle eines Hartsubstanzskeletts, welches als Antagonist zur Muskulatur dient.

Die Systematik innerhalb der Annelida hat sich in den letzten Jahren grundsätzlich verändert. Eine frühere Einteilung in die paraphyletischen „Polychaeta" (Vielborster mit Errantia und Sedentaria) und die Clitellata (Gürtelwürmer mit „Oligochaeta" und Hirudinea) wird immer noch gern gelehrt. Neuere Studien zeigen, dass die Clitellata eine Gruppe innerhalb der Sedentaria darstellen. Dementsprechend wurden die Clitellata in die „Polychaeta" mit aufgenommen (◘ Abb. 5.10).

In der aktuellen Systematik sind „Polychaeta" und Annelida synonyme Begriffe für dieselbe Tiergruppe. Allerdings ist der Begriff „Polychaeta" für die marinen Nicht-Clitellata noch im Sprachgebrauch und findet gelegentlich noch Verwendung

- **Steckbrief Großgruppen Annelida (◘ Abb. 5.10)**
  - I. Owenida
    - bisher nur eine Gruppe beschrieben: Owenidae mit z. B. *Owenia fusiformis*,
    - unterschiedlich lange Segmente,
    - Prostomium und Peristomium miteinander verschmolzen,
    - Mitraria-Larve.

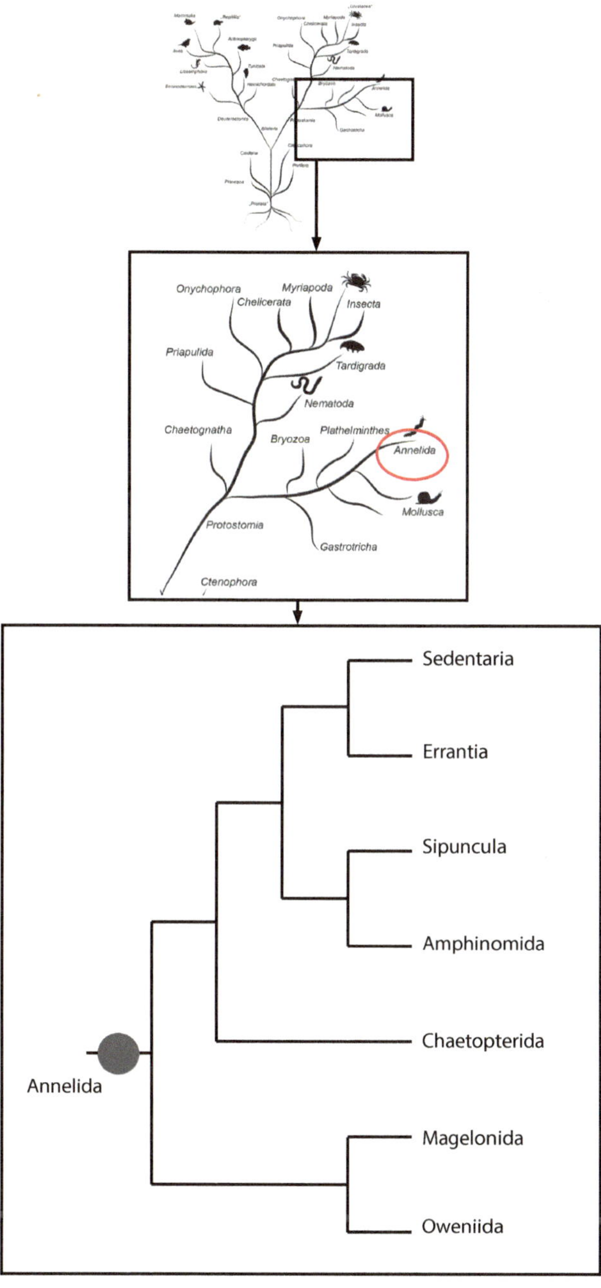

◘ Abb. 5.10 Vereinfachte Phylogenie der Annelida. Sedentaria und Errantia stellen die größte Gruppe der Annelida dar und werden zu den Pleistoannelida zusammengefasst. (Verändert nach Weigert und Bleidorn 2016)

II. Magelonida
  - etwa 50 Arten in einer Gruppe: Magelonidae mit z. B. *Magelona filiformis,*
  - Strudler,
  - Vorderkörper mit acht Segmenten,
  - Prostomium dorsoventral abgeplattet, mit zwei langen Palpen.

III. Chaetopterida
  - bisher nur eine Gruppe beschrieben: Chaetopteridae mit z. B. *Chaetopterus variopedatus,*
  - Körper in drei Tagmata (= Segmenteinheiten, ▶Abschn. 5.3.2.3) gegliedert,
  - Parapodien und Borsten unterschiedlich,
  - leben in pergamentartiger Röhre aus keratinartigem Protein.

IV. Sipunculida (Spritzwürmer)
  - etwa 150 Arten,
  - marin,
  - hemisessil,
  - nicht-segmentiert und schlauchförmig,
  - papillen-, warzen- oder dornförmige Strukturen auf der Cuticula,
  - getrenntgeschlechtlich.
    Dazu zählen: Sipunculidae, Golfingiidae und Phascolosomatidae.

V. Amphinomida
  - tropische Arten in einer Gruppe: Amphinomidae,
  - Prostomium mit drei Antennen, Palpen, zwei Paar Augen und Nuchalorgane,
  - gleichartige Segmente mit verzweigten Parapodien und notopodialen Kiemen,
  - Aciculae (= Stützborsten) und einfache Borsten.

VI. Errantia
Errantia stellen frei lebende „Polychaeta" dar, die sich oft räuberisch ernähren. Sie sind homonom segmentiert, besitzen birame oder subbirame Parapodien und haben ein deutlich ausgebildetes Prostomium mit Antennen und Sinnespalpen. Der Vorderdarm ist oft mit einem Kiefer ausgebildet.
  a. Myzostomida
    - etwa 180 Arten,
    - Ektokommensalen oder Parasiten auf Echinodermata,
    - Bildung von Gallen oder Cysten auf dem Wirt,
    - Segmentierung nur an Parapodien, Seitennerven und Nephridien,
    - Nervensystem als einheitliche Masse in der Körpermitte zentriert,
    - Simultanzwitter.
  b. Eunicida
    - etwa sieben Gruppen,
    - Röhrenbau,
    - Pharynx mit cuticulären Kiefern.
  c. Phyllodocida
    - etwa 28 Gruppen mit u. a. Nereididae (*Platynereis dumerilii*) und Syllidae (*Exogone naidina*),

- = monophyletische Gruppe,
- = vorstülpbarer Pharynx mit radialer Muskulatur.

VII. Sedentaria

Sedentaria stellen festsitzende Polychaeten dar, die oft in Röhren leben. Sie sind Sediment- oder Suspensionsfresser und besitzen ein Peristomium mit langen Fortsätzen. Der Körper ist häufig eingeteilt in Tagmata mit verschiedenartigen Parapodien. Häufiger Lebensformtyp ist ein Vorderende mit bewimperten, tentakelartigen Strukturen. Noto- und Neuropodialäste sind häufig umgestaltet zu schmalen Höckern mit Haarborsten oder gürtelförmigen Wülsten mit Hakenborsten.

a. Orbiniida
  - = bisher nur drei Gruppen beschrieben: Orbiniidae, Paraonidae, Questidae,
  - = verschiedenartige Parapodien teilen den Körper in Thorax und Abdomen.

b. Sabellida
  - = bisher sind vier Gruppen beschrieben: Serpulidae, Sabellidae, Sabellariae und Spionidae,
  - = hohe Unterstützung der Gruppe durch molekulare Merkmale,
  - = sessil oder hemisessil, in Röhren oder Grabgängen,
  - = Körper in Tagmata geteilt.

c. Cirratulida
  - = bisher fünf Gruppen beschrieben, u. a. Cirratulidae,
  - = bisher sind keine eindeutigen Synapomorphien beschrieben.

d. Siboglinida
  - = etwa 150 Arten in zwei Gruppen: Perivata (über 100 Arten) und Obturata (etwa 10 Arten),
  - = können sehr groß werden (*Riftia pachyptila*: 1,5 m lang),
  - = Röhrenbau,
  - = adulte Tiere ohne Mund und After,
  - = getrenntgeschlechtlich.

e. Terebellida
  - = bisher fünf Gruppen beschrieben,
  - = Herzkörper im Blutgefäßsystem,
  - = bis zu mehreren Gularmembranen (= Diaphragma zwischen vorderen Segmenten).

f. Arenicolida
  - = bisher nur zwei Gruppen beschrieben: Maldanidae („Bambuswürmer") und Arenicolidae.
  - = Beispiel: *Arenicola marina* (Wattwurm) ist mit 20 cm ein größerer Vertreter der Sedentaria.

g. Opehliida
  - = bisher nur eine Gruppe beschrieben: Opheliidae,
  - = länglicher, keulen- oder spindelförmiger Körper,
  - = zugespitztes Prostomium ohne Anhänge.

h. Capitellida

- bisher nur eine Gruppe beschrieben: Capitellidae,
- Reduktion von Anhängen,
- Noto- und Neuropodien sind wenig differenziert.

i. Echiurida
- etwa 150 Arten,
- hemisessil,
- keine Segmentierung,
- ohne komplexe Sinnesorgane,
- getrenntgeschlechtlich,
- z. T. mit Sexualdimorphismus.

j. Annelida *incerta sedis*
Dazu zählen: Polygordiidae, Nerilidae, Protodrilidae, Saccocirridae, Dinophilidae.

k. Clitellata (Gürtelwürmer)
- etwa 7000 Arten beschrieben in zwei Gruppen: „Oligochaeta" (etwa 6700 Arten, z. B. *Lumbricus terrestris*) und Hirudinea (etwa 300 Arten, z. B. *Hirudo medicinalis*),
- aquatische und terrrestrische Vertreter, z. T. parasitisch,
- können sehr groß werden,
- Clitellum (= Drüsengürtel) für die Fortpflanzung: Bildung von Sekreten für Kopulationsröhren, Eiablage, Kokonbildung und Ernährung,
- homonome Segmentierung,
- keine Parapodien,
- Simultanzwitter, Geschlechtsorgane auf wenige Segmente beschränkt,
- frühe Spiralfurchung mit Ektoteloblasten und Mesoteloblasten.

5.3 Ecdysozoa (Häutungstiere)

 **Lernziele**

Autapomorphien der Ecdysozoa, Großgruppenphylogenie, Artenreichtum

Ecdysozoa (Häutungstiere) stellen eine Großgruppe der Protostomia dar. Sie sind eine arten- und nischenreiche Gruppe mit insgesamt mehr als 4,5 Millionen lebenden Arten. Im Gegensatz dazu ist der Bauplan dieser Gruppe eher konservativ und einfach – segmentiert mit gegliederten Anhängen (z. B. *Drosophila melanogaster* [Fruchtfliege, Insecta]) oder wurmartig mit terminalem Mundfeld, das eingestülpt werden kann (z. B. *Caenorhabditis elegans* [Nematoda]). Allen Gruppen der Ecdysozoa fehlt die primäre Larve, die Entwicklung ist gekennzeichnet durch einen Häutungsvorgang. Dieses periodische Abstoßen des Exoskeletts oder der Cuticula gilt daher als Autapomorphie der Gruppe.

Die Ecdysozoa sind seit 1997 durch erste molekularsystematische Unterstützung (18S-rRNA, Aguinaldo et al. 1997) in der Diskussion und werden hierbei als monophyletische Gruppe gesehen. Im Allgemeinen werden die Ecdysozoa in zwei größere Gruppen eingeteilt (◨ Abb. 5.11): Panarthropoda (Onychophora, Tardigrada und Arthropoda) und Cycloneuralia (u. a. Nematoda, Priapulida, Lorici-

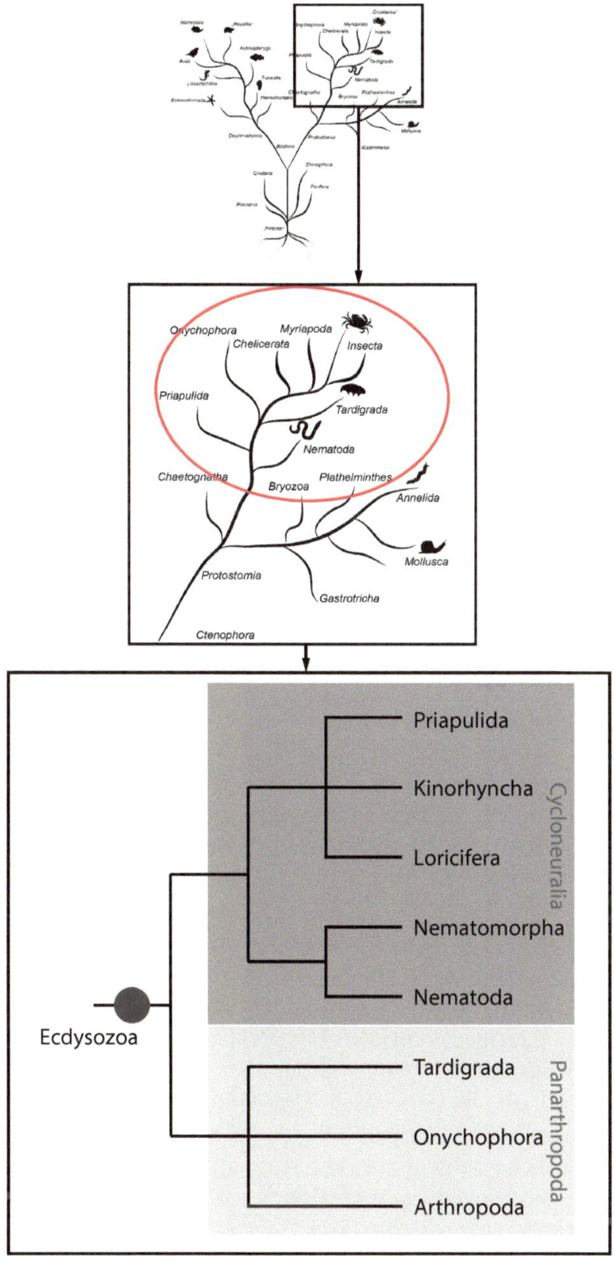

◘ Abb. 5.11 Vereinfachte Phylogenie der Ecdysozoa. Die Panarthropoda und Teilgruppen der Cycloneuralia sind unaufgelöst. (Verändert nach Schumann et al. 2018)

fera). Obwohl die Monophylie der Ecdysozoa immer mehr an Zuspruch gewinnt, sind die Verwandtschaftsverhältnisse der beiden Großgruppen bis heute nicht ausreichend geklärt.

Folgende Merkmale der Ecdysozoa werden diskutiert
- dreischichtige Cuticula aus α-Chitin und Proteinen,
- regelmäßige Häutungen (Ecdysis), induziert vom Steroidhormon 20-Hydroxyecdyson,
- Verlust lokomotorischer Cilien,
- keine Spiralfurchung.

Die Zuordnung der Tardigrada (Bärtierchen) in das System der Ecdysozoa erweist sich als schwer. Auch molekulare Analysen führen zu widersprüchlichen Ergebnissen.

5.3.1 Cycloneuralia

 **Lernziele**

Apomorphien der Cycloneuralia, Großgruppenphylogenie, Bauplanvergleiche, Analogien zu anderen Gruppen, Lebensraum, Parasitismus

Diese Gruppe wurde aufgrund von morphologischen Daten im Jahr 1995 von Ahlrich definiert und mit der Analyse von molekularen Merkmalen im Jahr 1997 von Aguinaldo und Kollegen unterstützt. Insgesamt werden fünf Gruppen zu den Cycloneuralia zusammengefasst (◘ Abb. 5.12): Nematoda, Nematomorpha, Priapulida, Kinorhyncha und Loricifera. Das besondere Merkmal der Cycloneuralia ist die Lage ihres Gehirns, welches kreisförmig um ihren zylindrischen Pharynx liegt (circumpharyngeales Gehirn). An diesem ringförmigen Neuropil (Faserring) schließen dann die Somata an. Das weitere Nervensystem ist gekennzeichnet durch einen unpaaren, dorsalen und einen paarigen, ventralen Nervenstrang, welche aus dem ventralen Bereich des Nervenrings entspringen. Wie bei allen anderen Ecdysozoa erneuern die Cycloneuralia ihre Cuticula periodisch. Der Hauptbestandteil der Cuticula unterscheidet sich innerhalb der Gruppen: Die Nematoida (Nematoda und Nematomorpha) besitzen eine dicke Schicht von kollagenhaltigen Fasern in ihrer Körperbedeckung, während die Scalidophora (Priapulida, Kinorhyncha und Loricifera) gemeinsam mit den Panarthropoda das α-Chitin in ihrer Cuticula aufweisen.

Folgende Merkmale der Cycloneuralia werden diskutiert
- anterior gelegener Mund,
- zylindrischer Pharynx,
- circumpharyngeales Gehirn.

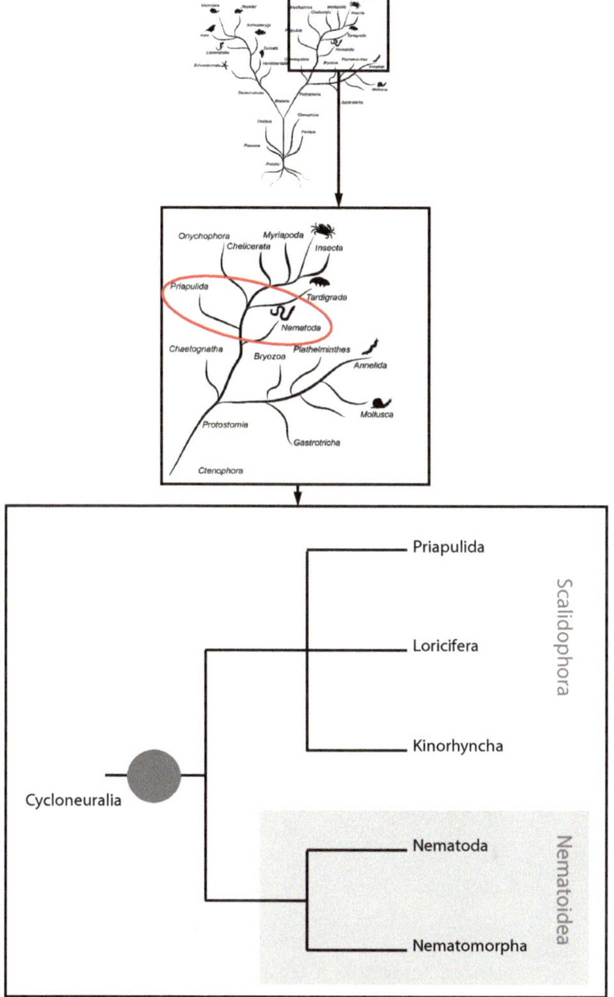

■ Abb. 5.12 Vereinfachte Phylogenie der Cycloneuralia mit Augenmerk auf die beiden Großgruppen Nematoida und Scalidophora. (Verändert nach Westheide und Rieger 2013)

5.3.1.1 Scalidophora

Alle Vertreter der Scalidophora sind kleine, bodenbewohnende Meerestiere. Ihr Körper ist in drei Abschnitte gegliedert: Vorderkörper (Introvert), Hals und Hinterkörper. Der Introvert ist in diesem Fall das besondere Merkmal dieser Gruppe, da er nicht nur durch Einstülpung (Einzug in den Hals), sondern auch durch den Besatz von einzigartigen Stachel-ähnlichen Skaliden gekennzeichnet ist. Der Introvert dient nicht nur zur Fortbewegung, sondern ist auch Träger der Sinnesorgane. Die Bewegung des Rüssels ist durch Rückziehmuskeln gewährleistet, die an langen Ektodermzellen ansetzen.

5.3.1.1.1 Priapulida (Priapswürmer)

Die Priapulida (Priapswürmer) stellen eine sehr kleine Gruppe mit fünf beschriebenen Gattungen dar: *Priapulus, Halicryptus, Tubiluchus, Meiopriapulus* und *Maccabeus*. Insgesamt sind in diesen Gattungen etwa 20 Arten beschrieben, die aber in ihrer Form und Gestalt sehr vielfältig sind. Sie werden zwischen 0,2 und 40 cm groß und leben in verschiedenen marinen Lebensräumen: vom Lückensystem tropischer Korallen bis zu Schlickböden kalter Meere. Fossile Funde belegen, dass die Priapulida im Mittelkambrium wahrscheinlich die dominanten weichhäutigen und meeresbewohnenden Invertebraten waren.

Folgende Merkmale der Priapulida werden diskutiert

- Pharynx mit Cuticularzähnen, können neu gebildet,
- Körperhohlraum geräumig,
- unpaares, ventral gelegenes Nervensystem,
- verzweigte Protonephridien.

Der walzenförmige Körper der Priapulida setzt sich aus dem Introvert und einem längeren Rumpf zusammen. Die Körperwand besteht aus einem Hautmuskelschlauch (von außen nach innen: Cuticula, Epidermis, Ring- und Längsmuskulatur). Die Cuticula wird aus der einschichtigen Epidermis gebildet und muss aufgrund ihrer äußeren Chitinschicht regelmäßig gehäutet werden. Auch bei den Larven der Priapswürmer ist dies notwendig, da sie einen Brustpanzer (= Lorica) besitzen, welcher aus cuticulären Platten zusammengesetzt ist.

Embryogenese	Total-äquale Furchung
Körperhöhle	Pseudocoel
Nervensystem	Intraepithelial, ringförmiges Cerebralganglion, ventraler Markstrang
Sinnesorgane	Sensillen am ganzen Körper, v. a. an den Skaliden
Verdauungssystem	Mund, Pharynx mit Cuticularzähnen, entodermaler Darm, ektodermales Rektum mit Cuticula, After
Kreislaufsystem	Fehlt
Exkretionssystem	Paarig, Protonephridien und Gonadendivertikel, Urogenitalgang separat vom After
Fortpflanzung	Getrenntgeschlechtlich, äußere (bei makrobenthischen Arten, z. B. *Priapulus caudatus*) und innere Befruchtung (bei meiobenthischen Arten)
Entwicklung	Indirekte Entwicklung (nur bei *Meiopriapulus*-Arten direkt)

Früher wurden die Priapulida aufgrund ihres äußeren Erscheinungsbildes zu Seeanemonen oder Seegurken gezählt, im 19. Jahrhundert wurden sie als Brückentiere zwischen „Würmern" und Echinodermata (Stachelhäuter) bezeichnet. Durch die Analyse von molekularen Merkmalen werden die Priapuliden – spätestens seit 1997 – zu den Ecdysozoa gestellt.

5.3.1.1.2 Kinorhyncha (Hakenrüssler)

Die ersten Tiere dieser Gruppe wurden im Jahr 1841 beschrieben, bis heute umfassen die Kinorhyncha etwa 150 Arten, die benthisch oder marin leben (von der Tiefsee bis zur Küste). Dort kommen sie aber nie sehr häufig vor.

Sie sind insgesamt kaum länger als 1 mm. Der Körper der Hakenrüssler ist gegliedert, ähnlich wie bei Arthropoden. Nur die Gliederextremitäten fehlen. Wie auch ihre nahe Verwandten, die Priapulida, besitzen die Kinorhyncha einen Introvert, der zur Nahrungsaufnahme und Fortbewegung dient.

Folgende Merkmale der Kinorhyncha werden diskutiert
- 11 Körpersegmente.

Die Gliederung des Körpers besteht aus einem Mundkegel (mit Mundstyli besetzt), dem Introvert (mit Skaliden besetzt) und elf segmentartigen Zoniten. Diese Zonite umfassen lediglich die Cuticula und Epidermis, die Markstränge und die Muskulatur. Die Muskulatur setzt sich aus Längs- und Dorsoventralmuskulatur zusammen. Der Mundkegel und der Introvert sind anders gebaut als die jeweiligen Zonite, daher werden sie heute nicht mehr zu den Zoniten gezählt.

Durch die Ausbildung von Zoniten innerhalb der Kinorhyncha können einige Merkmale als analog zu den Arthropoda (▶ Abschn. 5.3.2.3) betrachtet werden:
- gelenkige Verbindungen der Zonite durch dünne und weiche Cuticularhäute,
- cuticuläre Verstärkungen als Muskelansatzstelle (vergleichbar mit Apodemen),
- quergestreifte Muskulatur mit sehnenartig umgestalteten Epidermiszellen.

Die Cuticula enthält auch hier Chitin, kann nicht mitwachsen und muss regelmäßig durch Häutung erneuert werden. Wie auch bei den näheren Verwandten der Kinorhyncha bedeckt die Cuticula den Pharynx, das Rektum und in dieser Gruppe auch die Ausführgänge der Protonephridien. Bei vielen Arten der Hakenrüssler ist die Körperoberfläche hydrophob (= wasserabweisend).

Embryogenese	Keine Angaben
Körperhöhle	Keine Angaben
Nervensystem	Intraepithelial, ringförmiges Cerebralganglion, 8–12 Markstränge
Sinnesorgane	Sensillen am ganzen Körper, v. a. an den Skaliden und dem Mundkonus, Sinnesborsten und -flecken auf Rumpfzoniten, einfache Ocellen
Verdauungssystem	Schwach entwickeltes Interzellularsystem mit Amöbocyten, Mund, Pharynx mit Cuticularzähnen, entodermaler Darm, ektodermales Rektum mit Cuticula, After

Kreislaufsystem	Fehlt
Exkretionssystem	Ein Paar Protonephridien am 8./9. Rumpfzonit
Fortpflanzung	Getrenntgeschlechtlich, ein Paar Gonaden seitlich vom Darm am 10./11. Zonit, Befruchtung unbekannt
Entwicklung	Postlarvale Entwicklung über fünf Jugendstadien (sechs Häutungen), Zonitenzahl nimmt mit dem Alter zu

Die Kinorhyncha werden bislang nur in zwei Gruppen geteilt: Cyclorhagida und Homalorhagida. Sie lassen vielseitige Fragen, unter anderem zur Embryologie und Entwicklung, offen.

- **Steckbrief Großgruppen Kinorhyncha**
  I. Cyclorhagida
      – nur Introvert ein- und ausstülpbar,
      – Hals in 14–16 Plättchen unterteilt,
      – Rumpfsomiten dorsal und lateral rund,
      – Dorsalplatte schließt ventral an Ventralplatte.
  II. Homalorhagida
      – Introvert und Hals einstülpbar,
      – Hals in höchstens acht Platten unterteilt,
      – Dorsalplatte schließt lateral an Ventralplatte.

5.3.1.1.3 Loricifera (Korsetttierchen)

Die Loricifera (Korsetttierchen) sind bis heute eine sehr wenig verstandene Tiergruppe unter den Ecdysozoa. Die Gruppe umfasst neun Gattungen mit etwa 30 Arten, die in zwei Gruppen (Nanaloricidae und Pliciloricidae) zusammengefasst werden. Loricifera wurden erstmals von R. M. Kristensen im Jahr 1983 beschrieben. Bis heute halten Neubeschreibungen an und die Diversität der Gruppe steigt stetig. Die Korsetttierchen sind mikroskopisch klein, adulte Tiere überschreiten eine Körperlänge von 100–380 μm kaum. Sie leben in sandigen und schlickigen Meeresböden, von der Tiefsee bis zum flachen Sublitoral.

> **Folgende Merkmale der Loricifera werden diskutiert**
> – Struktur von Mundkegel, Skaliden, Gehirn und Urogenitalsystem.

Der Körper adulter Tiere ist in Mundkegel, Introvert und Rumpf (oder Abdomen) gegliedert. Der Introvert ist wie bei anderen Vertretern der Scalidophora ausstülpbar und kann vollständig in den Rumpf hineingezogen werden. Der sackförmige Rumpf ist von einer Lorica umgeben, welches sich wie ein Korsett um den Rumpf legt (daher der Name Korsetttierchen). Je nach Art setzt sich das Korsett der Loricifera aus verschiedenen Platten zusammen (z. B. sechs bei *Nanaloricus*-Arten).

Wie auch bei anderen Vertretern der Ecdysozoa besteht die Cuticula der Loricifera aus Chitinfasern.

Embryogenese	Keine Angaben
Körperhöhle	Keine Angaben
Nervensystem	Ringförmiges Cerebralgehirn, ventrale Markstränge mit Ganglien, großes Abdominalganglion
Sinnesorgane	Sinnesrezeptoren an den Skaliden
Verdauungssystem	Enge terminale Mundöffnung mit Stiletten, Pharynx mit Speicheldrüsen, sackartiger Magen-Darm-Trakt, Enddarm mit Kloake
Kreislaufsystem	Fehlt
Exkretionssystem	Gonaden mit Protonephriden, Kloake, Männchen mit Spicula
Fortpflanzung	Getrenntgeschlechtlich, innere Befruchtung
Entwicklung	Zum Teil mit Generationswechsel (Heterogonie, selten bei marinen Arten), Larvenstadien (Higgins-Larven) artspezifisch

> Die Gesamtheit des Loricifera-Körpers soll aus etwa 10.000 Zellen bestehen. Jede Zelle müsste daher kleiner als 2 µm sein. Das wäre viel kleiner als jede andere Metazoa-Zelle.

Bislang ist es unumstritten, dass die Loricifera eine monophyletische Gruppe bilden. Der Aufbau des Introverts deutet auf eine Verwandtschaft mit den Priapulida und Kinorhyncha hin. Somit bestehen die Scalidophora aus den Priapulida, Kinorhyncha und Loricifera.

5.3.1.2 Nematoida

Zu den Nematoida werden die Nematomorpha (Saitenwürmer) und Nematoda (Fadenwürmer) zusammengefasst. Der Körper beider Gruppen ist gekennzeichnet durch einen langen, dünnen Körper und mindestens einer ventralen und einer dorsalen Epidermisleiste, in welcher die Nervenstränge liegen. Der Körperbau ist bei beiden Gruppen der Nematoida stark reduziert: Protonephridien und Ringmuskulatur fehlen, bei männlichen Vertretern liegt eine Kloake vor.

5.3.1.2.1 Nematomorpha

Die Nematomorpha (Saitenwürmer) sind eine überschaubare Gruppe mit etwa 350 Arten. Vertreter dieser Gruppe können 10–50 cm lang werden (im Extremfall 200 cm) und sind dabei 1–2 mm dick. Die längste Zeit ihres Lebens verbringen die Nematomorpha in der Postlarvalphase endoparasitisch in der Leibeshöhle von aquatischen und terrestrischen Arthropoda. Dieses Phänomen wird auch als Juvenilparasitismus bezeichnet. Nur geschlechtsreife Adulti und die winzigen sekundären Larven sind frei lebend.

> **Folgende Merkmale der Nematomorpha werden diskutiert**
> - nur eine Häutung,
> - alle Stadien ohne Darm,
> - Larven parasitisch, Adultus frei lebend.

Auch die Nematomorpha besitzen eine Cuticula, die bei den endoparasitischen juvenilen Stadien dünn ausgeprägt ist, daher kann diese allein durch Auf- und Abbau vergrößert werden. Die juvenilen Formen der Nematomorpha kommen in ihrer Entwicklung ohne eine Häutung aus, lediglich die Adulthäutung findet noch statt. Diese einzelne Häutung ist eines der ausschlaggebenden Merkmale der Nematomorpha. Die Epidermis ist einschichtig, und die Muskulatur besteht ausschließlich aus Längsmuskelzellen.

Embryogenese	Keine Angaben
Körperhöhle	Primäre Leibeshöhle, Parenchym
Nervensystem	Intraepithelial, anteriores Gehirn, ventraler Markstrang (Differenzierung bei verschiedenen Vertretern)
Sinnesorgane	Einfache Sensillen anterior und posterior
Verdauungssystem	Pharynx und Darm zurückgebildet, parentale Ernährung im Wirt, Adultus lebt von Reserven
Kreislaufsystem	Fehlt
Exkretionssystem	Fehlt
Fortpflanzung	Getrenntgeschlechtlich, geißellose Spermien, Laichschnüre an Wasserpflanzen
Entwicklung	Direkte Entwicklung, Larven leben parasitisch

Die Lebensweise, die Lebenszyklen und die strukturelle Anpassung an die frei lebende und parasitische Lebensweise erinnern stark an die der Mermithoidea (eine Gruppe der Nematoda).

Die Nematomorpha werden in zwei Gruppen eingeteilt: die Gordioida und die Nectonematoida. Die meisten Vertreter zählen zu den Gordioida und leben in Süßwasser- und Landinsekten, während die nur fünf Arten der Nectonematoida an decapoden Crustaceen parasitieren.

5.3.1.2.2 Nematoda (Fadenwürmer)

Nematoda (Fadenwürmer) sind mit etwa 15.000 Arten die individuen- und somit auch erfolgreichste Gruppe der gesamten Cycloneuralia. Die Artenzahl der Gruppe wird heute ins Millionenfache – und somit höher als die der Insekten – geschätzt. Nematoda leben in aquatischen und terrestrischen Habitaten. Sie werden im Sediment des Meeresbodens von der Tiefsee bis zur Küste gefunden, aber auch in

Moospolstern und Wiesen. Viele Vertreter der Nematoda sind endo- und ektoparasitisch an Höheren Pflanzen oder endoparasitisch an Tieren. Somit besitzen sie auch eine große ökologische und wirtschaftliche Bedeutung, etwa in der Schädlingsbekämpfung, z. B. gegen Trauermücken (Sciaridae, Diptera) oder Engerlinge (Larven von bestimmten Käferarten). Nematoda erreichen eine Größe von 0,2–50 mm, wobei zooparasitische Arten auch 40 cm lang werden können, z. B. der Spulwurm *Ascaris lumbricoides*.

Folgende Autapomorphien der Nematoda werden diskutiert
- vier Häutungen,
- 6 + 6 + 4 papillen- oder borstenförmige Sensillen am Vorderende,
- Männchen mit Spicula zur Kopulation,
- wenn Ovarien vorhanden sind, dann sind sie entgegengesetzt zueinander.

Ein besonderes Merkmal dieser Gruppe ist die Eutelie (Zellkonstanz). Der Körper ist einheitlich fadenförmig bis drehrund, besitzt keine Körperanhänge (außer Borsten und Papillen). Der Hautmuskelschlauch dieser Gruppe ist von großer Bedeutung und bewerkstelligt die schlängelnde Körperbewegung, wobei der Körper von dorsal nach ventral gebogen wird (Tier liegt auf der Seite). Der Hautmuskelschlauch setzt sich aus der Cuticula, Epidermis und Längsmuskulatur zusammen. Die Cuticula wird auch bei den Nematoda von ektodermalen Epidermiszellen gebildet und bedeckt den gesamten Körper. Cuticularstrukturen, die für die Fortpflanzung verantwortlich sind (Vagina, Spicularapparat und Präanalpapillen) werden erst bei der letzten Häutung gebildet.

> Die Cuticula der Nematoda nimmt bis zu 20 % der Körpermasse ein.

Embryogenese	Bilaterale Furchung
Körperhöhle	Primäre Leibeshöhle, Pseudocoel
Nervensystem	Intraepithelial, anteriores Gehirn am Pharynx, ventraler und dorsaler Markstrang
Sinnesorgane	Einfache Sensillen (Kopfsensillen, Seitenorgane, Ocellen)
Verdauungssystem	Einfach gebaut, Mund, Pharynx mit Klappenventil, gleichförmiger Darm, Mündung in Rektum (Weibchen) oder Kloake (Männchen)
Kreislaufsystem	Hautatmung, Blutgefäße fehlen
Exkretionssystem	H-Zelle mit Exkretionsdrüse (Gleitmittel, Eihüllen, Eindringen in Wirtsgewebe)
Fortpflanzung	Getrenntgeschlechtlich, geißellose Spermien, paarige Gonaden, innere Befruchtung durch Kopulation
Entwicklung	Direkte Entwicklung

Nematoda sind durch viele Apomorphien als Monophylum begründet, wobei die Verwandtschaftsverhältnisse innerhalb der Gruppe nicht ausreichend geklärt sind. Traditionell werden die Nematoda in „Adenophora" und Secernata eingeteilt.

- ■ **Steckbrief Großgruppen Nematoda**
  - I. „Adenophora"
    - ▬ paraphyletisch,
    - ▬ Schwanz- und Epidermaldrüsen,
    - ▬ Seitenorgane deutlich,
    - ▬ Sinnesborsten,
    - ▬ Männchen mit zwei Hoden.
  - II. Secernata
    - ▬ monophyletisch,
    - ▬ Phasmiden (Schwanzsensillen),
    - ▬ Schwanz- und Epidermaldrüsen fehlen,
    - ▬ Ventraldrüse,
    - ▬ Männchen mit einem Hoden.

Parasitismus bei Nematoida

Nematomorpha

Parasitismus bei den Nematomorpha hat sich im Zuge der Fortpflanzungsstrategie entwickelt. Die jungen Larven gelangen passiv mit der Nahrung in ihre Zwischenwirte (z. B. Insektenlarven) und setzen sich dort fest. Die Zwischenwirte mit den encystierten Nematomorpha werden nun vom Endwirt (z. B. Langfühlerschrecken [Ensifera] oder Laufkäfer [Carabidae]) aufgenommen, wo die Larven erneut und ohne Häutung heranwachsen. Am Ende der parasitischen Phase werden die Nematomorpha über die Gelenkhäute des Endwirtes ins Wasser abgeben. Die Endwirte können dabei überleben, aber auch zugrunde gehen.

Nematoda

In dieser Gruppe lassen sich sehr gut die vielfältigen Wege von freier, saprobiotischer zur zoo- und phytoparasitischen Lebensweise erkennen. Viele dieser parasitischen Vertreter finden ihren Ursprung in den Secernentea und haben limnische oder terrestrische Vorfahren.

  1. Zooparasitismus
     - ▬ saprobiotisch → Darm- und Geweberparasiten: Gattungen *Strongyloides*, *Ancylostoma* und *Necator*, Arten *Ascaris lumbricoides* (◨ Abb. 5.13) und *Dracunculus medinensis*.
     - ▬ saprobiotisch → Insektenparasiten: Gattungen *Steinernema* und *Heterorhabditis*.
     - ▬ Mycetophagie → Insektenparasiten: Art *Deladenus siricidola*.
  2. Phytoparasitismus
     Gattungen *Heterodera*, *Globodera* und *Meloidogyne*.

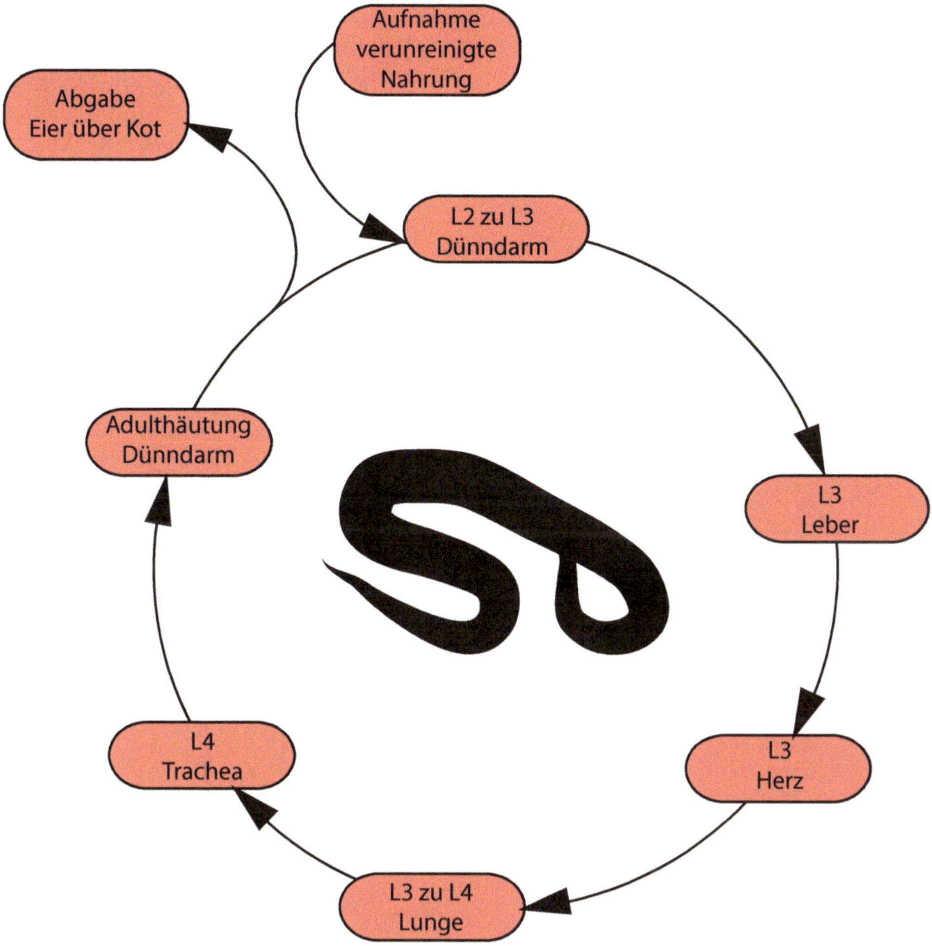

Abb. 5.13 Entwicklungszyklus von *Ascaris lumbricoides* (Spulwurm). Die Eier enthalten bereits Larven vom Typ I und II und werden mit verunreinigter Nahrung aufgenommen. Im Dünndarm des Wirtes schlüpfen Typ-II-Larven (L2) und perforieren die Dünndarmwand. Auf dem Blutweg häuten sich die Typ-II- zu Typ-III-Larven (L3) und gelangen in die Leber, über das Herz in die Lunge und häuten sich dort zu Typ-IV-Larven (L4). Durch Abhusten und erneutes Verschlucken wandern die Typ-IV-Larven über den Magen in den Dünndarm und häuten sich zum adulten Tier. Die Eier werden über den Kot abgegeben

5.3.2 Panarthropoda

Lernziele

Autapomorphien und Merkmale der Panarthropoda, Großgruppenphylogenie, Klassifizierung der Gruppen, Hypothesen zu Verwandtschaftsbeziehungen, Artenreichtum, Bauplanvergleiche, evolutive Neuerungen, ökologische und medizinische Bedeutung

Im Jahr 1995 von Claus Nielsen aufgestellt, sind die Panarthropoda heutzutage eine Gruppe, zu denen die Onychophora (Stummelfüßer), Tardigrada (Bärtierchen) und Arthropoda (Gliederfüßer) zählen. Nicht nur die Verwandtschaftsverhältnisse innerhalb der Gruppe sind bis heute umstritten, auch die Monophylie der Gruppe wird infrage gestellt (■ Abb. 5.14). Nach einigen Analysen molekularer Merkmale könnten die Tardigrada auch als Schwestergruppe zu den Nematoda gestellt werden. In diesem Fall wären die Panarthropoda paraphyletisch.

Die Panarthropoda stellen segmentierte Ecdysozoa mit gepaarten Körperanhängen dar. Diese Körperanhänge sind innerhalb der einzelnen Gruppen verschieden.

Die Cuticula der Panarthropoda besteht nicht wie bei den Nematoda aus Kollagen, sondern aus α-Chitin. Während bei den Tardigrada und Onychophora die Cuticula schwach ausgebildet ist, sind die Arthropoda gekennzeichnet durch ein stark ausgeprägtes Exoskelett (■ Abb. 5.19). Einen weiteren Unterschied gibt

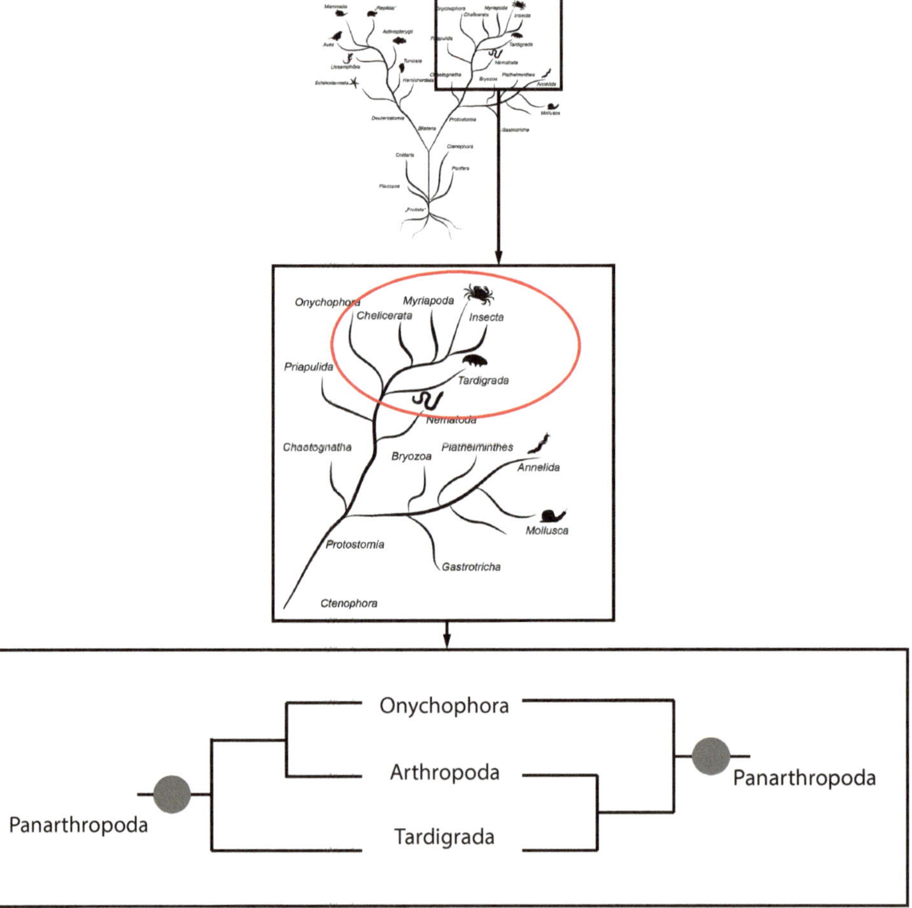

■ **Abb. 5.14**   Zwei Hypothesen der Verwandtschaften innerhalb der Panarthropoda werden diskutiert. Die Hypothese 1 zeigt die Tardigrada als basale Gruppe, die Hypothese 2 die Onychophora. (Verändert nach Martin et al. 2017)

es im Aufbau der Extremitäten: ungegliederte Lobopodien bei den Tardigrada und Onychophora, gegliederte Arthropodien (Name!) bei den Arthropoda.

Folgende Autapomorphien der Panarthropoda werden diskutiert

- Rückbildung des Coeloms (Mixocoel),
- Rückbildung des geschlossenen Zirkulationssystems (Haemocoel),
- Differenzierung in Kopf (Syncerebrum) und Rumpf,
- Nephridien mit kleinem Coelomsack verbunden (Sacculus, Podocyten),
- Radiärfurchung oder superfizielle Furchung,
- Entwicklung direkt oder über sekundäre Larven.

Fossile Panarthropoda

Aus fossilen Lagerstätten aus dem frühen Paläozoikum (z. B. Burgess-Schiefer, Chengjiang-Fauna) konnten einige Funde den Panarthropoda zugeordnet werden. Wurmförmige Körper und lange, röhrenförmige segmentale Extremitätenpaare charakterisieren die fossile Gruppe der „Lobopodia". Bekannte Vertreter davon sind *Hallucigenia sparsa* (Burgess-Schiefer, Westkanada) und *Onychodictyon ferox* (Chengjiang-Fauna, Südchina).

An fossilen Funden konnte kein Plattenskelett festgestellt werden, daher wurde fälschlicherweise angenommen, dass die Lobopodia Stammlinienvertreter der Onychophora sind. Da ansonsten keine weiteren Synapomorphien bekannt sind, kann angenommen werden, dass die Lobopodia als paraphyletische Gruppe zahlreiche Stammlinienvertreter der Panarthropoda einschließen.

5.3.2.1 Tardigrada (Bärtierchen)

Die Tardigrada (Bärtierchen) umfassen weltweit bis heute etwa 1160 Arten und leben in marinen und limnischen, aber auch terrestrischen Habitaten. Sie sind sehr klein, 0,08–2 mm, und bevorzugen dauerfeuchte und temporär wasserhaltige Lückensysteme. Manche Vertreter leben auf Algen oder Wirbellosen und sind hier manchmal auch parasitisch (z. B. *Tetrakentron synaptae*). Die Populationsdichten der Tardigrada schwanken je nach klimatischen Bedingungen sehr stark. Viele Vertreter sind euryök (= breite Umwelttoleranz) und kosmopolitisch (= weit verbreitet); die Verschleppung von Eiern oder Dauerstadien erfolgt durch Vögel, Insekten oder Wind.

Folgende Merkmale der Tardigrada werden diskutiert

- Verbindung Oberschlundganglion mit erstem Bauchganglion (Unterschlundganglion ist dennoch vorhanden),
- Stilettapparat durch Verwachsung der Krallen des ersten Beinpaares,
- vollständige Reduktion des Blutgefäßsystems,
- komplexe Cuticula.

5

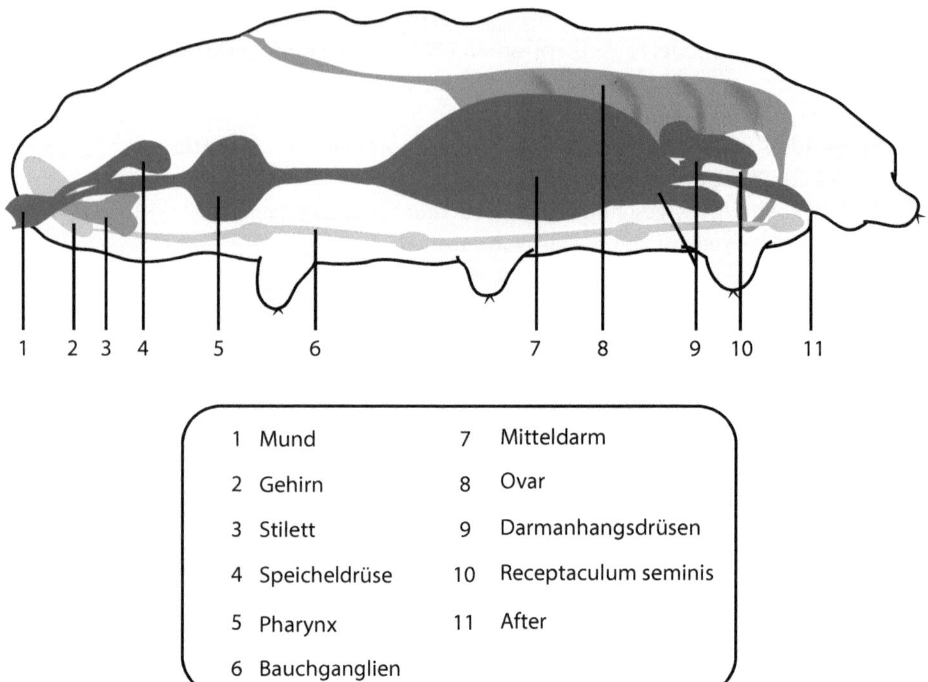

◧ **Abb. 5.15**   Vereinfachte schematische Darstellung der inneren Organisation eines Vertreters der Tardigrada. Ein wichtiges Merkmal ist der Stilettapparat, der an das Verdauungssystem angegliedert ist. (Verändert nach Westheide und Rieger 2013)

Der walzenförmige Körper der Tardigrada (◧ Abb. 5.15) setzt sich deutlich aus einem Kopf und vier Rumpfsegmenten zusammen. Der Körper ist umzogen von einer Cuticula – wie auch bei allen anderen Ecdysozoa. Diese wird auch hier von der einschichtigen Epidermis abgeschieden. Zonenweise kann die Cuticula verdickt vorkommen oder auch artspezifisch skulpturiert oder mit faden- und flügelförmigen Anhängen und Stacheln versehen sein.

Insgesamt acht Laufbeine lassen sich bei den Tardigrada nachweisen, wobei diese noch nicht gegliedert sind. Daher werden die Laufbeine der Tardigrada auch als Lobopodien bezeichnet. Jedes Laufbein trägt am Ende Zehen mit Krallen, die gleich- oder verschiedenartig gestaltet sein können. Die Krallen werden von epidermalen Krallendrüsen gebildet. Die Muskulatur besteht aus metamer angeordneten Fasergruppen.

Embryogenese	Total-äquale Furchung
Körperhöhle	Mixocoel
Nervensystem	Differenziertes Gehirn, Unterschlundganglion, Bauchkette strickleiterförmig mit vier Ganglienpaaren
Sinnesorgane	Je nach Gruppe, Kopfanhänge oder vier Sinnesfelder am Kopf

Verdauungssystem	Mundöffnung oft mit cuticulären Lamellen umgeben, Stilettapparat, Pharynx mit Placoiden verstärkt, Enddarm, After
Kreislaufsystem	Fehlt
Exkretionssystem	Malpighische Gefäße
Fortpflanzung	Getrenntgeschlechtlich, manchmal auch zwittrig, Parthenogenese kommt vor, unpaare Gonaden, Eier oft in gehäutete Cuticula abgelegt
Entwicklung	Direkte Entwicklung

Tardigrada sind in der Lage, eine Cryptobiose einzugehen. In diesem Dormanzstadium können sie nicht nur ungünstige Umweltbedingungen überstehen, sondern auch Extremsituationen, wie z. B. radioaktive Strahlung überleben, indem sie unter anderem Cysten (= Tönnchen) bilden.

Zwei Formen der Cryptobiose können unterschieden werden:
- bei Austrocknung = Anhydrobiose,
- bei tiefen Temperaturen = Cryobiose.

Die Tardigrada bilden unumstritten ein Monophylum, jedoch ist die phylogenetische Position innerhalb der Ecdysozoa bis heute nicht ausreichend geklärt. Einige Studien zeigen, dass die Tardigrada die Schwestergruppe der Nematoida darstellen können. Diese Hypothese wird gestützt durch molekulare und morphologische Merkmale, z. B. Eutelie, Bau der Cuticula und Verzwergung. Diese Merkmale können aber auch als konvergent entstanden oder als ursprüngliche Merkmale der gesamten Ecdysozoa gesehen werden. Andere Studien machen deutlich, dass die Tardigrada anhand molekularer, morphologischer (z. B. paarige Gliedmaßen) und embryologischer Merkmale zu den Panarthropoda gezählt werden können.

Zwei Gruppen der Tardigrada lassen sich anhand deutlicher Merkmalsunterschiede abgrenzen: die Eutardigrada (z. B. *Milnesium tardigradum*) und die Heterotardigrada (z. B. *Hypsibius exemplaris*).

- **Steckbrief Großgruppen Tardigrada**
  I. Heterotardigrada
  - vielgestaltig,
  - bis zu 11 Kopfanhänge,
  - keine Vasa malpighii,
  - Gonoporus vor dem Anus.
  II. Eutardigrada
  - einheitlich,
  - keine Kopfanhänge,
  - Kloake,
  - Doppelkrallen.

5.3.2.2 Onychophora (Stummelfüßer)

Folgende Autapomorphien der Onychophora werden diskutiert
- körperlange Schleimdrüsen (Wehrdrüsen),
- unregelmäßige Büscheltracheen,
- chitinöser Kiefer,
- verschieden differenzierte Nephridien.

Die Onychophora (Stummelfüßer) stellen mit etwa 200 Arten eine sehr kleine Gruppe der terrestrischen Invertebraten dar. Sie wurden erstmals im Jahr 1826 von Lansdown Guilding beschrieben und können von wenigen bis zu 22 cm groß werden. Die nachtaktiven Räuber leben in tropischen, subtropischen und gemäßigten Breiten in verborgenem Mull, morschen Baumstämmen, Moos und Falllaub. Ihr Hauptverbreitungsmuster (Südamerika, südliches Afrika und Australien) geht auf den Superkontinent Gondwana zurück (Gondwana-Faunenelement).

Als Gondwana-Faunenelement werden Organismen bezeichnet, die eine aktuelle Verbreitung auf unterschiedlichen Kontinenten zeigen, deren Stammlinie durch den Zerfall des Superkontinents Gondwana geographisch isoliert wurde.

Die Onychophora (◙ Abb. 5.16) werden häufig als „Urspungsform" angesehen. Eine Segmentierung ist äußerlich nur durch die Beinabfolge zu erkennen. Die sogenannten Stummelfüße der Onychophora, auch Lobopodien genannt, sind nicht gegliedert, besitzen aber am Ende ein Paar Krallen. Der Kopf der Onychophora ist nicht deutlich abgesetzt, zeichnet sich aber durch drei Kopfanhänge aus: Antennen, Kiefer und Schleimpapillen. Die Körperoberfläche ist mit Dermalpapillen besetzt und von einer flexiblen, dehnungsfähigen und wasserabweisenden Cuticula umzogen, die wie auch bei anderen Ecdysozoa gehäutet wird, allerdings zeitlebens. Der Hautmuskelschlauch besteht aus Ring-, Längs- und Diagonalmuskulatur und einer elastischen Matrix.

Embryogenese	Superfizielle oder total-äquale Furchung
Körperhöhle	Mixocoel
Nervensystem	Dorsales Cerebralganglion aus Proto- und Deutocerebrum, ventrale Nervenstränge
Sinnesorgane	Ein Paar Grubenaugen an der Antennenbasis, Sinnesborsten, Mechano- und Chemorezeptoren
Verdauungssystem	Einfach gebautes Darmrohr mit Mundöffnung und After, Mundhöhle mit sklerotisierten Kiefern, paarige Speicheldrüsen

Kreislaufsystem	Röhrenherz mit Perikardialsinus, paarige Ostien, Tracheenkapillare mit Büschel als Atmungsorgan
Exkretionssystem	Nephridien
Fortpflanzung	Getrenntgeschlechtlich, Geschlechtsdimorphismus, paarige Gonaden, Übertragung von Spermatophoren, innere Befruchtung
Entwicklung	Direkte Entwicklung

Bei den Onychophora gibt es verschiedene Fortpflanzungsweisen, obwohl die Tiere sich sehr ähnlich sind: Oviparie, Ovoviviparie und Viviparie.

- Oviparie: Eiablage erfogt vor der Befruchtung oder im frühen Stadium der Embryonalentwicklung.
- Ovoviviparie: verzögerte Eiablage am Ende der Embryonalentwicklung, sodass das Jungtier gleich schlüpft.
- Viviparie: lebendgebärend, die Jungtiere werden im Mutterleib ernährt.

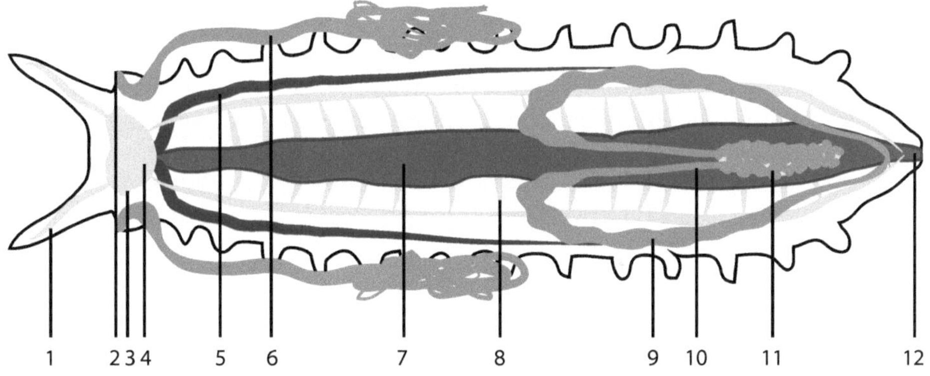

◘ Abb. 5.16   Vereinfachte schematische Darstellung der inneren Organisation eines Vertreters der Onychophora. Auffallend sind die fast körperlangen Speichel- und Schleimdrüsen. (Verändert nach Westheide und Rieger 2013)

Stummelfüßer und ihre Beute

In ihren Schleim- oder auch Wehrdrüsen produzieren die Onychophora ein klebriges Wehrsekret. Bei der Jagd wird dieses Sekret aus ihren Wehrdrüsen gespritzt (bis zu 50 cm weit!), um die Beute am Grund zu fixieren und sie danach zu verspeisen.

Die Onychophora werden eingeteilt in zwei Großgruppen: die Peripatidae (z. B. *Principapillatus hitoyensis*) und die Peripatopsidae (z. B. *Euperipatoides rowelli*).

- **Steckbrief Großgruppen Onychophora**
  I. Peripatidae
  - braun bis rot,
  - 19–43 Beinpaare,
  - Geschlechtsöffnung ventral zwischen vorletztem Beinpaar,
  - ovovivipar oder vivipar.
  II. Peripatopsidae
  - vielfarbig,
  - 13–29 Beinpaare,
  - Geschlechtsöffnung ventral zwischen oder hinter dem letzten Beinpaar,
  - ovipar oder ovovivipar.

5.3.2.3 Arthropoda (Gliederfüßer)

Die Arthropoda (Gliederfüßer) stellen die vielfältigste und artenreichste Gruppe (mit weit über einer Million beschriebenen Arten) im gesamten Tierreich dar. Sie besiedeln von der Tiefsee bis zu Wüstenregionen nahezu alle Lebensräume. Fossile Funde lassen die Entstehung der Arthropoda bis zum frühen Kambrium zurückverfolgen. Sie werden in vier große Gruppen eingeteilt: Chelicerata, Myriapoda, „Crustacea" und Insecta. Deren Verwandtschaftsbeziehungen sind bis heute nicht ausreichend geklärt (◘ Abb. 5.17). Die kleinsten Arten, z. B. Vertreter der Tantulocarida („Crustacea"), werden maximal unter 1 mm groß, die größten Arten, z. B. *Macrocheira kuempferi* (Japanische Riesenkrabbe, „Crustacea"), erreichen eine Beinspannweite von 4 m.

Paläontologische, morphologische und molekularbiologische Daten unterstützen die Arthropoda als monophyletische Gruppe. Drei Verwandtschaftshypothesen stehen zur Diskussion: die Tetraconata-, Antennata-und Myriochelata-Hypothese (◘ Abb. 5.17).

Die Arthropoda sind in ihrem Körperbau sehr vielgestaltig (◘ Abb. 5.19). Diese Disparität ist vor allem bei den „Crustacea" und den Insecta zu erkennen.

Das prägnanteste Merkmal der Arthropoda ist die Ausbildung eines Exoskeletts (◘ Abb. 5.20) in Form einer vollständig verhärteten Cuticula. Sie wird ebenfalls von der Epidermis abgeschieden und in drei Teile gegliedert: Endocuticula (Chitin und ungegerbte Proteine), Exocuticula (Chitin und gegerbte Proteine) und die chitinfreie Epicuticula (Lipide, Proteine, Wachse und hochmolekulare Alkohole). Nicht nur die Körperoberfläche und ihre Differenzierungen, wie Trichome und Setae, sind durch cuticuläre Strukturen bedeckt. Auch Vorder- und Enddarm sowie Tracheen sind mit Cuticula ausgekleidet und müssen wie alle Strukturen, die durch Chitin verhärtet sind, beim Wachstum der Tiere gehäutet werden.

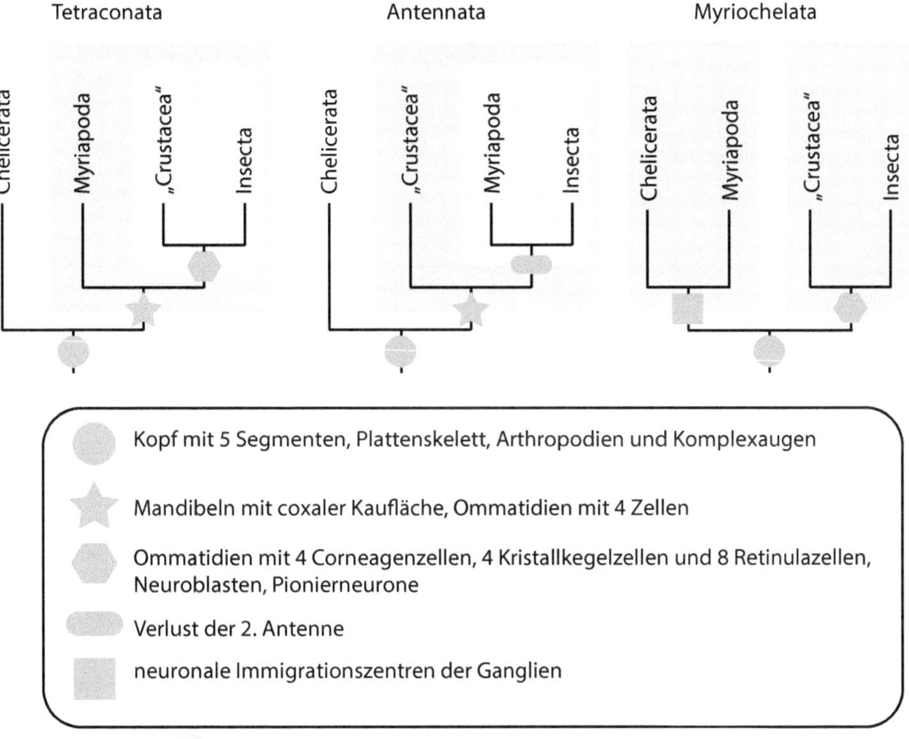

◘ Abb. 5.17 Verschiedene Hypothesen zur Verwandtschaftsbeziehung der einzelnen Gruppen der Arthropoda. Durch molekulare Merkmale am besten unterstützt ist die Tetraconata-Hypothese. (Verändert nach Westheide und Rieger 2013)

Folgende Autapomorphien der Arthropoda werden diskutiert
- Cuticula als Exoskelett,
- Ausprägung eines abgegrenzten Kopfes (= Cephalon, ◘ Tab. 5.2),
- Syncerebrum (= Gehirn) mit ventraler Ganglienkette,
- Gliederung des Körpers in Tagmata (z. T. mit Verschmelzungen),
- gegliederte Spaltbeine: Arthropodien (◘ Abb. 5.18).

Embryogenese	Superfizielle Furchung
Körperhöhle	Mixocoel
Nervensystem	Syncerebrum mit ventraler Ganglienkette, dreiteiliges Gehirn (Proto-, Deuto- und Tritocerebrum)
Sinnesorgane	Ocellen (Medianaugen), Facettenaugen (Komplexaugen), uni- und bimodale Sensillen

Verdauungssystem	Vorder-, Mittel- und Enddarm mit gruppenspezifischen Sekretions-, Resorptions- und Speicherorganen
Kreislaufsystem	Offen, dorsales Herz, Hämolymphe
Exkretionssystem	Nephridien und Malpighische Gefäßeverschiedener Herkunft
Fortpflanzung	Getrenntgeschlechtlich (mit Ausnahmen), paarige Gonaden, äußere und innere Befruchtung
Entwicklung	Direkte Entwicklung oder indirekt über sekundäre Larven

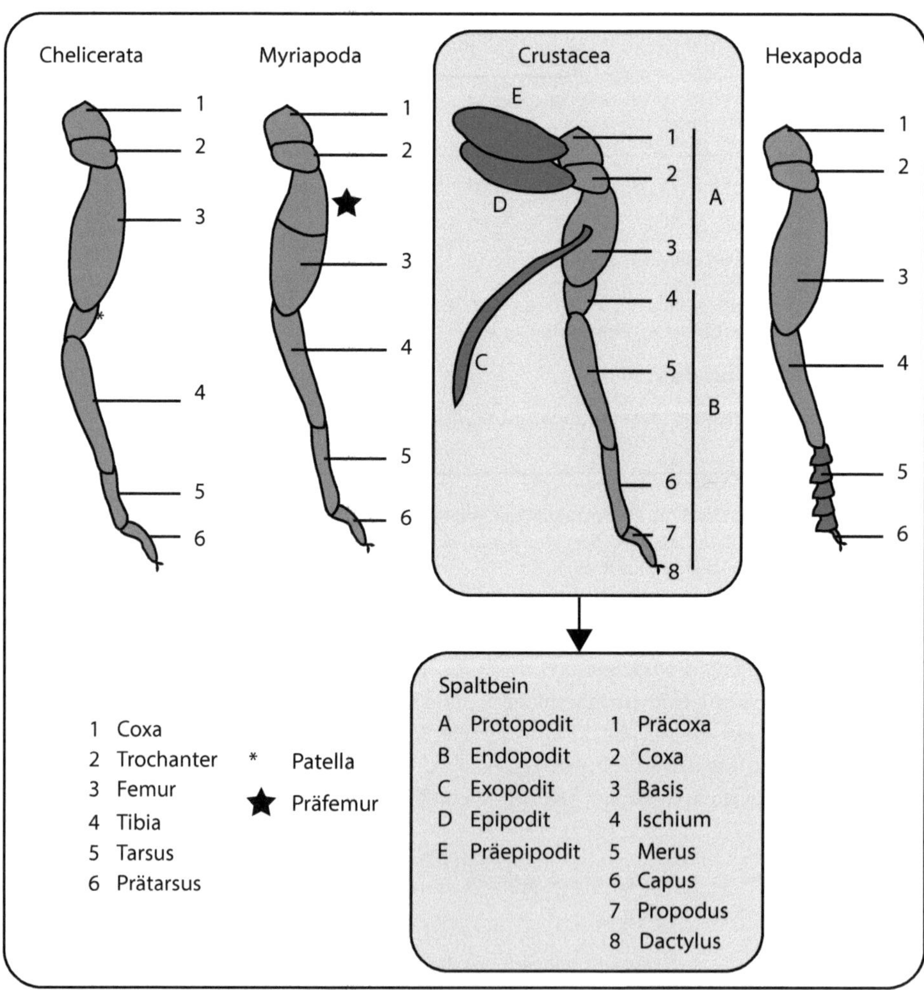

Abb. 5.18 Schematische Darstellung der Arthropodien der Großgruppen innerhalb der Arthropoda. „Crustacea"mit ursprünglichem Spaltbein, zusätzliche Glieder sind bei Chelicerata und Myriapoda vorhanden. (Verändert nach Westheide und Rieger 2013)

◨ **Tab. 5.2**   Homologisierung der Kopfabschnitte und Extremitäten der Arthropoda

	Chelicerata	Myriapoda	„Crustacea"	Insecta
1. Kopfsegment (Innervation: Deutocerebrum)	Cheliceren	1. Antennen	1. Antennen	1. Antennen
2. Kopfsegment (Innervation: Tritocerebrum)	Pedipalpen	–	2. Antennen	–
3. Kopfsegment (Innervation: Unterschlundganglion)	1. Laufbeine	Mandibeln	Mandibeln	Mandibeln
4. Kopfsegment (Innervation: Unterschlundganglion)	2. Laufbeine	1. Maxille	1. Maxille	Maxille
5. Kopfsegment (Innervation: Unterschlundganglion)	3. Laufbeine	2. Maxille	2. Maxille	Labium

◨ **Abb. 5.19**   Verschiedene Vertreter der Arthropoda. **a** Vertreter der Gattung *Nephila* (Aranea, Arachnida, Chelicerata). **b** *Archispirostreptus gigas* (Diplopoda, Myriapoda). **c** *Pisidia longicornis* (Decapoda, Crustacea). **d** *Episyrphus balteatus* (Syrphidae, Insecta). (Fotos **a, b, d**: Isabell Schumann; **c**: Exkursionsmaterial; Helgoland)

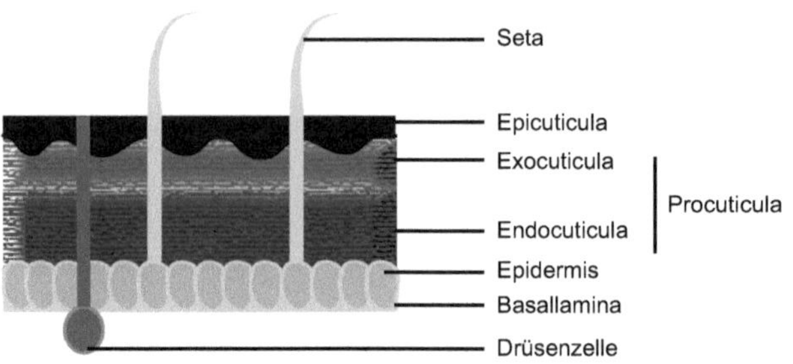

◘ Abb. 5.20   Vereinfachte schematische Darstellung des Exoskeletts der Arthropoda. (Verändert nach Wehner und Gehring 2013)

Fossile Arthropoda

Diskussionen über Stammlinienvertreter der Arthropoda werden erschwert durch unvollständige Erhaltungen der Fossilien, vor allem in der Zeit des Kambriums und Ordoviziums. Häufig werden die Ausprägungen der Kopfanhänge (frontale Extremitäten, Kopfschilder, Komplexaugen) als Vergleichsmerkmale gesehen, die jedoch kontrovers diskutiert werden. Fossile Arthropoda zeigen eine hohe Größenvariation. Die karbonische Riesenlibelle erreichte eine Flügelspannweite von 70 cm.

Die Trilobita (Dreilappkrebse) waren marine Arthropoden und sind aufgrund ihrer sehr guten Fossilisierung die bekanntesten Invertebraten-Fossilien. Sie kamen zahlreich im Kambrium (vor 542–488 Mio. Jahren) vor und starben am Ende des Perms (vor 251 Mio. Jahren) aus. Als Leitfossilien zählen sie zur Kronengruppe der Arthropoda.

Die Trilobita werden in Cephalon, Thorax und Pygidium gegliedert. Das Cephalon ist charakterisiert durch vier extremitätentragende Segmente und zwei große Komplexaugen. Jedes Thoraxsegment trug ebenfalls ventral ein Beinpaar. Die Extremitäten der Trilobita werden als ursprüngliches Spaltbein gesehen, rezent ist dieses bei den „Crustacea" ausgeprägt.

Die weitgehende Segmentierung der Trilobita gibt ihnen ein sehr ursprüngliches Aussehen innerhalb der Arthropoda. Systematisch bilden die Trilobita aufgrund ihrer Dreiteilung, der Calcifizierung der dorsalen Cuticula und das Vorhandensein eines Hypostoms eine monophyletische Gruppe an der Basis der Arthropoda. Eine Systematik innerhalb der Tiergruppe fehlt, es konnten bisher nur einige Arten rekonstruiert werden, z. B. *Olenellus thompsoni* und *Triarthrus eatoni*.

Kronengruppe

Ein Monophylum, das alle rezenten Arten beinhaltet, die von einer gemeinsamen Art abstammen, und die fossilen Vertreter, die ebenfalls auf diesen letzten gemeinsamen Vorfahren zurückgehen.

Nach der Tetraconata-Hypothese (◘ Abb. 5.17) werden im Folgenden die einzelnen Arthropoden-Gruppen näher beschrieben.

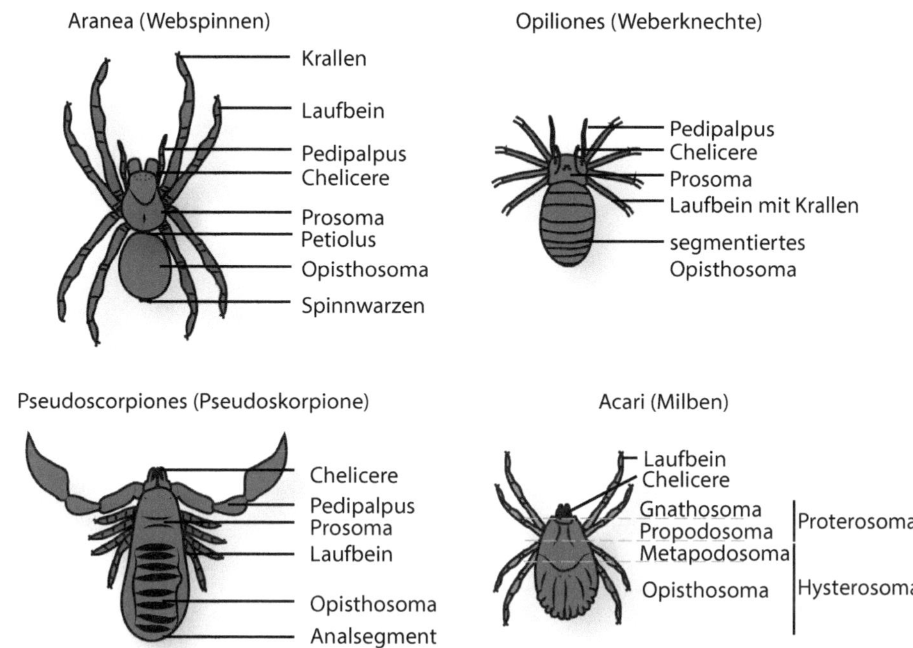

◘ Abb. 5.21   Schematisch dargestellter Körperbau unterschiedlicher Vertreter der Arachnida

5.3.2.3.1 Chelicerata (Kieferklauenträger)

Die Chelicerata (Kieferklauenträger) stellen mit etwa 110.000 Arten eine Gruppe der Arthropoda dar. Der Ursprung der Gruppe liegt im Meer, so zeigen Xiphosura und Pantopoda eine ursprüngliche aquatische Lebensweise, die restlichen Vertreter sind Landtiere, die nur in Ausnahmefällen sekundär wieder in das Süß- oder Salzwasser eingewandert sind. Die Chelicerata können von 0,1 mm (einige Acari [Milben]) bis zu 85 cm (*Tachypleus tridentatus*, Xiphosura) groß werden. Sie leben räuberisch (z. B. *Neobisium*, Pseudoskorpion) oder parasitisch (z. B. *Tetranychus urticae*, Spinnmilbe, auch als „Rote Spinne" bekannt), einige Vertreter ernähren sich detrivor.

Der Körperbau der Chelicerata ist vielgestaltig (◘ Abb. 5.21). Grundlegend besteht die Einteilung des Körpers in einen Vorder- (Prosoma) und Hinterkörper (Opisthosoma). Das Prosoma setzt sich aus sieben bis acht, das Opisthosoma aus zwölf bis 13 Segmenten zusammen.

Folgende Autapomorphien der Chelicerata werden diskutiert
- Körpergliederung in zwei Tagmata: Prosoma und Opisthosoma,
- Reduktion der 2. Antennen und des letzten Opisthosomasegmentes,
- dreigliedrige Cheliceren (umgebildete 1. Kopfextremitäten),
- Nephridien als Coxaldrüsen,
- Suboesophagialganglien.

Embryogenese	Superfiziell
Körperhöhle	Mixocoel
Nervensystem	Dreiteiliges Gehirn, ventrale Nervenstränge
Sinnesorgane	Medianaugen, Sensillen
Verdauungssystem	Extraintestinale Verdauung, Vorder-, Mittel- und Enddarm
Kreislaufsystem	Offen, Hämolymphe, Kiemen und Buchlungen
Exkretionssystem	Coxaldrüsen
Fortpflanzung	Paarige Gonaden, unpaare Geschlechtsöffnung, Spermaübertragung durch Kopulation
Entwicklung	Direkte Entwicklung

Insgesamt werden die Chelicerata in drei Großgruppen eingeteilt (◘ Abb. 5.22): Merostomata (Schenkelmünder, mit Xiphosura), Pantopoda (Asselspinnen) und Arachnida (Spinnentiere). Durch verschiedene Argumente, z. B. Verlust der Antennen oder Reduktion des letzten Opisthosomasegmentes, wurden die Chelicerata zu den Trilobita als Schwestergruppe gestellt. Obwohl neuere Vorstellungen die Pantopoda auch außerhalb der Chelicerata stellen, werden sie in den meisten Fällen den Euchelicerata mit den Xiphosura und Arachnida als Schwestergruppe gegenübergestellt. Die Systematik innerhalb der Arachnida wird kontrovers diskutiert, hier werden sie als Monophylum geführt, wie auch die gesamten Chelicerata.

- **Steckbrief Großgruppen Chelicerata (◘ Abb. 5.22)**
  - I. Pantopoda (Asselspinnen)
    - etwa 1000 Arten,
    - marin,
    - Prosoma stark entwickelt,
    - Opisthosoma reduziert und ungegliedert,
    - Rüssel,
    - Lateralaugen und Exkretionsorgane reduziert,
    - Darm und Geschlechtsapparat in den Beinen,
    - Oviger (= Eiträger).
  - II. Xiphosura (Schwertschwänze)
    - etwa vier Arten („lebende Fossilien"),
    - Extremitäten am Opisthosoma, z. T. mit Buchkiemen,
    - Komplexaugen,
    - Gnathocoxen,
    - dreilappiger Körperstamm,
    - Schwanzstachel.
  - III. Arachnida (◘ Abb. 5.21, Spinnentiere)
    - etwa 110.000 Arten,
    - Komplexaugen fehlen,
    - Extremitäten nur am Prosoma,
    - Buchlungen,

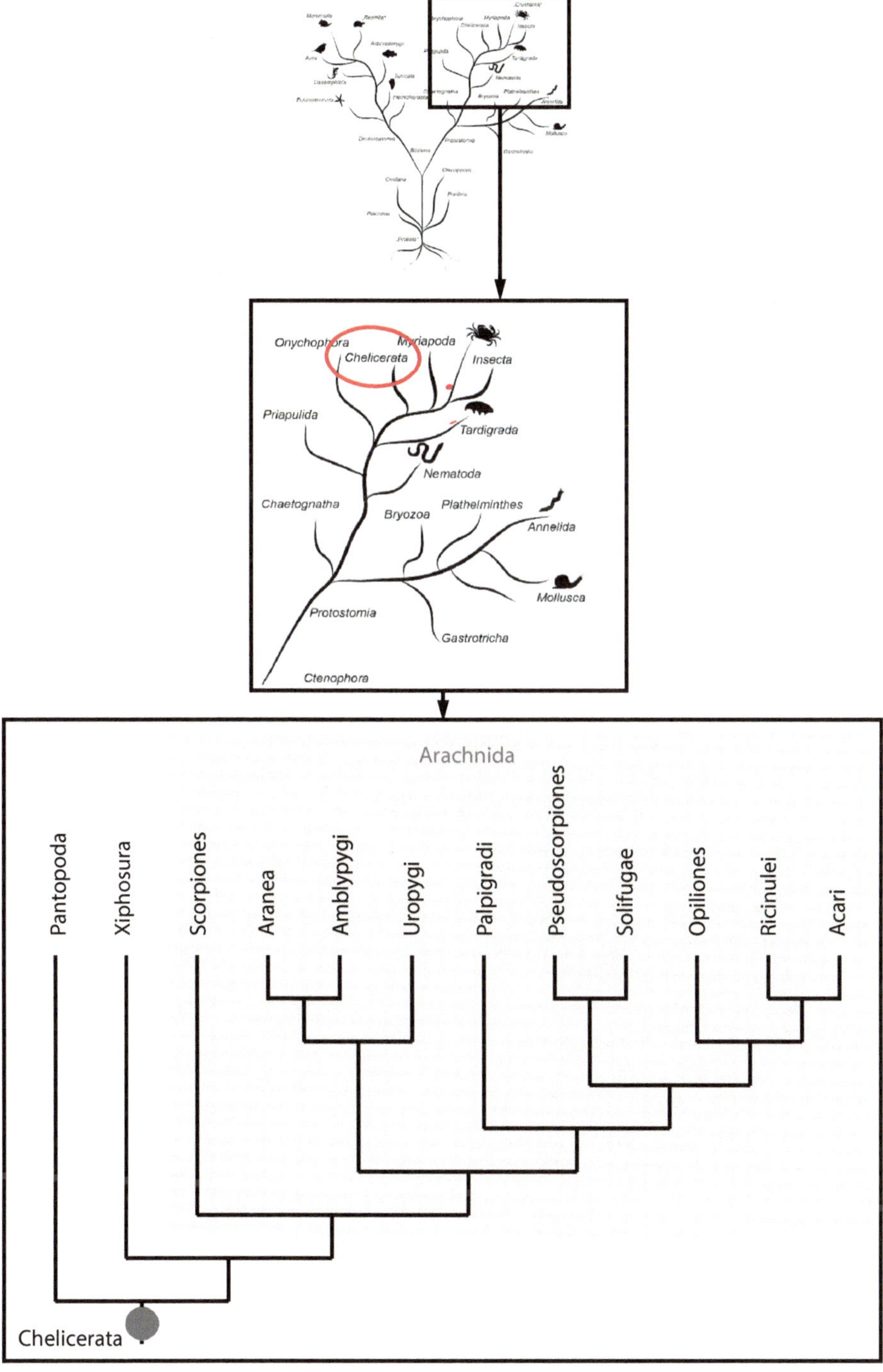

Abb. 5.22 Vereinfachte Phylogenie der Chelicerata. (Verändert nach Westheide und Rieger 2013)

- extraintestinale Verdauung, Saugpumpe,
- reduzierte Pleurotergite,
- Malpighische Gefäße.

Folgende Gruppen zählen zu den Arachnida:

a. Scorpiones (Skorpione)
  - etwa 2400 Arten,
  - Pedipalpen zu Greifzange umgebildet,
  - Giftstachel,
  - Opisthosoma mit 13 Segmenten,
  - Genitaloperculum,
  - ritueller Balztanz.

b. Aranea (Webspinnen)
  - etwa 47.000 Arten,
  - zweigliedrige Cheliceren mit Giftdrüsen,
  - 6–8 Augen,
  - Pedipalpen bei Männchen als Kopulationsorgan umgebildet,
  - Sternite im Prosoma zu einheitlicher Bauchplatte verschmolzen,
  - gestieltes Opisthosoma mit 12 Segmenten und Spinnwarzen,
  - 1. Opisthosomasegment zu Petiolus umgebildet.

> **Wichtig**

Aranea können nach unterschiedlichen Kriterien eingeteilt werden:

1. Lage der Spinnwarzen (Mesothelae versus Opisthothelae),
2. Stellung der Cheliceren (orthognath versus labidognath),
3. Cribellum und Calamistrum vorhanden (cribellat versus ecribellat),
4. Bau der weiblichen Genitalien (haplogyn versus entelegyn).

c. Amblypygi (Geißelspinnen)
  - etwa 100 Arten,
  - Pedipalpen als Fangapparat verlängert,
  - 1. Beinpaar mit Tasterfunktion,
  - Körper abgeflacht,
  - mit Petiolus.

d. Uropygi (Geißelskorpione)
  - etwa 180 Arten,
  - Mundvorraum gegliedert,
  - Unterlippe fehlt,
  - Opisthosoma mit Wehrdrüsen,
  - letztes Opisthosomasegment röhrenförmig.

e. Palpigradi (Palpenläufer)
  - etwa 80 Arten,
  - Pedipalpen laufbeinartig,
  - weiche Cuticula,
  - metamere Darmblindsäcke.

f. Pseudoscorpiones (Pseudo- oder Afterskorpione)
  - etwa 3000 Arten,
  - 2. Chelicerenglied mit Spinndrüse,

    — Pedipalpen groß, mit Schere und Giftdrüse,
    — maximal zwei Lateralaugen, Medianaugen fehlen.

g. Solifugae (Walzenspinnen)
    — etwa 900 Arten,
    — mit Rostrum,
    — zweigliedrige Cheliceren, Glieder arbeiten vertikal gegeneinander,
    — Opisthosoma mit 11 Segmenten,
    — Lateralaugen reduziert.

h. Opiliones (Weberknechte)
    — etwa 6600 Arten,
    — Lateralaugen fehlen,
    — Stinkdrüse am Prosoma,
    — Opisthosoma mit 10 Segmenten,
    — Laufbeine verlängert,
    — Tarsen vielgliedrig.

i. Acari (Milben)
    — etwa 40.000 Arten,
    — Gnathosoma (Capitulum) und Bildung eines Mundvorraums,
    — Idiosoma (= übriger Körper),
    — Afteröffnung als Längsspalt,
    — Medianaugen fehlen,
    — hohe ökonomische und medizinische Bedeutung (z. B. *Ixodes ricinus*, Holzbock),
    — Nymphen mit drei Beinpaaren.

j. Ricinulei (Kapuzenspinnen)
    — etwa 60 Arten,
    — Prosoma mit Kapuze,
    — Augen reduziert,
    — Cheliceren mit nur zwei Gliedern,
    — Opisthosoma stark reduziert,
    — Atmungssystem reduziert,
    — Blutgefäße rudimentär,
    — Nymphen mit drei Beinpaaren.

5.3.2.3.2 Myriapoda (Tausendfüßer)

Die Myriapoda (Tausendfüßer) stellen eine Gruppe mit etwa 16.500 Arten dar. Alle Mitglieder dieser Gruppe leben terrestrisch seit dem oberen Silur, wobei einige davon wichtige bodenbiologische Funktionen einnehmen, da sie als Detrivore an Zerkleinerungs- und Zersetzungsprozessen beteiligt sind, z. B. die Diplopoda. Andere Vertreter dagegen sind räuberisch, z. B. die Chilopoda.

Folgende Autapomorphien der Myriapoda werden diskutiert
— schwingbare Kopftentorien,
— Modifikation der Komplexaugen (Haufen von Ocellen),
— Verlust der Medianaugen,
— Verlust der Spaltsinnesorgane.

Myriapoda sind lang gestreckte, vielbeinige Tiere. Ihre Körperbewegung ist dadurch gekennzeichnet, dass ihre Beinbewegung metachron von hinten nach vorne in Wellen erfolgt.

Der Körper der Myriapoda zeigt eine homonome Segmentierung, welche durch Heterotergie ausgezeichnet ist, d. h. die Größe der hintereinanderliegenden Tergite variiert. Auch in der Ausbildung der Segmente gibt es zwei Besonderheiten. Bei der anamorphen Entwicklung wird die volle Segmentzahl erst im Laufe der postembryonalen Entwicklung erreicht (= Anamerie). Im Vergleich dazu steht die epimorphe Entwicklung, bei welcher die volle Segmentzahl beim Schlüpfen aus dem Ei schon erreicht ist und das Jungtier nur noch zu wachsen braucht – einschließlich einer Vielzahl von Häutungen (= Epimerie). Viele Merkmale, die alle Vertreter der Myriapoda miteinander verbinden, hängen mit der terrestrischen Lebensweise zusammen (◘ Abb. 5.23).

Embryogenese	Superfizielle Furchung
Körperhöhle	Mixocoel
Nervensystem	Dreiteiliges Gehirn, ventrale Nervenstränge
Sinnesorgane	Trichobothrien (Wahrnehmung von Luftbewegungen), Ocellenfelder
Verdauungssystem	Vorder-, Mittel- und Enddarm
Kreislaufsystem	Offen, Hämolymphe
Atmungssystem	Tracheen
Exkretionssystem	Malpighische Gefäße
Fortpflanzung	Getrenntgeschlechtlich, Spermatophore
Entwicklung	Direkte Entwicklung

Die Myriapoda werden durch die Ausbildung ihrer Mundwerkzeuge (Mandibeln, Maxillen I + II) in die Mandibulata eingeordnet. Die systematische Einordnung der Gruppe sowie die Verwandtschaftsverhältnisse und die Monophylie innerhalb der Gruppe sind bislang durch morphologische und molekulare Merkmale unzureichend geklärt. Trotzdem werden die Myriapoda in vier Untergruppen differenziert (◘ Abb. 5.24): Chilopoda (Hundertfüßer), Diplopoda (Doppelfüßer), Symphyla (Zwergfüßer) und Pauropoda (Wenigfüßer). Am besten untersucht ist die Verwandtschaft zwischen den Diplopoda und Pauropoda, sie werden auch als Dignatha zusammengefasst. Mit den Symphyla bilden die Dignatha dann die Progoneata. Als ursprüngliche Myriapoda gelten die Chilopoda.

▪ **Steckbrief Großgruppen Myriapoda (◘ Abb. 5.24)**
  I. Chilopoda (Hundertfüßer)
    ▬ etwa 3500 Arten,
    ▬ ein Beinpaar pro Rumpfsegment,
    ▬ 15–191 Beinpaare,
    ▬ räuberisch,

Chilopoda (Hundertfüßer)

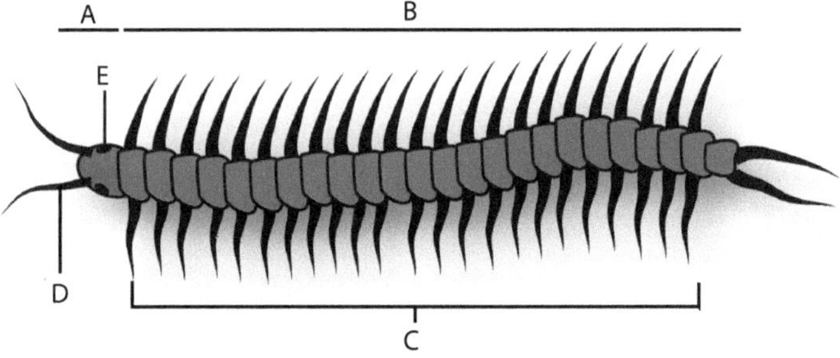

Diplopoda (Doppelfüßer)

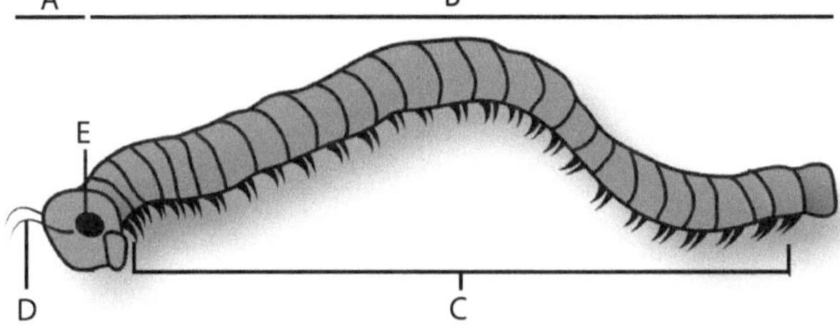

A	Kopf
B	Körper
C	Laufbeine
D	Antennen
E	Facettenaugen
F	Spinngriffel
G	Trichobothrien

Symphyla (Zwergfüßer)

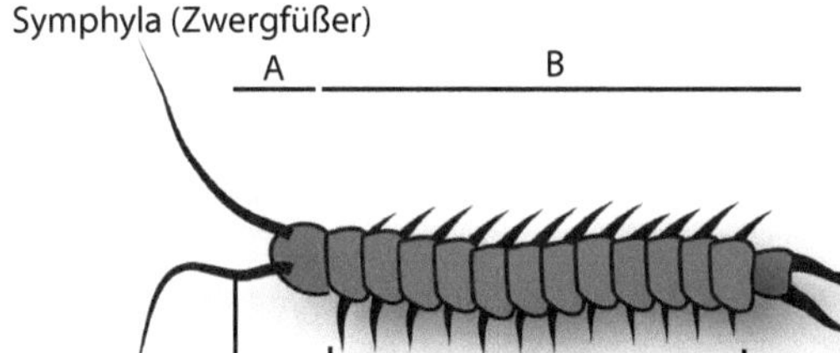

Pauropoda (Wenigfüßer)

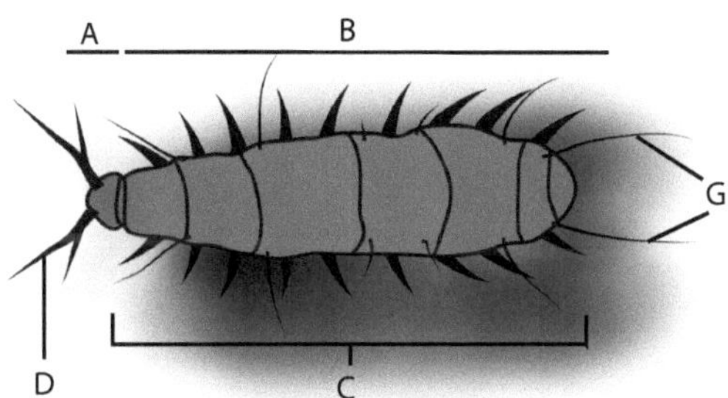

◘ Abb. 5.23 Schematische Darstellung des Körperbaus der einzelnen Großgruppen der Myriapoda. Diplopoda zeigen zwei Paar Extremitäten pro Segment

5

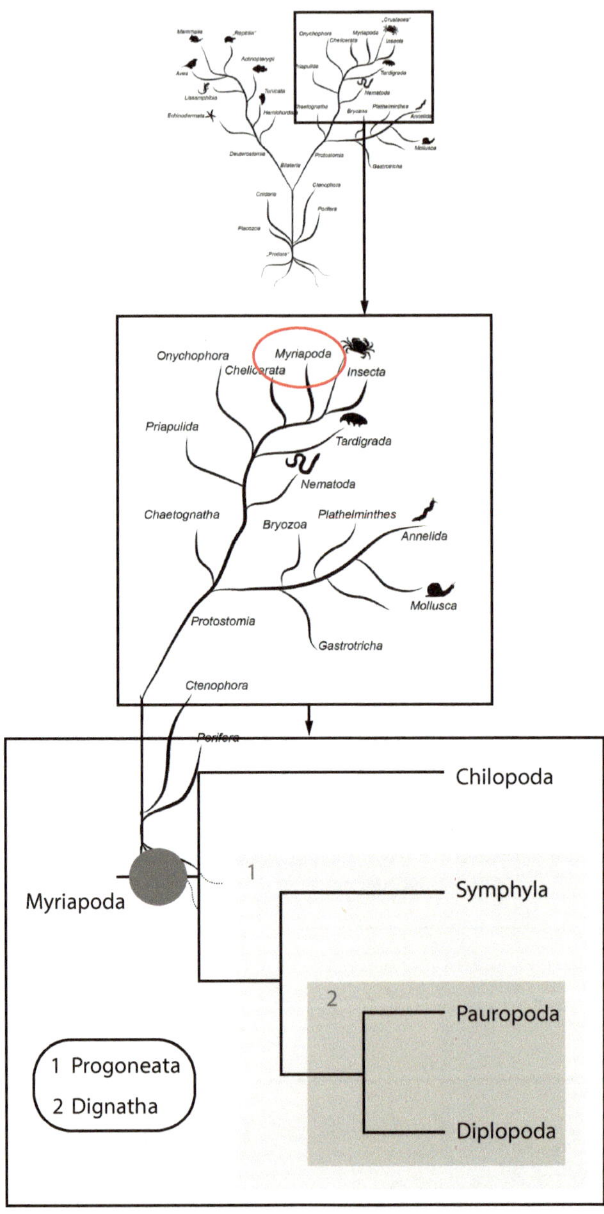

Abb. 5.24   Vereinfachte Phylogenie der Myriapoda. (Verändert nach Westheide und Rieger 2013)

   ▬ Maxillipeden mit Giftdrüsen.
   Dazu zählen: Notostigomorpha (Scutigeromorpha) und Pleurostigomorpha.
II. Diplopoda (Doppelfüßer)
   ▬ etwa 12.000 Arten,
   ▬ zwei Beinpaare, zwei Sternite, ein Paar Pleurite und ein Tergit pro Diplosegment,

- Körperring besteht aus Pro- und Metazonit,
- 11–350 Beinpaare,
- detrivor,
- Wehrdrüsen.

Dazu zählen: Penicillata und Chilognatha.

III. Pauropoda (Wenigfüßer)
- etwa 835 Arten,
- 9–12 Beinpaare,
- detrivor,
- blind,
- pigmentlos.

IV. Symphyla (Zwergfüßer)
- etwa 200 Arten,
- 12 Beinpaare,
- ein Paar Spinngriffel am Körperende,
- detrivor,
- 1. Beinpaar verkürzt,
- blind.

5.3.2.3.3 „Crustacea" (Krebstiere)

Die „Crustacea" (Krebstiere) sind seit der Erstbeschreibung der Gruppe durch Brünnich 1772 eine der am meisten diskutierten Tiergruppen. Das vermutliche Entstehungsalter dieser sehr formenreichen Tiere liegt im Kambrium bis Präkambrium vor 570 Mio. Jahren, und sie durchliefen eine schnelle Radiation in die bisher bekannten Großgruppen (◘ Abb. 5.25). Immer wieder werden neue Arten entdeckt, da alle Lebensräume besiedelt werden, und so kommt es auch zur Beschreibung neuer Großgruppen.

Insgesamt sind heute etwa 68.000 Arten beschrieben, die unterschiedliche Größen annehmen können (wenige Millimeter bis mehrere Zentimeter). Die „Crustacea" leben überwiegend aquatisch, teilweise parasitisch (z. B. Branchiura) aber auch terrestrisch (z. B. Vertreter der Isopoda).

Folgende Autapomorphien der „Crustacea" werden diskutiert
- Naupliusauge (aus drei Pigmentbecherocellen),
- zwei Paar Nephridien (2. Antenne und 2. Maxille).

Anders als bei den anderen Gruppen der Arthropoda ist der Körperbau der „Crustacea" sehr plastisch durch die Spezialisierung der einzelnen Segmente. Das Cephalon setzt sich meistens aus dem Acron und fünf weiteren Segmenten zusammen, darauf folgt der Rumpf (Thorax und Abdomen), welcher gruppenspezifisch aus einer unterschiedlichen Zahl von Segmenten zusammengesetzt ist.

Alle Körpersegmente besitzen Extremitäten, die zum Teil auch stark umgewandelt vorliegen können (z. B. Mundwerkzeuge; ◘ Tab. 5.3). Die Extremitäten der „Crustacea" erinnern an das ursprüngliche Spaltbein, wie es auch bei den ausgestorbenen Tri-

◘ **Tab. 5.3**   Beispiel der Extremitätentypen und deren Funktion beim Flusskrebs (*Astacus fluviatilis*)

Extremitätentyp	Funktion	Abwandlungen
1. Antenne	Sinnesfunktion	–
2. Antenne	Sinnesfunktion, Fortbewegung, Nahrungsaufnahme	–
Mandibel	Nahrungsaufnahme	Taster der Mandibel, umgewandelter Exopodit
1. Maxilliped (Kieferfuß)	Nahrungsaufnahme	Stufenweise Rückbildung des Exopoditen bei Vergrößerung des Endopoditen
2. Maxilliped	Nahrungsaufnahme	
3. Maxilliped	Nahrungsaufnahme	
1. Peraeopod	Verteidigung	Rückbildung des Exopoditen, Endopodit bleibt bestehen
4. Peraeopod	Fortbewegung (Laufen und Schwimmen)	
3. Pleopod	Fortbewegung (Schwimmen)	Exopodite als Schwimmbeinast blattförmig ausgebildet
Uropod	Schwanzfächer	Vergrößerter Endo- und Exopodit

Embryogenese	Superfizielle Furchung
Körperhöhle	Mixocoel
Nervensystem	Dreiteiliges Gehirn, ventrale Nervenstränge mit segmentalen Ganglien
Sinnesorgane	Ein Paar Facettenaugen, ein Medianauge
Verdauungssystem	Vorder-, Mittel- und Enddarm, einheitlich mit Mitteldarmdrüse
Kreislaufsystem	Kiemen, offen, Hämolymphe
Exkretionssystem	Zwei Paar Nephridien (im Segment der 2. Antenne und 2. Maxille)
Fortpflanzung	Getrenntgeschlechtlich, paarige Gonaden, unbegeißelte Spermien
Entwicklung	Nauplius-Larve, Zoea-Larve mit Metamorphose bei den Decapoda

lobita beschrieben wurde (◘ Abb. 5.20). Im Unterschied zu anderen Gruppen der Arthropoda weisen die „Crustacea" ein zweites Antennenpaar auf, das wie auch das andere Antennenpaar Sinnesfunktion hat. Zusätzlich kann das zweite Antennenpaar auch bei der Fortbewegung und Nahrungsaufnahme eine wichtige Rolle übernehmen.

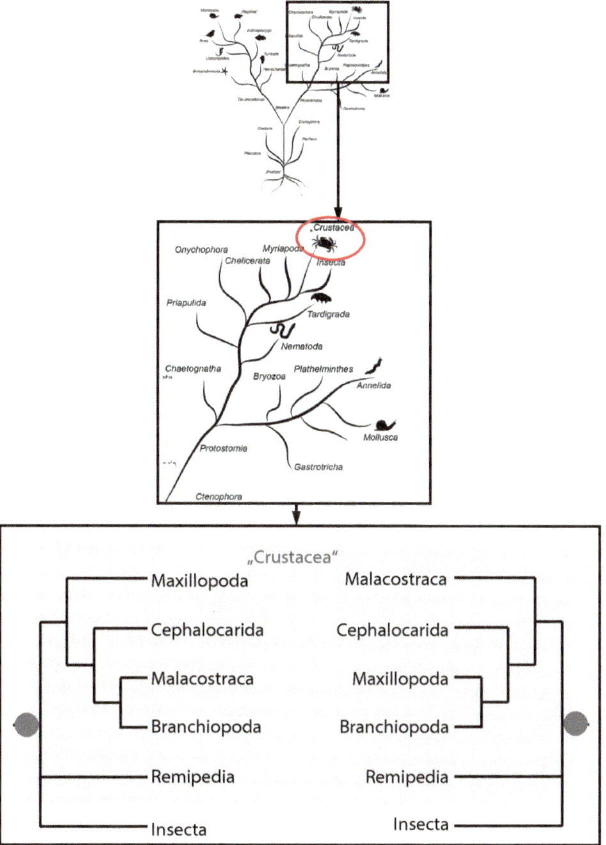

▣ Abb. 5.25 Vereinfachte Phylogenie der „Crustacea". Zwei Hypothesen zur Verwandtschaft zwischen Cephalocarida, Malacostraca und Branchiopoda werden diskutiert. (Verändert nach mehreren Autoren)

Ähnlich wie bei den Myriapoda wird bei der postembryonalen Entwicklung zwischen Epi- und Anamerie unterschieden. Während bei der Epimerie (z. B. bei Ostracoda und Decapoda) die Entwicklung in das Ei verlagert ist und das Jungtier nur noch wachsen muss, werden bei der Anamerie (z. B. bei Anostraca und Cephalocarida) über mehrere Häutungen hinweg neue Segmente und Extremitäten angelegt.

Systematisch stellen die „Crustacea" ein Paraphylum dar. Als mögliche Kandidaten werden die Malacostraca oder auch die Remipedia aufgrund der Gehirnkomplexität als Schwestergruppe der Insecta diskutiert (▣ Abb. 5.25). Bislang werden fünf höhere Teilgruppen der „Crustacea" unterschieden: Branchiopoda, Cephalocarida, Maxillopoda, Malacostraca und Remipedia.

■ **Steckbrief Großgruppen „Crustacea" (▣ Abb. 5.25)**

I. Branchiopoda (Kiemenfußkrebse,)
   - aquatisch,
   - geringe Körpergröße,
   - spezieller Bau des Filterapparates,

- Struktur der Spermien,
- Bau der Nauplius-Larve,
- Dauereier, Parthenogenese.
  Dazu zählen: Anostraca, Notostraca und Cladocera.

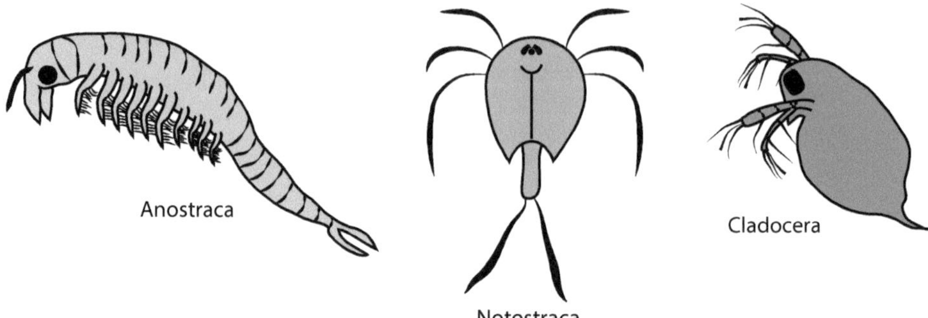

◘ Körperbau verschiedener Gruppen der Branchiopoda

II. Malacostraca (Großkrebse)

- höchste Organisationsform der „Crustacea",
- konstante Körpersegmente (20: 6 Cephalon- + 14 Rumpfsegmente [8 + 6])
- Geschlechtsöffnungen konstant am 6. (Weibchen) und 8. (Männchen) Thorakomer,
- 1. Antenne zweigeißelig,
- Kau- und Filtermagen,
- drei Sehzentren mit überkreuzten Axonen (Chiasmata),
- 19 Ektoblasten bei Ausbildung postnauplialer Keimstreifen.
  Dazu zählen: Stomatopoda, Decapoda, Euphausiacea, Peracarida, Amphipoda und Isopoda.

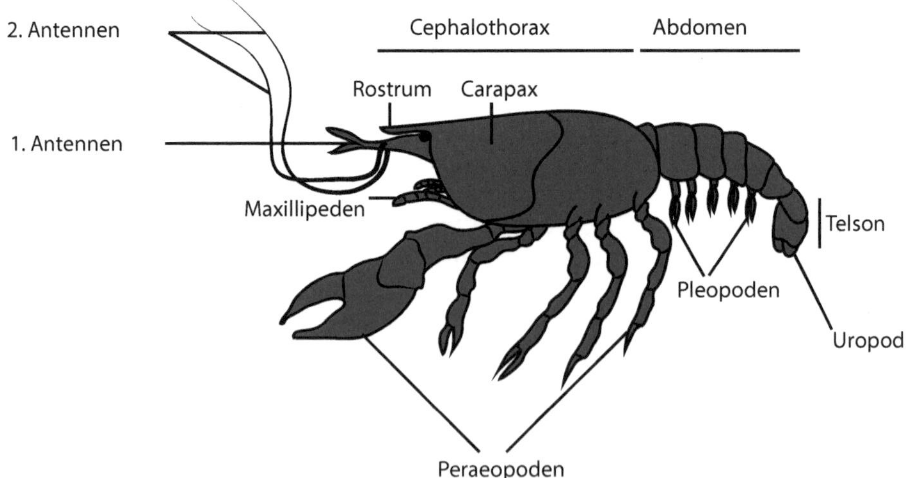

◘ Schematische Darstellung der äußeren Morphologie eines dekapoden Krebses. Typisch für die Gruppe ist die Körpereinteilung in Cephalothorax und Abdomen (hier Pleon genannt)

> Bei den Malacostraca kommt es vor, dass der Cephalothorax (Verschmelzung von Kopf und Thoraxsegmenten) umrandet ist von einer ektodermalen Duplikatur, dem sogenannten Carapax. Diese Struktur bietet den Großkrebsen Schutz, Raum für Brutpflege und Atmungshilfe. Decapoda (Zehnfüßer) und Euphausiacea (Leuchtgarnelen) besitzen einen Carapax, Isopoda (Asseln) und Amphipoda (Flohkrebse) dagegen nicht.

III. Cephalocarida (Hufeisengarnelen)
- etwa 11 Arten,
- seltene Kleinkrebse auf lockerem Sediment und Detritus der Weltmeere,
- Kopf hufeisenförmig und von Kopfschild umrandet.

IV. Remipedia
- kleine Gruppe,
- in marinen Kalksteinhöhlen und Lavatunneln,
- Rumpf mit einheitlichen Segmenten und Schwimmbeinen,
- blind, räuberisch, giftig.

> Remipedia wurden 1981 zuerst entdeckt und als eigenständige Ordnung der Krebstiere beschrieben. Die ersten Exemplare wurden in marinen Höhlen auf den Bahamas entdeckt, und es folgten durch ambitionierte Taucher weitere Funde in der Karibik auf Kuba, der Yukatán-Halbinsel, aber auch im Indischen Ozean, Atlantik und vor Australien. Das Wasser in derartigen Höhlen ist durch Süßwassereintrag süß und brackig überschichtet. Eine Hypothese postuliert, dass sich aus einem gemeinsamen Vorfahren dieser höhlenbewohnenden Krebstiere die Insecta abspalteten, indem die Tiere dort aus dem Wasser an Land gingen.

V. „Maxillopoda"
- z. T. klein, mit Verzwergung,
- parasitische Vertreter.
- Dazu zählen: Cirripedia, Ostracoda, Pentastomida, Copepoda und Branchiura.

5.3.2.3.4 Insecta (Hexapoda, Insekten)

Die Radiation der Insecta (◨ Abb. 5.26), deren erste Vertreter im Übergang vom Kambrium zum Ordovizium vor fast 500 Mio. Jahren evolvierten, steht in engem Bezug zur Eroberung des terrestrischen und limnischen Lebensraums im oberen Devon. Besonders die Koevolution mit Endosymbionten und Gefäßpflanzen, aber auch Anpassungen im Zusammenhang mit parasitischer Lebensweise haben zu einer unüberschaubaren Diversität geführt. Derzeit ist mehr als die Hälfte aller bekannten Tierarten dieser Gruppe zuzuordnen, und die geschätzten Artenzahlen gehen in die Millionen. Dabei können die Insecta zwischen 0,2 mm (z. B. Erzwespen [Chalcidoidea]) und 33 cm (z. B. Gespenstschrecken [Phasmatodea]) in ihrer Größe variieren (◨ Abb. 5.30).

> **Insecta (lat.) und Hexapoda (griech.)**
>
> Der Begriff Hexapoda (= Sechsfüßer) wurde erstmals im Jahr 1987 in der Systematik vorgestellt und stellt die Insecta (= Kerbtiere) den übrigen Gruppen – Diplura (Doppelschwänze), Protura (Beintastler) und Collembola (Springschwänze) – gegenüber. Diese drei Gruppen zählen nach der Hexapoda-Hypothese also nicht mehr zu den Insecta. Häufig werden die Begriffe Insecta und Hexapoda auch synonym verwendet.

5

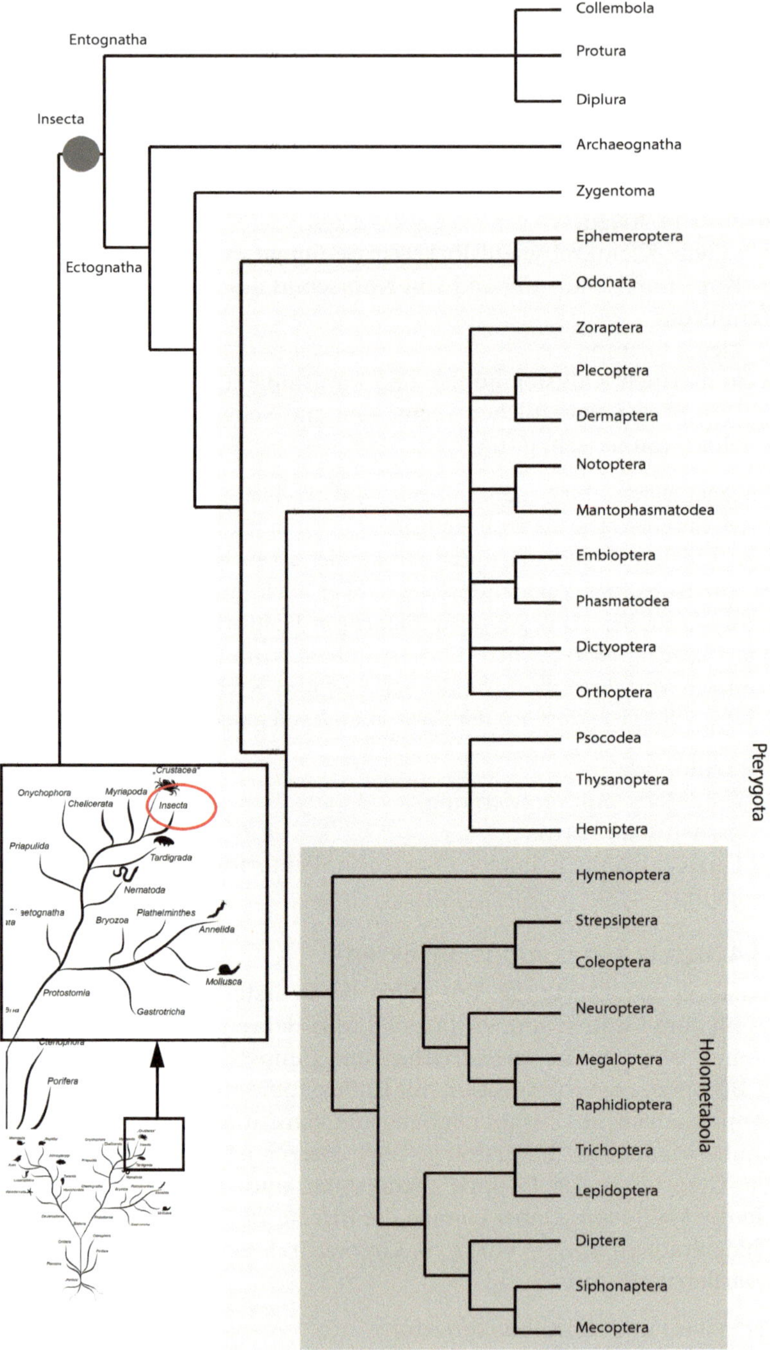

☑ **Abb. 5.26**   Vereinfachte Phylogenie der Insecta mit Einteilung in Entognatha und Ectognatha. (Verändert nach Misof et al. 2014 und Westheide und Rieger 2013)

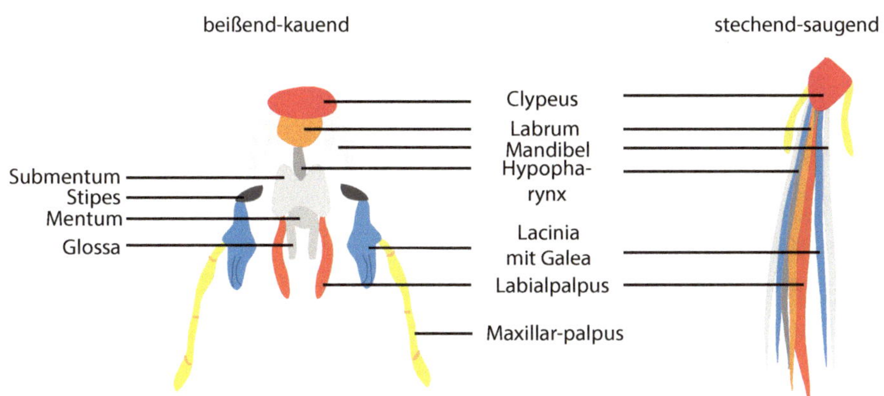

☑ Abb. 5.27   Schematische Darstellung zweier verschiedener Typen von Mundwerkzeugen inner-halb der Insecta. Beißend-kauende Mundwerkzeuge gelten als ursprünglich. (Verändert nach Wehner und Gehring 2013)

Folgende Autapomorphien der Insecta werden diskutiert

- Gliederung des Rumpfes in Thorax mit drei und Abdomen mit 11 Segmenten,
- Röhrentracheen,
- Reduktion der Epipodite,
- Reduktion der Nephridialorgane,
- Reduktion der Mitteldarmdrüse,
- unpaares Labium mit Glossa und Paraglossa.

Eine ihrer Besonderheiten zeigen die Insecta in der vielfältigen Morphologie und Funktionsweise ihrer Mundwerkzeuge (☑ Abb. 5.27 und Tab. 5.4). Dabei gibt es leckende, saugende, stechende Mundwerkzeuge und Kombinationen davon, aber auch Reduzierungen. Manche Eintagsfliegen (Ephemeroptera) und Fliegen (Brachycera) haben verkümmerte Mundwerkzeuge und nehmen als adulte Tiere keine Nahrung mehr auf. Diese hohe morphologische Plastizität findet sich auch bei den Rumpfextremitäten in Anpassung an den jeweiligen Lebensraum.

❯ Wichtig

Für die Lage und Umwandlung von Körperanhängen und Extremitäten spielen in der Entwicklungsbiologie die *Hox*-Gene (z. B. *antennapedia*, *decapentaplegic* oder *abdominal-A/B*) eine große Rolle.

Derivate von umgewandelten Extremitäten können sein:

- Styli der Diplura,
- Sprungapparat der Collembola,
- Gonopoden (Genitalfüße) am 8. und 9. Abdominalsegment,
- Cerci am 11. Segment, z. B. bei Zygentoma.

Der Körper der Insecta ist in drei Tagmata (Segmenteinheiten) zusammengefasst: Caput (6), Thorax (3) und Abdomen (11). Die äußerlich sichtbaren Segmentgrenzen sind das Resultat einer sekundären Segmentierung, die primäre zeigt sich an den

◘ Tab. 5.4   Abwandlungen der Mundwerkzeuge in verschiedenen Gruppen der Insecta

Gruppe	Mundwerkzeuge
Schabe (Blattodea)	Beißend-kauend (◘ Abb. 5.27)
Bienen (Hymenoptera, Apidae)	Leckend-saugend
Schmetterlinge (Lepidoptera)	Saugend
Stechmücken („Nematocera", Culicidae)	Stechend-saugend (◘ Abb. 5.27)
Wanzen (Hemiptera)	Stechend-saugend (◘ Abb. 5.27)

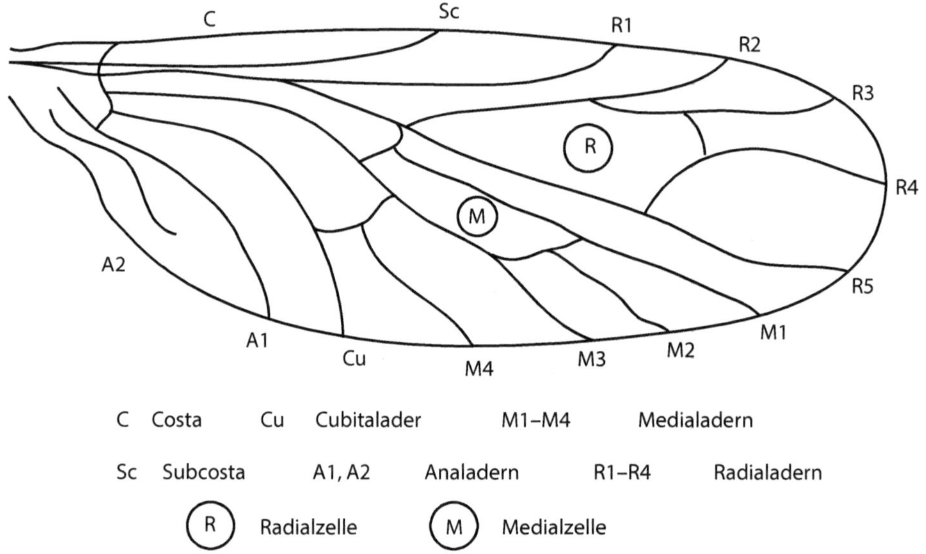

◘ Abb. 5.28   Beispielhafte Darstellung des Vorderflügels eines Insekts. Die Aderung in vielen Gruppen ist artspezifisch

Skelettmuskelansatzstellen im Inneren der Tiere. An jedem Thoraxsegment sitzt ein Paar Extremitäten, das zur Lokomotion dient. Die Pterygota haben zusätzlich Flügel (◘ Abb. 5.28), welche aber cuticuläre Ausstülpungen und keine Extremitäten darstellen. Die Flügelbewegung wird durch verschiedene Muskeln bewerkstelligt; hierbei kann nicht nur zwischen Flügelauf- und abschlag, sondern auch zwischen direkter und indirekter Bewegung unterschieden werden (◘ Tab. 5.6). Sekundäre Flügelreduzierungen und Umgestaltungen sind charakteristisch für die Gruppen der Insekten (z. B. Diptera, Phthiraptera; ◘ Tab. 5.5). Jedoch kann es auch mehrfach zu Flügelverlust und Wiederausprägung kommen.

Das neuroendokrine System der Insecta ist sehr gut entwickelt. Es sind mehrere Organe (z. B. Corpora allata und Corpora cardiaca) und Drüsen (z. B. Prothoraxdrüse) mit dem Nervensystem assoziiert und für die Hormonausschüttung verantwort-

Tab. 5.5 Abwandlungen der Flügel in verschiedenen Gruppen der Insecta

Gruppe	Flügelabwandlungen
Zweiflügler (Diptera)	Hinterflügel zu Halteren (Schwingkölbchen)
Fächerflügler (Strepsiptera)	Vorderflügel zu Halteren
Käfer (Coleoptera)	Vorderflügel zu Elytren
Wanzen (Hemiptera)	Vorderflügel zu Hemielytren
Tierläuse (Phthiraptera)	Sekundär flügellos
Flöhe (Siphonaptera)	Sekundär flügellos

Tab. 5.6 Vergleich der Flugmuskulatur von pterygoten Insekten

	Indirekte Flügelbewegung	Direkte/indirekte Flügelbewegung
Ansatz Muskulatur	Skelettelemente am Thorax (Tergit)	Flügelbasis und Tergite
Flügelabschlag	Longitudinalmuskulatur	Schräge Ventralmuskulatur an der Flügelbasis (direkt)
Flügelaufschlag	Dorsoventralmuskulatur	Dorsoventralmuskulatur (indirekt)
Bewegung	Kontraktion der Muskulatur bewirkt Verformung des Thorax	Kontraktion der Muskulatur bewirkt Flügelbewegung
Beispiel	Hymenoptera (Hautflügler)	Odonata (Libellen)

Embryogenese	Superfizielle Furchung
Körperhöhle	Mixocoel
Nervensystem	Dreiteiliges Gehirn, ventrale Nervenstränge mit segmentalen Ganglien, mit viszeralem Nervensystem, höchster Cephalisationsgrad innerhalb der Arthropoda (►Abschn. 3.4)
Sinnesorgane	Ein Paar Facettenaugen, drei Medianaugen
Verdauungssystem	Vorder-, Mittel- und Enddarm, mit Blindsäcken
Kreislaufsystem	Offen, Hämolymphe, Herz mit Ostien
Atmungssystem	Röhrentracheen
Exkretionssystem	Malpighische Gefäße
Fortpflanzung	Getrenntgeschlechtlich (gruppenspezifisch, auch Parthenogenese, z. B. Aphidae), paarige Gonaden, Spermatophore, direkte Spermaübertragung bei Pterygota, Oviparie (gruppenspezifisch, auch ovovivipar, z. B. bei Blattodea)
Entwicklung	Hemi- und holometabol

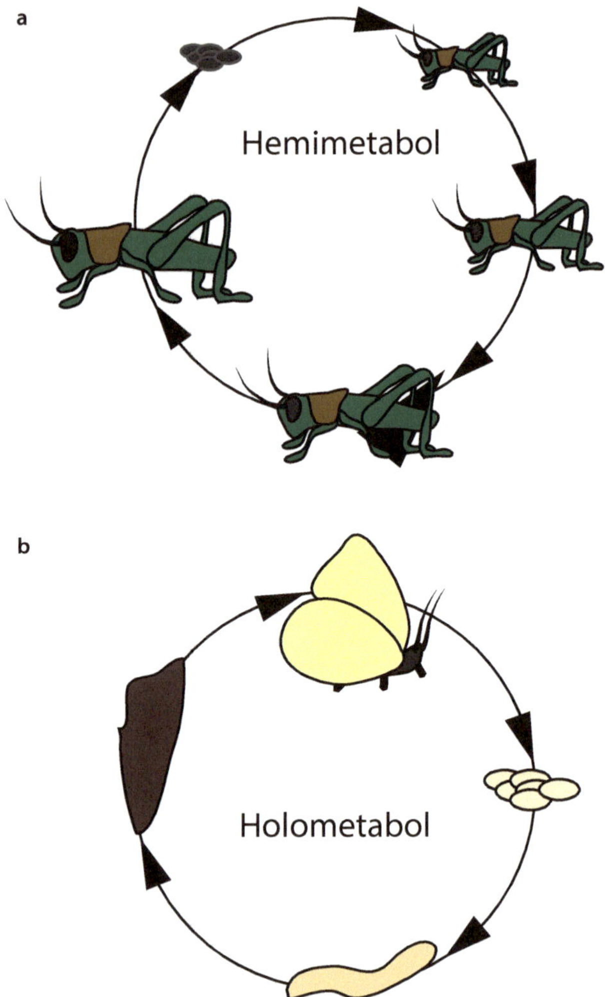

■ **Abb. 5.29**   Entwicklungswege der Insecta. **a** Hemimetabole oder direkte Entwicklung. Aus dem Ei schlüpft ein juveniles Tier, das der Imago im äußeren Habitus ähnelt. Die Adulthäutung erfolgt nach der artspezifischen Entwicklung. Die Imago besitzt vollständig ausgeprägte Flügelpaare und ist nicht mehr zur Häutung fähig (Ausnahme: Ephemeroptera). **b** Holometabole oder indirekte Entwicklung. Aus dem Ei schlüpfen artspezifische Larven, welche sich nach einer bestimmten Zeit verpuppen. In diesem Stadium findet eine komplette Umwandlung der Larve zur Imago statt (Metamorphose). Die Imago schlüpft aus der Puppe. Larve und Imago unterscheiden sich in ihrer Morphologie und Anatomie

lich. Vor allem bei der Entwicklung – Häutung und Metamorphose – spielen diese Organe und Drüsen eine wichtige Rolle. So wird das Juvenilhormon, welches innerhalb der Insecta evolviert ist, durch die Corpora allata ausgeschüttet und verhindert bei den adulten Tieren die Häutung, wohingegen die Prothoraxdrüse das häutungsrelevante Ecdyson freilässt. Auch im Darmepithel der Insekten befinden sich Hormon-produzierende Zellen, die z. B. Insulin oder Glucagon synthetisieren. Allerdings ist die Funktion dieser Moleküle in den Insekten immer noch unzureichend verstanden.

▣ Abb. 5.30   Hemimetabole (**a–c**) und holometabole (**d–i**) Vertreter der Insecta. **a** *Cercopis vulnerata* (Gemeine Blutzikade, Cercopidae). **b** *Acanthoplus discoidalis* (gepanzerte, afrikanische Bodengrille, Ensifera). **c** *Pentatoma rufipes* (Rotbeinige Baumwanze, Pentatomidae). **d** *Agapanthia villosoviridescens* (Scheckhorn-Distelbock, Coleoptera). **e** *Pieris rapae* (Kleiner Kohlweißling, Pieridae). **f** *Pedicia rivosa* (Pediciidae, , „Nematocera"). **g** Raupe von *Bunaea alcinoe* (Kohlbaum-Kaisermotte, Lepidoptera). **h** Larve von einem Vertreter der Coccinellidae (Marienkäfer, Coleoptera). **i** Engerling eines Vertreters der Scarabaeidae (Coleoptera). (Fotos **a–i**: Isabell Schumann)

Eine weitere Besonderheit der Insecta zeigt sich in ihrer Entwicklung. Hierbei kann zwischen einer direkten Entwicklung (Hemimetabolie) und indirekten Entwicklung (Holometabolie) unterschieden werden (▣ Abb. 5.29 und 5.30). Letztere ist gekennzeichnet durch die Entwicklung über ein Larvenstadium mit anschließender Verpuppung. In diesem Puppenstadium findet eine „vollständige" Metamorphose der Tiere statt, das bedeutet, das Larvenstadium verändert sich in der Morphologie und Anatomie komplett. Somit kann bei holometabolen Insekten zwischen larvalen und adulten Merkmalen unterschieden werden. Im Gegenteil dazu sind sich die juvenilen und adulten Tiere der hemimetabolen Insekten sehr ähnlich. Die Jungstadien werden mit jeder Häutung dem adulten Tier ähnlicher. Bei einigen Gruppen, z. B. bei den Eintagsfliegen (Ephemeroptera), leben die Jungstadien im Wasser und weisen daher – beispielsweise durch das Tragen von Tracheenkiemen – einige Unterschiede im Körperbau zu den Adulten (Imago) auf.

In der Systematik der Insekten existiert eine Vielzahl von Gruppen, deren Monophylien und Verwandtschaftsverhältnisse durch morphologische und molekulare Merkmale gut unterstützt sind, aber innerhalb derer noch diskutiert wird (◙ Abb. 5.26). Gut begründete Gruppen sind:

1. Ectognatha,
2. Dicondylia (Ectognatha ohne Archaeognatha),
3. Pterygota (◙ Abb. 5.31),
4. Neoptera (Pterygota ohne Ephemeroptera und Odonata),
5. Acercaria und Holometabola als Schwestergruppe,
6. Palaeoptera (Ephemeroptera und Odonata) und Polyneoptera.

5

Das System der Insekten wird mit zunehmender Datenmenge und neuen Auswertungsmethoden regelmäßig infrage gestellt. Vor allem die Integration weiterer Arten in die Analysen kann dabei helfen, diese Fragen zu klären.

■ **Steckbrief Großgruppen Insecta (◙ Abb. 5.26)**
A „Entognatha"
  ▬ Mandibeln liegen in einer präoralenTasche,
  ▬ Gliederantennen (plesiomorphes Merkmal),
  ▬ viele Reduktionsmerkmale (z. B. Komplexaugen).
  I. Ellipura
    ▬ mit ventromedianer Längsfurche,
    ▬ abdominale Stigmen reduziert,
    ▬ Häutung über Querspalt an der Hinterhauptsregion.
    a. Protura
      ▬ 1907 entdeckt,
      ▬ etwa 700 Arten,
      ▬ mycetophag,
      ▬ Antennenreduktion,
      ▬ Vorderbeine als Taster,
      ▬ Mandibeln stilettartig,
      ▬ paarige Abwehrdrüsen im Abdomen,
      ▬ Parthenogenese kommt vor,
      ▬ Monophylum.
        Dazu zählen: Acerentomoidea, Eosentomoidea, Sinentomoidea.
    b. Collembola
      ▬ etwa 9000 Arten, individuenreich,
      ▬ klein, bis 2 mm,
      ▬ mikrophytophag, Generalisten, selten räuberisch,
      ▬ Abdomen aus 6 Segmenten,
      ▬ Ventraltubus,
      ▬ Sprungapparat,
      ▬ Malpighische Gefäße fehlen,
      ▬ Tracheensystem schwach ausgeprägt,
      ▬ Monophylum.
        Dazu zählen: Poduromorpha, Entomobryomorpha und Symphypleona.

II. Diplura
  — etwa 1000 Arten,
  — bis 12 mm,
  — omnivore und carnivore Arten,
  — Prognathie,
  — rückziehbare Genitalpapille bei beiden Geschlechtern,
  — Monophylum.
  Dazu zählen: Rhabdura und Dicellurata.

B Ectognatha
  — Mundwerkzeuge frei (plesiomorphes Merkmal),
  — Geißelantenne (abgeleitetes Merkmal),
  — Johnston'sches Organ,
  — Ausbildung eines Tentoriums (= Kopfinnenskelett),
  — Abkoppelung der Antennenherzen,
  — Tarsus mehrgliedrig,
  — Prätarsus reduziert,
  — Ovipositor,
  — Terminalfilament.

  I. Arachaeognatha (z. B. *Lepismachilis y-signata*, Machilidae)
    — etwa 500 Arten,
    — bodenorientiert, feuchtigkeitsliebend,
    — phytophag,
    — spezifisch für das Sprungvermögen ausgeprägte Thoraxmuskulatur,
    — Meso- und Metatrochanter reduziert,
    — abdominales Stigma I reduziert,
    — Komplexaugen stoßen dorsomedian aneinander,
    — Meso- und Metacoxae mit Styli,
    — Cerci und Terminalfilament,
    — tentoriale Mandibelmuskeln stark ausgebildet (plesiomorphes Merkmal).

  II. Dicondylia
    — zwei Gelenkhöcker an den Mandibeln („sekundäres Mandibelgelenk"),
    — Fusion der vorderen und hinteren Tentorialarme,
    — Gonangulum (kleines Sklerit am Ovipositor).

    a. Zygentoma (z. B. *Tricholepidion gertschi*, Lepidotrichidae)
      — etwa 510 Arten,
      — ähnlich Archaeognatha,
      — omnivor,
      — Fehlen hypopharyngealer Superlinguae (Hypopharynxanhänge),
      — Spermienkonjugation,
      — Cerci und Terminalfilament,
      — ligamentöses Kopfinnenskelett (plesiomorph),
      — Parthenogenese kommt vor,
      — Monophylie umstritten.

b. Pterygota
- Flügel an Meso- und Metathorax,
  - Flügelentstehung Ende Devon: (1) aus meso- und metathorakalen Paratergalloben oder (2) aus kiemenartigen Anhängen der Extremitätenblasen,
  - Flügel aus dünner Cuticula-Doppelschicht,
  - Versorgung der Flügel durch Nerven, Tracheen und Hämolymphe,
  - Kopplungsmechanismus zwischen den Flügelpaaren (vielfach konvergent evolviert),
  - innere Befruchtung,
  - Vielfalt und Komplexität der männlichen Genitalien (sexuelle Selektion, *cryptic female choice*),
  - Monophylum.
    Pterygota 1: Paleoptera (Metapterygota)
- direkte Flugmuskulatur
- Flügel sind nicht faltbar,
- Monophylie umstritten, Odonata (Libellen) auch als Schwestergruppe zu Neoptera diskutiert.

> Die Flügelentstehung ist eine der wichtigsten evolutiven Innovationen der Insekten (Schlüsselmerkmal, Eroberung neuer Lebensräume).

a. Ephemeroptera (Eintagsfliegen)
- etwa 3100 Arten,
- reduzierte Mundwerkzeuge,
- luftgefüllter Darm bei Imagines (aerostatisches Organ),
- vergrößerte Komplexaugen bei Männchen,
- verkleinerte Hinterflügel,
- Larve mit abdominalen Tracheenkiemen (aquatisch),
- Kurzlebigkeit („Eintagsfliegen"),
- Imagines mit Terminalanhängen (Cerci und Terminalfilum).
  Dazu zählen: Siphlonuroidea, Baetoidea und Baetiscoidea.

b. Odonata (Libellen)
- etwa 5600 Arten,
- schräg gestellte Pterothoraxsegmente,
- langes, stabförmiges Abdomen,
- auffallende Farbmuster,
- Kopf mit eingeengtem Foramen occipitale,
- aquatische Larven mit Fangmaske,
- Monophylum.
  Dazu zählen: Zygoptera und Epiproctophora (mit Anisoptera und Anisozygoptera).

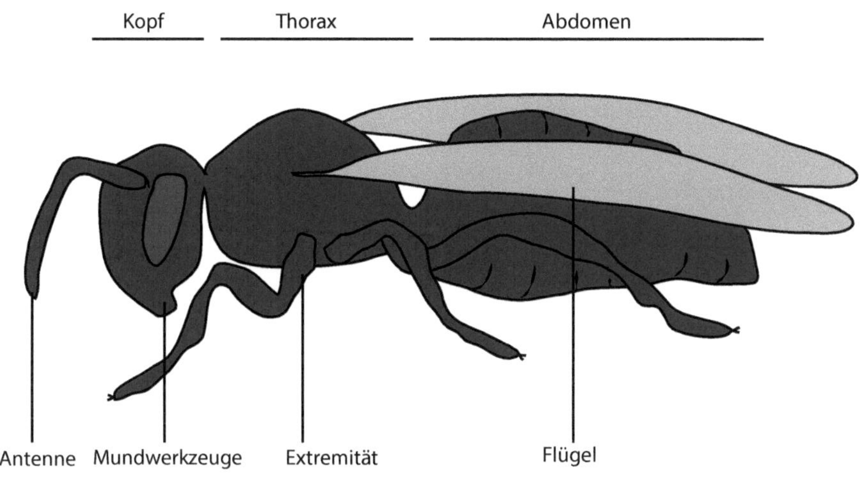

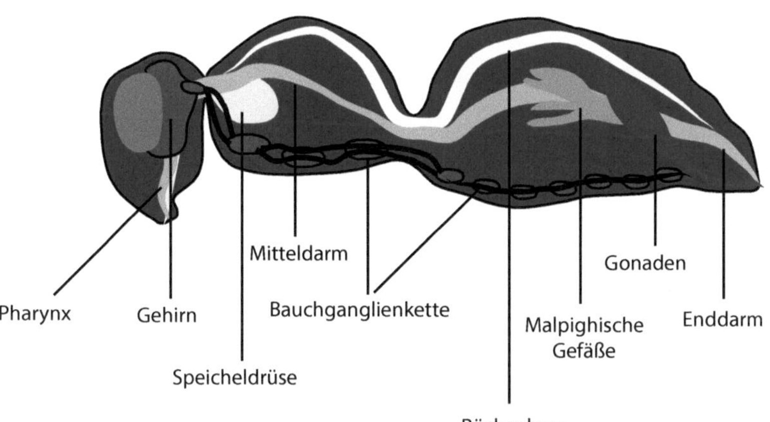

◨ Abb. 5.31 Schematische Darstellung der äußeren und inneren Organisation eines geflügelten Insektes (Pterygota). (Verändert nach Wehner und Gehring 2013)

Vergleich der Gruppen der Odonata (Libellen)		
	Zygoptera (Kleinlibellen)	**Anisoptera (Großlibellen)**
Flügelstellung	Vertikale Ruhestellung	Horizontale Flügelstellung
Flügelbau	Vorder- und Hinterflügel ähnlich gebaut	Hinterflügel breiter als Vorderflügel, Analwinkel an Hinterflügelbasis

	Zygoptera (Kleinlibellen)	**Anisoptera (Großlibellen)**
Larvalatmung	Drei äußere blattförmige Tracheenkiemen	Tracheenkiemen im Enddarm

Pterygota 2: Neoptera
- Flügel auf dem Rücken faltbar,
- indirekte Flugmuskulatur (◐ Tab. 5.6),
- Arolium (flexibler Haftlappen zwischen Klauen),
- Ovipositor mit drei Valven.

a. Polyneoptera
- viele hemimetabole Gruppen,
- viele plesiomorphe Merkmale,
- tarsale Haftpolster,
- vergrößertes Analfeld,
- lederartig verhärtete Vorderflügel,
- Monophylum.

Zoraptera (Bodenläuse)
- 34 rezente, 9 fossile Arten,
- klein, bis 2,5 mm,
- mycetophag,
- Polymorphismus in Populationen (blinde und nicht-blinde Individuen),
- stark vereinfachte Flügel,
- Monophylum.

Plecoptera (Steinfliegen)
- etwa 3500 Arten,
- Hoden und Ovarien am Vorderende miteinander verbunden,
- dreigliedrige Tarsen,
- Reduktion des Ovipositors,
- verschiedene Begattungshilfsorgane,
- aquatische Larven, manche mit Terminalfilament (plesiomorphes Merkmal),
- vielgliedrige Cerci (plesiomorphes Merkmal).

Dazu zählen: Antarctoperlaria und Artcoperlaria.

Dermaptera (Ohrwürmer)
- etwa 2000 Arten,
- herbivor, räuberisch, saprophag,
- verkürzte Flügeldecken,
- zangenartige Cerci,
- Ocellen fehlen,
- Analfeld fächerartig gefaltet,
- Balzverhalten und Brutpflege.

Dazu zählen: Arixenina, Hemimerina und Forficulina.
Notoptera (Grillenschaben)
- etwa 29 Arten,
- Vesikel an Abdomenbasis,
- rudimentäre Euplantulae,
- niedrige Vorzugstemperatur (5 °C)
- Kopulation dauert bis 4 Stunden,
- Entwicklung bis 6 Jahre mit 8 Nymphenstadien,
- Monophylum.
Mantophasmatodea (Gladiatorschrecken)
- etwa 19 Arten,
- räuberisch,
- vergrößertes, bedorntes Arolium,
- Vomer beim Männchen,
- eingliedrige Cerci,
- Flügel fehlen,
- Monopyhlum.
Embioptera (Tarsenspinner)
- etwa 360 Arten,
- phytophag, detrivor,
- Flügeldimorphismus,
- Vergrößerung von Protarsomer 1, mit Spinndrüsen,
- Ocellen fehlen,
- Ovipositor fehlt,
- Monophylum.
Phasmatodea (Gespenstschrecken)
- etwa 3000 Arten,
- bis 32 cm lang (z. B. *Phobaeticus kirbyi*),
- phytophag,
- Geschlechtsdimorphismus,
- Prothorax mit Wehrdrüsen,
- birnenförmiger Anhang am Mitteldarm,
- Tarnmechanismen,
- Monophylum.
Dazu zählen: Tinematodea und Euphasmatodea.
Dictyoptera (Mantodea [Fangschrecken] und Blattodea [Schaben])
- Monophylum,
- median verwachsene Tentorialarme („perforiertes" Tentorium),
- membranöse mandibuläre Postmola,
- Eipakete,
- weibliches Genitalatrium.

Vergleich der Gruppen der Dictyoptera

	Mantodea (Fangschrecken)	**Blattodea (Schaben)**
Artenzahl	Etwa 2300, nur *Mantis religiosa* bisher in Deutschland	Etwa 7600: Schaben (4600) und Termiten (3000)
Spezifische Merkmale	Verlängerter Prothorax mit Fangbeinen	Reduktion des medianen Ocellus, Modifikation der Kopfmuskulatur, Proventrikulus mit spezifischen Strukturen, Fettkörper mit spezialisierten Zellen

Orthoptera (Heuschrecken)
- etwa 22.500 Arten,
- Sprungbeine,
- sattelförmiges Pronotum,
- späte Nymphenstadien mit verdrehten Flügelanlagen,
- zwei Tracheenäste an vergrößerten metathorakalen Stigmen,
- akkustische Kommunikationssysteme (gehören nicht zum Grundplan).
- Dazu zählen: Caelifera und Ensifera

Vergleich der Gruppen der Orthoptera

	Caelifera (Kurzfühlerschrecken)	**Ensifera (Langfühlerschrecken)**
Artenzahl	Etwa 12.000	Etwa 9500
Antennenlänge	Verkürzte Antennen	Körperlange Antennen
Ovipositor	Verkürzt und modifiziert	Lang
Lage der Schall- und Hörorgane	An den Seiten des 1. Abdominalsegmentes	An den Vordertibien
Gruppen	Acridoidea, Tetridoidea und Tridactyloidea	Tettigonioidea, Grylloidea und Stenopelmatoidea

b. Acercaria
- etwa 113.000 Arten,
- meißel- oder stilettartige Lacinia,
- Vergrößerung des Clypeus,
- cibarialer Dilatator (präoraler Pumpapparat),
- maximal dreigliedrige Tarsen,
- vier Malpighische Gefäße,

- Verschmelzung abdominaler Ganglien,
- Monophylum, Schwestergruppe: Holometabola.
  Psocodea („Psocoptera" und Phthiraptera,)
- Sollbruchstelle an Antennenbasis,
- Mörseapparat mit ovalen Skleriten im Mundraum,
- cibarialer Wasseraufnahmeapparat.

Vergleich der Gruppen der Psocodea

	„Psocoptera" (Staubläuse)	Phthiraptera (Tierläuse)
Artenzahl	Etwa 5500	Etwa 5000
Körpergröße/-bau	Klein	Klein, sekundärer Flügelverlust
Fortpflanzung	Parthenogenese	Getrenntgeschlechtlich (Parthenogenese kann auch vorkommen)
Besonderheiten in Lebensweise und Verhalten	Balzverhalten	Wirtsspezifische Ektoparasiten
Dazugehörige Gruppen	Trogiomorpha, Troctomorpha und Psocomorpha	Amblycera, Ischnocera, Rhynchophthirina und Anoplura

Thysanoptera (Fransenflügler)
- etwa 5000 Arten,
- phytophag,
- asymmetrische Mundwerkzeuge, rechte Mandibel reduziert,
- modifizierte Flügel, „Fransenflügler",
- blasenartiges Arolium,
- mit Parthenogenese, Entwicklung mit bis zu drei Ruhestadien,
- Monophylum.
  Dazu zählen: Terebrantia und Tubulifera.
  Hemiptera (Schnabelkerfe)
- etwa 80.000 Arten,
- Mundwerkzeuge an stechend-saugende Ernährung angepasst,
- Analfeld als Clavus differenziert.

Vergleich der Gruppen der Hemiptera

	Auchenorrhyncha (Zikaden)	Sternorrhyncha (Pflanzenläuse)	Heteroptera (Wanzen)	Coleorrhyncha (Scheidenschnäbler)
Artenzahl	Etwa 42.000	Etwa 16.400	Etwa 38.850	Etwa 32
Besonderheiten im Körperbau	Komplexes tymbales akustisches System, borstenförmige Antennen, proximale Mittelplatte im Flügelgelenk	Unter 5 mm, Basis des Rostrums zwischen Vordercoxen, hintere Kopfkapsel membranös, Reduktion des Clavus	Labium vorn, zwei Ocellen, Meso- und Metathorax verwachsen, Pronotum und Scutellum groß, Vorderflügel als Hemielytren	Körper stark abgeflacht, flugunfähig, keine Ocellen
Dazugehörige Gruppen	Fulgoromorpha und Cicadomorpha	Psylloidea, Aleyrodoidea, Aphidina und Coocina	Enicocephalomorpha, Dipsocoromorpha, Gerromorpha, Nepaomorpha, Leptomorpha, Cimicomorpha und Pentatomorpha	–

c. Holometabola
  - etwa 850.000 Arten,
  - Metamorphose in der Entwicklung,
  - Koevolution mit Angiospermen,
  - Usprung im Karbon.
    Hymenoptera (Hautflügler)
  - etwa 132.000 Arten,
  - vielfältig in Biologie (parasitisch, staatenbildend, räuberisch),
  - Maxillolabialkomplex,
  - transparente Flügel mit einfachem Geäder,
  - Basalteil Tentorium als kragenartige Struktur,
  - Geschlechtschromosomen fehlen,
  - haplo-diploides Reproduktionssystem,
  - Monophylum.
    Dazu zählen: „Symphyta" und Apocrita.

Vergleich der Gruppen der Hymenoptera

	„Symphyta" (Pflanzenwespen)	Apocrita (Taillenwespen)
Artenzahl	Etwa 9000	Etwa 140.000
Besonderheiten im Körperbau	Keine Wespentaille	Wespentaille zwischen Abdominalsegment I und II, Larven ohne Augen und Thorakalbeine, Legerohr bei Aculeata zu Wehrstachel umgebildet
Besonderheiten der Lebensweise	Imagines sind Pollenfresser, einige räuberisch	Parasitische und staatenbildende Vertreter
Beispiele	*Uroceras gigas* (Riesenholzwespe), *Cimbex femorata* (Große Birkenblattwespe)	*Cynips quercusfolii* (zur Gruppe der Gallwespen, Cynipidae), *Vespa crabro* (Hornisse)

Strepsiptera (Fächerflügler)
- etwa 600 Arten,
- Endoparasiten, keine hohe Wirtsspezifität,
- Sexualdimorphismus,
- Männchen frei lebend mit Flügeln,
- Weibchen parasitisch ohne Flügel,
- Monophylum.
  Dazu zählen: Bahiaxenidae, Mengenillidae und Stylopida.
  Coleoptera (Käfer)
- etwa 350.000 Arten,
- starke Sklerotisation,
- Elytren,
- Ocellen fehlen,
- Hinterflügel in Ruhe längs und quer gefaltet,
- hintere Segmente eingezogen,
- Cerci fehlen.

Vergleich der Gruppen der Coleoptera

	Archostemata	Adephaga	Myxophaga	Polyphaga
Artenzahl	Etwa 30	Etwa 40.000	Etwa 100	Etwa 310.000
Besonderheiten im Körperbau	Unvollständig sklerotisierte Elytren, Larven mit kurzen oder reduzierten Beinen	Zweigliedrige Galea, pygidiale Abwehrdrüsen, ersten drei Sternite sind verwachsen, unvollständige Cryptopleurie (▶ Kap. 7)	Linke Mandibel mit beweglichem Zahn	Propleura nach vorn gelagert, Trennungsnähte der Segmente deutlich, vollständige Cryptopleurie
Beispiele	*Priacma serrata* (zur Gruppe der Cupedidae), *Tetraphalerus bruchi* (zur Gruppe der Ommatidae)	*Dytiscus marginalis* (Gelbrandkäfer), *Carabus coriaceus* (Lederlaufkäfer)	*Sphaerius acaroides* (Ufer-Kugelkäfer), *Lepicerus bufo* (zur Gruppe der Lepiceridae)	*Lucanus cervus* (Hirschkäfer), *Tenebrio molitor* (Mehlkäfer)

Neuroptera (Netzflügler)
- etwa 6000 Arten,
- Saugzange, Giftdrüse und geschlossener Mitteldarm bei Larven,
- linke Mandibel mit schaufelartigem Fortsatz.
  Dazu zählen: Nevrorthiformia, Hemerobiiformia und Myrmeleontiformia.
  Megaloptera (Großflügler)
- etwa 330 Arten,
- aquatische Larven,
- Flügel braun gefärbt,
- Abdomen schwach sklerotisiert.
  Dazu zählen: Sialidae und Corydalidae.
  Rhaphidioptera (Kamelhalsfliegen)
- etwa 210 Arten,
- prognather, abgeflachter Kopf,
- Prothorax ist stark verlängert,
  Dazu zählen: Raphidiidae und Inocelliidae.
  Trichoptera (Köcherfliegen)
- etwa 12.000 Arten,
- Imagines mit Haustellum,
- Bildung von Köchern oder frei lebend,
- aquatische Larven mit terminalen Haken,
- behaarte Flügel,
- kurzlebig.
  Dazu zählen: Spicipalpia, Annulipalpia und Integripalpia.
  Lepidoptera (Schmetterlinge)
- etwa 175.000 Arten,

- dichte Beschuppung der Flügel,
- auffallende Farbmuster,
- hoch spezialisierte Mundwerkzeuge,
- Vordertibien mit Antennenputzdorn.
  Dazu zählen: Micropterigidae, Agathiphagidae, Heterobathmiidae,
  Glossata und Myoglossata.
  Diptera („Nematocera" und Brachycera, Zweiflügler)
- etwa 154.000 Arten,
- Umwandlung der Hinterflügel zu Halteren,
- beinlose Made,
- reduzierter Chromosomensatz.

Vergleich der Gruppen der Diptera (Zweiflügler)

	„Nematocera" (Mücken)	Brachycera (Fliegen)
Antennen	Geißel der Antennen lang: fadenförmig, gleichartige Glieder	Maximal 10-gliedrige Antennen
Körperbau	Schlank	Gedrungen
Larvale Merkmale	Larvale Kopfkapsel vollständig bis partiell sklerotisiert	Vertikal bewegende Mandibel
Dazugehörige Gruppen	Deuterophlebiidae, Tipulomorpha, Psychodomorpha, Culicimorpha und Bibionomorpha	Tabanomorpha, Stratiomyomorpha, Asiloidea, Empidoidea und Cyclorrhapha

Siphonaptera (Flöhe)
- etwa 2500 Arten,
- parasitisch, wenig wirtsspezifisch,
- sekundär flügellos,
- seitlich abgeflacht,
- Ctenidien,
- Antennen sind stark verkürzt,
- maximal seitliche Einzelaugen,
- Mandibeln reduziert.
  Dazu zählen: Pulicidae, Hystrichopsyllidae und Ceratophyllidae.
  Mecoptera (Schnabelfliegen)
- etwa 600 Arten,
- schnabelförmiger Kopf,
- beißende Mundwerkzeuge,
- Gonopoden sind zu einer Kapsel verschmolzen,
- Stylarorgan beim Männchen,
- Paarungsgeschenke,
- Monophylum.
  Dazu zählen: Nannochoristidae, Boreidae und Pistilifera.

? Teil 1: Multiple-Choice-Fragen

1. In welche Großgruppen werden die Protostomia nach der aktuellen Systematik eingeteilt?
   a. Annelida und Arthropoda
   b. Annelida, Nematoda und Arthropoda
   c. Spiralia und Ecdysozoa
2. Welche Autapomorphien weisen die Protostomia auf?
   a. Blastoporus = definierter Mund, Spiralfurchung, Trochophora-Larve, Protonephridien
   b. Spiralfurchung, After, Metanephridien
   c. Trochophora-Larve, Blastoporus = After, dorsales Nervensystem
3. Welches einzigartige Merkmal innerhalb der Bilateria charakterisiert die Chaetognatha?
   a. Hautmuskelschlauch
   b. Mehrschichtige Epidermis
   c. Syncytiales Gewebe
4. Durch welche Autapomorphien sind die Spiralia charakterisiert?
   a. Spiralfurchung und Trochophora-Larve
   b. Radialfurchung und Trochophora-Larve
   c. Spiralfurchung und Planula-Larve
5. Welche zwei Großgruppen zählen zu den Plathelminthes?
   a. Catenulida und Rhabditophora
   b. „Trematoda" und „Turbellaria"
   c. „Trematoda" und Cestoda
6. Welche Gruppen der Plathelminthes leben parasitisch?
   a. „Turbellaria" und Cestoda
   b. Cestoda und „Trematoda"
   c. „Turbellaria" und „Trematoda"
7. Zwischenwirte von *Dicrocoelium dendriticum* sind …
   a. Wiederkäuer, Schnecken und Spinnen
   b. Wiederkäuer, Schnecken und Ameisen
   c. Wiederkäuer und Mensch
8. Welche Gruppen werden zu den Lophophorata zusammengefasst?
   a. Bryozoa und Phoronida
   b. Brachiopoda und Phoronida
   c. Bryozoa, Brachiopoda und Phoronida
9. Welche Organsysteme sind bei den Bryozoa reduziert?
   a. Geschlechtssystem und Darmtrakt
   b. Kreislauf- und Exkretionssystem
   c. Nervensystem und Darmtrakt
10. Phoronida sind …
    a. die größte Gruppe im Tierreich
    b. die formenreichste Gruppe im Tierreich
    c. eine der kleinsten Gruppen im Tierreich

11. Welches ist eine Autapomorphie der Brachiopoda?
    a. Ventral- und Rückenplatte
    b. Rückenplatte
    c. Zwei Paar Metanephridien
12. Die zwei Arten der Cycliophora sind gekennzeichnet durch ...
    a. Zwergmännchen, Metagenese, Chordoid-Larve und Mundring mit Cilien
    b. Heterogonie und pharyngealer Nervenring
    c. Zwergmännchen mit Coelomausbildung
13. Aus welchen Gründen zählen die Gnathifera zu den Spiralia?
    a. Zumindest Gnathostomulida mit Spiralfurchung, ventrale Mundöffnung hinter dem Vorderende
    b. Dorsale Mundöffnung, Spiralfurchung bei allen Gruppen
    c. Spiralfurchung bei allen Gruppen, ventrale Mundöffnung hinter dem Vorderende
14. „Rotatoria" sind gekennzeichnet durch ...
    a. zwei Paar Protonephridien
    b. Syncytium und Eutelie
    c. einen fadenförmigen Körper
15. Durch welche Merkmale grenzen sich die Trochozoa von den übrigen Spiralia ab?
    a. Trochozoa-Larve, Komplexaugen, einphasiger Lebenszyklus
    b. Trochozoa-Larve, Mesoderm aus 4d-Zelle, Komplexaugen
    c. Trochozoa-Larve, Mesoderm aus 4d-Zelle, Ocellen, biphasischer Lebenszyklus
16. Welche Großgruppen zählen zu den Trochozoa?
    a. Annelida, Mollusca, Nemertini und Kamptozoa
    b. Annelida, Mollusca, Nematoda und Priapulida
    c. Annelida, Mollusca, Nematoda und Arthropoda
17. Eine wichtige Autapomorphie der Nemertini ist ...
    a. eine multiciliäre Epidermis ohne Cuticula und Chitin
    b. eine chitinöse Cuticula
    c. eine kollagenhaltige Cuticula
18. Welche rezenten Großgruppen zählen zu den Mollusca?
    a. „Aculifera" und Bivalvia
    b. Conchifera und Polyplacophora
    c. „Aculifera" und Conchifera
19. Die Radula der Mollusca ist ein ...
    a. apomorphes Merkmal
    b. plesiomorphes Merkmal
    c. analoges Merkmal
20. Welche Gruppe der Mollusca ist am höchsten organisiert?
    a. Bivalvia
    b. Gastropoda
    c. Cephalopoda

21. Zu welcher Gruppe der Annelida zählen nach neuesten Studien die Clitellata?
    a. Errantia
    b. Hirudinea
    c. Sedentaria
22. Wo werden die neuen Segmente der Annelida gebildet?
    a. Prostomium
    b. Präanale Sprossungszone
    c. Pygidium
23. Welches ist die artenreichste Gruppe der Annelida?
    a. Magelonida
    b. Clitellata
    c. Myzostomida
24. In welche zwei Großgruppen werden die Ecdysozoa eingeteilt?
    a. Annelida und Panarthropoda
    b. Panarthropoda und Cycloneuralia
    c. Annelida und Cycloneuralia
25. Durch welches Hormon wird die Häutung der Ecdysozoa bewerkstelligt?
    a. 20-Hydroxyecdyson
    b. Insulin
    c. Somatostatin
26. Cycloneuralia sind gekennzeichnet durch ...
    a. Cilien zur Fortbewegung
    b. einen circumpharyngealen Nervenring
    c. asexuelle Fortpflanzung
27. Wie unterscheidet sich die Cuticula der Nematoida von den übrigen Ecdysozoa?
    a. β-Chitin-Einlagerungen
    b. Kalkeinlagerungen
    c. Kollageneinlagerungen
28. Welche zwei Großgruppen zählen nach aktueller Phylogenie zu den Cycloneuralia?
    a. Onychophora und Priapulida
    b. Arthropoda und Nematoda
    c. Scalidophora und Nematoida
29. Wodurch ist die Entwicklung der Nematomorpha gekennzeichnet?
    a. Drei Larvenstadien
    b. Eine Häutung
    c. Parthenogenese
30. Welches Merkmal teilen die Nematoda mit den Tardigrada?
    a. Heterogonie
    b. Geißellose Spermien
    c. Eutelie
31. Welche Arten des Parasitismus kommen bei den Nematoda vor?
    a. Zooparasitismus und Phytoparasitismus
    b. Gewebeparasitismus und Insektenparasitismus
    c. Mycetoparasitismus und Zooparasitismus

32. Welche Gruppen zählen zu den Panarthropoda?
    a. Onychophora und Tardigrada
    b. Onychophora, Tardigrada und Arthropoda
    c. Onychophora und Arthropoda
33. Welche drei Autapomorphien charakterisieren die Panarthropoda?
    a. Mixocoel, Eutelie und Segmentierung
    b. Mixocoel, Hämocoel und superfizielle Furchung
    c. Mixocoel, Syncerebrum und Spiralfurchung
34. Tardigrada können Anhydrobiose eingehen. Was bedeutet das?
    a. Schutz vor Austrocknung
    b. Schutz vor Kälte
    c. Schutz vor Strahlung
35. Die Onychophora ...
    a. sind arktisch verbreitet
    b. sind weltweit verbreitet
    c. weisen ein typisches Gondwana-Verbreitungsmuster auf
36. Eine besondere Autapomorphie der Onychophora sind ...
    a. spezifische Abwehrdrüsen
    b. schlauchförmige Tracheen
    c. segmentierte Nephridien
37. Onychophora sind ...
    a. räuberisch
    b. Detritusfresser
    c. die Schwestergruppe zu Cycloneuralia
38. Welche Hypothese stellt die Myriapoda als Schwestergruppe zu den „Crustacea" und Insecta?
    a. Myriochelata-Hypothese
    b. Antennata-Hypothese
    c. Tetraconata-Hypothese
39. Welche ist eine der wichtigsten evolutiven Neuerungen der Arthropoda?
    a. Arthropodium
    b. Mixocoel
    c. Spezifische Exkretionssysteme
40. In welcher Schicht des Exoskeletts der Arthropoda ist kein Chitin eingelagert?
    a. Endocuticula
    b. Epicuticula
    c. Exocuticula
41. Welche Leitfossilien zählen zur Kronengruppe der Arthropoda?
    a. Trilobita
    b. Lobopodia
    c. Chelicerata
42. Welche rezenten Großgruppen zählen zu den Arthropoda?
    a. Trilobita, Myriapoda, „Crustacea" und Insecta
    b. Chelicerata, Myriapoda, „Crustacea" und Insecta
    c. Trilobita, Chelicerata, Myriapoda und Insecta

43. Aus welchen Tagmata setzt sich der Körper der Chelicerata zusammen?
    a. Prosoma und Opisthosoma
    b. Kopf, Thorax und Abdomen
    c. Segmentringe
44. Welche Gruppe der Chelicerata besitzt Spinndrüsen?
    a. Opiliones
    b. Acari
    c. Aranea
45. Welches ist die artenreichste Gruppe der Chelicerata?
    a. Ricinulei
    b. Acari
    c. Aranea
46. Im Vergleich zu anderen Arthropoda zeigt der Körper der Myriapoda ...
    a. einen fünfteiligen Körper
    b. einen Kopf und einen homonom segmentierten Rumpf
    c. Ocellen
47. Welche Gruppe der Myriapoda ist als ursprünglich zu betrachten?
    a. Diplopoda
    b. Symphyla
    c. Chilopoda
48. Was bedeutet Heterotergie?
    a. Die hintereinanderliegenden Tergite sind gleich groß
    b. Die hintereinanderliegenden Tergite sind nicht gleich groß
    c. Jedes Segment setzt sich aus drei Tergiten zusammen
49. „Crustacea" sind ...
    a. paraphyletisch
    b. monophyletisch
    c. polyphyletisch
50. Welche Gruppe der „Crustacea" wird als Schwestergruppe der Insecta diskutiert?
    a. Branchiopoda
    b. Maxillopoda
    c. Remipedia
51. Wo liegen die Nephridien der „Crustacea"?
    a. 2. Antenne und 2. Maxille
    b. 1. Antenne und Mandibeln
    c. 1. Maxille und Mandibeln
52. Terrestrische „Crustacea" sind ...
    a. Remipedia
    b. Decapoda
    c. Isopoda
53. Welcher Faktor hat maßgeblich zur Diversität der Insecta geführt?
    a. Koevolution mit anderen Tiergruppen
    b. Koevolution mit Endosymbionten und Gefäßpflanzen
    c. Sexuelle Selektion

54. Welche Atmungsorgane haben sich in Anpassung an die terrestrische Lebensweise bei den Insecta entwickelt?
    a. Lunge
    b. Röhrentracheen
    c. Kiemen

55. Die äußerlich sichtbaren Segmentgrenzen der Insecta sind …
    a. primäre Segmente
    b. sekundäre Segmente
    c. tertiäre Segmente

56. Welche Gruppe der Insecta besitzt Flügel?
    a. Apterygota
    b. Pterygota
    c. Entognatha

57. Flügel sind …
    a. umgestaltete Extremitäten
    b. cuticuläre Ausstülpungen
    c. verhärtete Muskulatur

58. Welche Gruppen der Insecta zählen zu den Entognatha?
    a. Ellipura und Diplura
    b. Siphonaptera und Archaeognatha
    c. Dicondylia und Diplura

59. Dicondylia besitzen …
    a. drei Gelenkhöcker
    b. zwei Gelenkhöcker
    c. einen Gelenkhöcker

60. Welche Gruppen der Insecta sind sekundär flügellos?
    a. Diptera und Siphonaptera
    b. Phthiraptera und Hymenoptera
    c. Phthiraptera und Siphonaptera

61. Orthoptera sind …
    a. hemimetabol
    b. holometabol
    c. parthenogenetisch

62. Was ist Holometabolie?
    a. Direkte Entwicklung
    b. Indirekte Entwicklung
    c. Larvenentwicklung

63. Welche zwei Großgruppen zählen zu den Hymenoptera?
    a. „Symphyta" und Apocrita
    b. Apocrita und Polyphaga
    c. Adephaga und Polyphaga

64. Elytren sind …
    a. Flügeldecken der Hemiptera
    b. verhärtete Sternite der Odonata
    c. verhärtete Flügeldecken der Coleoptera

? Teil 2: Offene Fragen

1. Vergleichen Sie Caelifera und Ensifera miteinander.
2. Was versteht man unter Eutelie, und in welchen Gruppen kommt sie vor?
3. Articulata- und Ecdysozoa-Hypothesen stehen immer wieder zur Diskussion. Vergleichen Sie beide.
4. Was besagt das Tetraconata-Konzept? Nennen Sie mindestens zwei Apomorphien.
5. Zeichnen und beschriften Sie ein Arthropodium.
6. Wie ist der Körper der Chelicerata aufgebaut?
7. Was ist der Unterschied zwischen Ekto- und Entognatha?
8. Vergleichen Sie Zygoptera und Anisoptera miteinander.
9. Erläutern Sie den Lebenszyklus von Dicrocoelium dendriticum.
10. Was ist der Unterschied zwischen Metagenese und Heterogonie? Geben Sie je ein Beispiel an.

Notizen

Literatur

Adoutte A, Balavoine G, Lartillot N et al (1999) Animal evolution: the end of the intermediate taxa? Trends Genet 15:104–108. https://doi.org/10.1016/S0168-9525(98)01671-0

Aguinaldo AMA, Turbeville JM, Linford LS et al (1997) Evidence for a clade of nematodes, arthropods and other moulting animals. Nature 387:489–493. https://doi.org/10.1038/387489a0

Ahlrichs W (1995) Ultrastruktur und Phylogenie von Seison nebaliae (Grube 1859) und Seison annulatus (Claus 1876). Cuvillier, Göttingen

Ahyoung ST, Lowry JK, Alonso M, Bamber RN, Boxshall GA, Castro P, Gerken S, Karaman GS, Goy JW, Jones DS et al (2011) Subphylum Crustacea Brünnich, 1772. In: Zhang ZQ (Hrsg) Animal biodiversity: an outline of higher-level classification and survey of taxonomic richnes. Zootaxa, Bd 3148. https://doi.org/10.11646/zootaxa.3148.1.3

Baer A, Mayer G (2012) Comparative anatomy of slime glands in Onychophora (velvet worms). J Morphol 273:1079–1088. https://doi.org/10.1002/jmor.20044

Bleidorn C (2019) Recent progress in reconstructing lophotrochozoan (spiralian) phylogeny. Org Divers Evol. https://doi.org/10.1007/s13127-019-00412-4

Brusca RC, Brusca GJ (2003) Invertebrates. Sinauer, Basingstoke

Burda H, Hilken G, Zrzavý J (2016) Systematische Zoologie. UTB, Stuttgart

Campbell NA, Reece JB, Urry LA et al (2015) Campbell biologie. Pearson, Boston

Dunn CW, Hejnol A, Matus DQ et al (2008) Broad phylogenomic sampling improves resolution of the animal tree of life. Nature 452:745–749

Funch P, Møbjerg Kristensen R (1995) Cycliophora is a new phylum withaffinities to Entoprocta and Ectoprocta. Nature 378:711–714. https://urldefense.proofpoint.com/v2/url?u=https-3A__doi.org_10.1038_378711a0&d=DwIDaQ&c=vh6FgFnduejNhPPD0fl_yRaSfZy8C-WbWnIf4XJhSqx8&r=8Dm-Ev2u3HnLaDBYiw-7U5FN3kZaTbwjBjTqGsv0vRa5ST5aC-VdJCESMwSvGozWS&m=EAl7oRKoFtMec9ySrpRN3nNzCuxPTvZQl8ngaBOnnjU&s=Ti-3uz4NgFHUCJrkw7EX6nTl_DNRfX2Xu0TsyIHthGq8&e=

Giribet G, Edgecombe GD (2019) The phylogeny and evolutionary history of arthropods. Curr Biol 29:R592–R602. https://doi.org/10.1016/j.cub.2019.04.057

Guilding L (1826) Mollusca Caribbaeana. Zoological Journal 2:437–449

Hejnol A, Obst M, Stamatakis A et al (2009) Assessing the root of bilaterian animals with scalable phylogenomic methods. Proc R Soc B Biol Sci 276:4261–4270

Hou X, Bergström J (2008) Cambrian lobopodians-ancestors of extant onychophorans? Zool J Linnean Soc 114:3–19. https://doi.org/10.1111/j.1096-3642.1995.tb00110.x

Kocot KM (2016) On 20 years of Lophotrochozoa. Org Divers Evol 16:329–343. https://doi.org/10.1007/s13127-015-0261-3

Kristensen RM (1983) Loricifera, a new phylum with Aschelminthes characters from the meiobenthos1. J Zool Syst Evol Res 21:163–180. https://doi.org/10.1111/j.1439-0469.1983.tb00285.x

Kristensen RM (2003) Comparative morphology: do the ultrastructural investigations of Loricifera and Tardigrada support the clade Ecdysozoa? In: Legakis A, Sfenthourakis S, Polymeni R et al (Hrsg) The new panorama of animal evolution. Proceedings of the 18th International Congress of Zoology. Pensoft, Sofia, S 467–477

Luo Y-J, Kanda M, Koyanagi R, Hisata K, Akiyama T, Sakamoto H, Sakamoto T, Satoh N (2018) Nemertean and phoronid genomes reveal lophotrochozoan evolution and the origin of bilaterian heads. Nat Ecol Evol 2:141–151. https://doi.org/10.1038/s41559-017-0389-y

Martin C, Gross V, Hering L et al (2017) The nervous and visual systems of onychophorans and tardigrades: learning about arthropod evolution from their closest relatives. J Comp Physiol A 203:565–590. https://doi.org/10.1007/s00359-017-1186-4

Misof B, Liu S, Meusemann K et al (2014) Phylogenomics resolves the timing and pattern of insect evolution. Science 346:763–767. https://doi.org/10.1126/science.1257570

Nielsen C (2012) Animal evolution: interrelationships of the living phyla, 3. Aufl. Oxford University Press, Oxford

Nielsen C, Scharff N, Eibye-Jacobsen D (1996) Cladistic analyses of the animal kingdom. Biol J Linn Soc 57:385–410

Literatur

Purves WK, Sadava D et al (2011) Purves Biologie. Spektrum Akademischer Verlag, Heidelberg
von Reumont BM, Jenner RA, Wills MA et al (2012) Pancrustacean phylogeny in the light of new phylogenomic data: support for Remipedia as the possible sister group of Hexapoda. Mol Biol Evol 29:1031–1045
Roeding F, Hagner-Holler S, Ruhberg H et al (2007) EST sequencing of Onychophora and phylogenomic analysis of Metazoa. Mol Phylogenet Evol 45:942–951
Rota-Stabelli O, Kayal E, Gleeson D et al (2010) Ecdysozoan mitogenomics: evidence for a common origin of the legged invertebrates, the Panarthropoda. Genome Biol Evol 2:425–440
Sadava D, Hillis DM, Heller HC, Hacker SD (2019) Purves biologie. Springer Spektrum, Heidelberg
Schumann I, Kenny N, Hui J et al (2018) Halloween genes in panarthropods and the evolution of the early moulting pathway in Ecdysozoa. R Soc Open Sci 5:180888
Storch V, Welsch U (2014) Kükenthal – Zoologisches Praktikum. Springer, Heidelberg
Wanninger A (2015) Evolutionary developmental biology of invertebrates 1–5. Springer, Heidelberg
Wehner R, Gehring WJ (2013) Zoologie. Thieme, Stuttgart
Weigert A, Bleidorn C (2016) Current status of annelid phylogeny. Org Divers Evol 16:345–362. https://doi.org/10.1007/s13127-016-0265-7
Westheide W, Rieger R (2013) Spezielle Zoologie: Teil 1 Einzeller und Wirbellose. Springer, Heidelberg

Spezielle Zoologie Teil C: Bilateria – Deuterostomia

Inhaltsverzeichnis

© Springer-Verlag GmbH Deutschland, ein Teil von Springer Nature 2020
I. Schumann, S. Schaffer, *Prüfungstrainer Spezielle Zoologie*,
https://doi.org/10.1007/978-3-662-61671-0_6

6

Lernziele

Großgruppenphylogenie, Autapomorphien der Gruppe, Abgrenzung zu Protostomia

Deuterostomia (Neumünder) sind die zweite Hauptgruppe der Bilateria (■ Abb. 6.1). Im Vergleich zu den Protostomia bildet sich der Mund am entgegengesetzten Ende des Urmundes (Blastoporus), wohingegen der Urmund zum späteren After wird (■ Abb. 6.2). Die Gruppe ist weiterhin durch ein dorsales Nervensystem und ein ventrales Blutgefäßsystem gekennzeichnet.

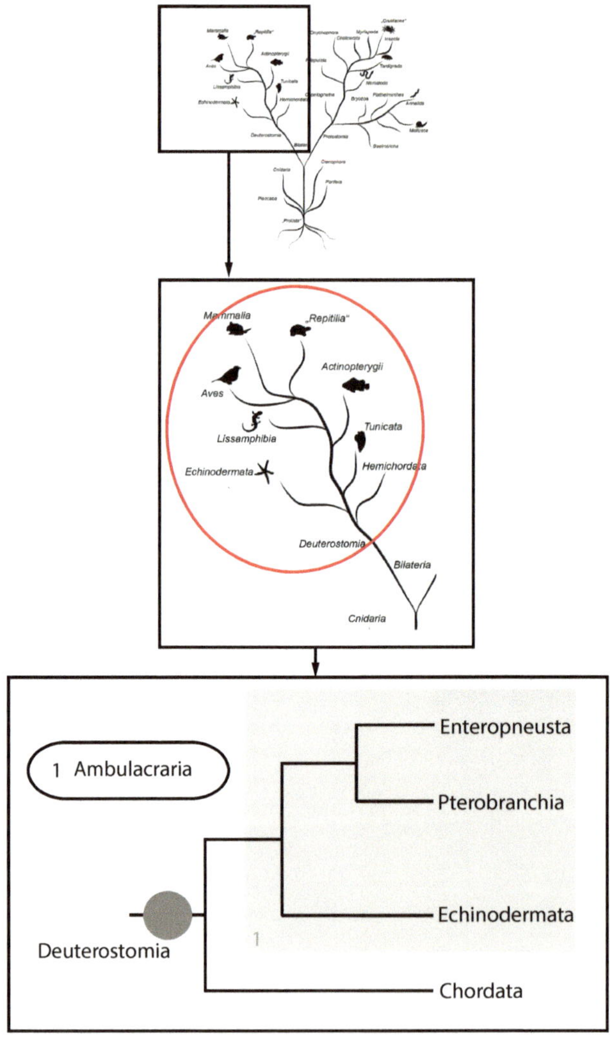

Abb. 6.1 Vereinfachte Phylogenie der Deuterostomia. (Verändert nach Westheide und Rieger 2013a)

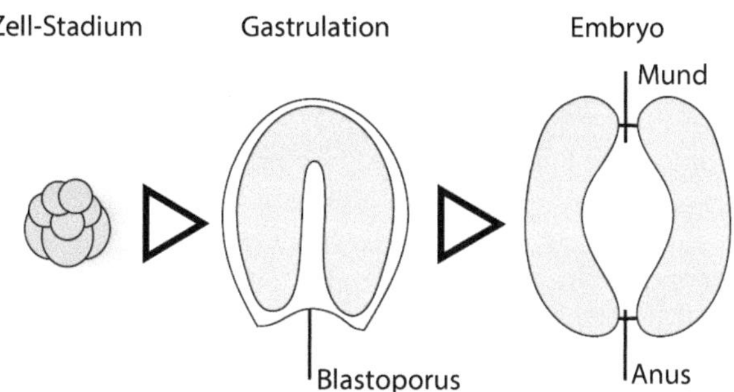

◘ Abb. 6.2   Entstehung des Mundes der Deuterostomia. Der Blastoporus wird zum After, der Mund entwickelt sich auf der gegenüberliegenden Seite

Folgende Autapomorphien der Deuterostomia werden diskutiert
- Blastoporus (Urmund) wird zum Anus, Mund wird neu gebildet (◘ Abb. 6.2),
- Enterocoel,
- Kiemenspalten,
- mesodermales Skelett.

Die Deuterostomia werden in zwei große Gruppen eingeteilt: Ambulacraria (Echinodermata und Hemichordata) und Chordata (Tunicata, Acrania und Craniota).

6.1 Ambulacraria (Coelomopora)

⊜ Lernziele

Autapomorphien der Ambulacraria, Großgruppenphylogenie, Name der Gruppe, Coelomverhältnisse und Larventypen

Zu den Ambulacraria werden die Echinodermata und Hemichordata zusammengefasst. Gemeinsam ist ihnen die sogenannte Tornaria- oder Dipleurula-Larve. Für diese Larven ist ein kreisförmiger Wimpernstreifen rund um den Mund und ein kleines Apikalorgan mit Cilien typisch. Auch molekulare Merkmale stützen die Ambulacraria.

Folgende Autapomorphien der Ambulacraria werden diskutiert
- dreigliedriges Coelom (Pro-, Meso- und Metacoel),
- Protocoel mit Axialorgan und Coelomporus,
- Dipleurula-Larve.

6.1.1 Echinodermata (Stachelhäuter)

Lernziele

Autapomorphien der Echinodermata, Großgruppenphylogenie, Coelomverhältnisse

Die Echinodermata (Stachelhäuter) leben im Benthos der Meere und stellen einen hohen Teil der Biomasse dar. Sie sind mit etwa 7000 rezenten Arten nach den Chordata die größte Gruppe der Deuterostomia, oft bunt gefärbt und können von wenigen Millimetern bis 1,40 m im Durchmesser groß werden.

Charakteristisch ist die Symmetrie adulter Tiere mit fünf Radien (Ambulacra), die nach einer Metamorphose einer zunächst bilateralsymmetrischen Larve entsteht. Während der Metamorphose differenzieren sich in den Gruppen auf unterschiedliche Weise eine Oral- und eine Aboralseite, die in engem Zusammenhang mit der Coelombildung stehen. Zwischen den Radien befinden sich im typischen Bauplan Interradien (Interambulacra) (◘ Abb. 6.3).

Jedoch treten Gruppen mit Vervielfältigungen der Radien, aber auch sekundär bilateralsymmetrische Formen auf, z. B. irreguläre Seeigel. Ein weiteres Charakteristikum und namensgebend für die ganze Gruppe sind Stacheln, die bei einigen Gruppen als Pedicellarien (= kleine Greiforgane) ausgebildet sein können.

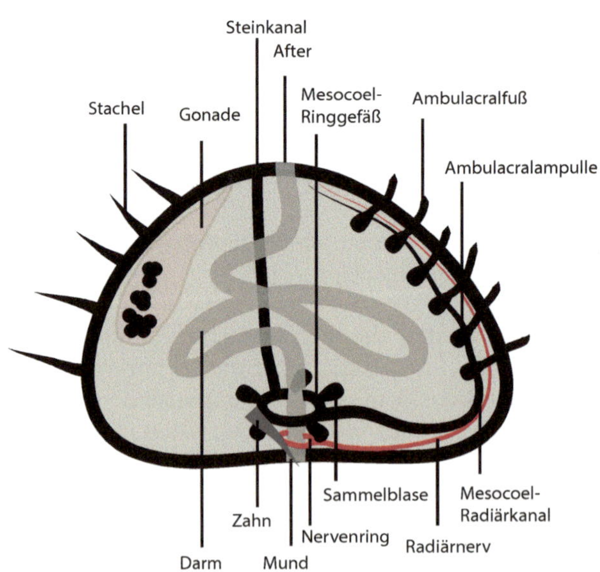

◘ **Abb. 6.3**   Vereinfachtes schematisches Organisationsniveau eines Vertreters der Echinoidea (Seeigel). (Verändert nach Wehner und Gehring 2013)

Folgende Autapomorphien der Echinodermata werden diskutiert

- Pentamerie sternförmig um eine Hauptachse senkrecht zur Mundöffnung,
- mesodermales Calcitskelett aus vernetzten Skleriten (Stereom),
- Wassergefäßsystem aus Protocoel und Mesocoel (Ambulacralsystem) mit Steinkanal,
- veränderliches Bindegewebe (*mutable collagenous tissue*, MCT).

Veränderliches Bindegewebe (MCT) hat die Eigenschaft, die Kollagenfasern von Echinodermaten sehr schnell und energiesparend versteifen oder erschlaffen zu lassen. Von den Nervenzellen des hyponeuralen Nervensystems werden dabei besondere Bindegewebszellen – juxtaligamentale Bindegewebszellen – cholinerg gesteuert. Die Erschlaffung kann bis zum Abwerfen von Armen bei See- und Schlangensternen führen (= Autotomie).

Embryogenese	Holoblastische, äquale Radialfurchung
Körperhöhle	Dreigliedriges Coelom
Nervensystem	Drei basiepitheliale Ringsysteme (ektoneural, hyponeural, aboral)
Sinnesorgane	Chemorezeptoren, teilweise Augen (Pigmentbecherocellen) und Statocysten, keine höher entwickelten Organe
Verdauungssystem	Mundöffnung mit anschließendem Oesophagus, Magen mit Blindsäcken oder mit anschließendem langen und gewundenen Darm
Kreislaufsystem	Über Axialorgan verbundenes lakunäres Blutgefäßsystem (Hämalsystem) zwischen aneinandergrenzenden Coelothelien, Gasaustausch über Körperoberfläche oder spezielle Atmungsorgane
Exkretionssystem	Axialorgan mit Glomerulus und Podocyten
Fortpflanzung	Getrenntgeschlechtlich, Brutpflege kommt in allen Gruppen vor, asexuelle Vermehrung durch Fissiparie
Entwicklung	Über Larve, mit Metamorphose

Coelombildung am Beispiel der Echinoidea (Seeigel)

Aus dem Urdarmdach schnürt sich nach der Gastrulation ein epitheliales Bläschen ab, teilt sich caudal wachsend in ein linkes und ein rechtes Bläschen und differenziert sich zu Protocoel, Mesocoel und Metacoel. Zunächst trennen sich das linke und rechte Metacoel (Somatocoel) ab. Im weiteren Verlauf bildet das linke Protocoel (Axocoel) einen ausführenden Kanal zur Dorsalseite, welcher im Hydroporus mündet. Das rechte Protocoel wird reduziert und lagert sich als Dorsalblase an den Hydroporus an. Nur das linke Mesocoel (Hydrocoel) differenziert weiter und wächst zu einem oralen Ringkanal aus, welcher über den Steinkanal mit dem Protocoel in Verbindung steht. In die Radien ziehende Radiärkanäle des Hydrocoels bilden den Füßchenapparat des Ambulacralsystems. Die beiden Hälften des Metacoels (Somatocoel) schließen den Darmtrakt ein und bilden Mesenterien. Des Weiteren kommt es zur Bildung eines epigastrischen Somatocoelrings, der die Gonaden enthält, und eines hypogastrischen Somatocoelrings, der mit Hyponeuralkanälen in die Arme ziehend das motorisch hyponeurale Nervensystem in seinen Wänden trägt.

Die Echinodermata werden in fünf Großgruppen eingeteilt (◧ Abb. 6.4): Crinoidea (Seelilien), Asteroidea (Seesterne), Ophiuroidea (Schlangensterne), Holothuroidea (Seegurken) und die Echinoidea (Seeigel). Für jede gibt es zahlreiche Autapomor-

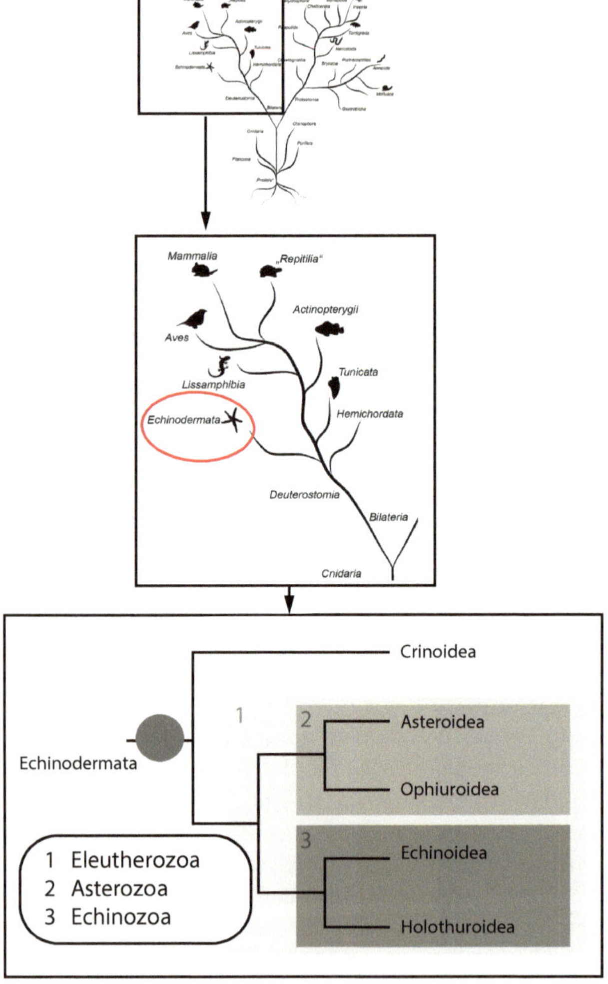

◧ **Abb. 6.4**   Vereinfachte Phylogenie der Echinodermata. (Verändert nach Westheide und Rieger 2013a)

phien, allerdings sind die Verwandtschaftsbeziehungen sowohl zwischen als auch innerhalb dieser Großgruppen umstritten.

- **Steckbrief Großgruppen Echinodermata (◉ Abb. 6.4)**
  I. Crinoidea (Seelilien und Haarsterne)
     - etwa 650 Arten,
     - festsitzend,
     - primär gestielt und mit Krone,
     - offene Futterrinne mit Pinnulae,
     - mikrophage Ernährung.

Die folgenden Gruppen werden zu den Eleutherozoa zusammengefasst. Sie verbinden zahlreiche Merkmale, unter anderem: Die oral-aborale Achse liegt durch Mund und After im Zentrum der Aboralfläche, das Ambulacralsystem dient zur Fortbewegung und besitzt äußere Füßchen mit innenliegenden Ampullen, sie besitzen bewegliche Stacheln, und das Protocoel mündet über Poren nach außen.

  II. Asteroidea (Seesterne)
     - etwa 2100 Arten,
     - häufig extraorale Verdauung,
     - Lichtsinnesorgane an Armspitzen,
     - paarige Darmdivertikel und Gonaden in den Armen.
  III. Ophiuroidea (Schlangensterne)
     - etwa 2000 Arten,
     - Ambulacralplatten sind nach innen verlagert und zu „Wirbeln" verwachsen,
     - aboral-orale Verlagerung der Madreporenplatte, After reduziert.

> Seesterne und Schlangensterne werden zu den Asterozoa zusammengefasst (◉ Abb. 6.4). Beide Gruppen teilen folgende Merkmale:
> - sternförmiger Körper mit „Armen" entlang der Radien,
> - große orale Skelettplatten an den Radiärkanälen,
> - Darmtrakt ist pentamer.

  IV. Echinoidea (Seeigel)
     - etwa 800 Arten,
     - weites Mundfeld (Peristom),
     - Kieferapparat „Laterne des Aristoteles",
     - kugelförmiger Plattenpanzer (= Corona),
     - Ambulacralplatten mit zwei Poren pro Ambulacralfüßchen,
     - sekundär bilateralsymmetrische, „irreguläre" Formen.
  V. Holothuroidea (Seegurken)
     - etwa 1400 Arten,
     - periphere Mikrosklerite,
     - Hautmuskelschlauch,
     - Kalkring,
     - Mundtentakel,
     - Wasserlungen.

> Seeigel und Seegurken werden zu den Echinozoa zusammengefasst (■ Abb. 6.4). Beide Gruppen teilen folgende Merkmale:
> — Skelettelemente um den Pharynx,
> — nahezu fehlende aborale Körperseite,
> — verlängerte Ambulacren mit Saugfüßchen,
> — geschlossenes Ambulacralsystem.

6.1.2 Hemichordata (Kiemenlochtiere)

Lernziele

Autapomorphien einzelner Gruppen, Großgruppenphylogenie, Körpergliederung

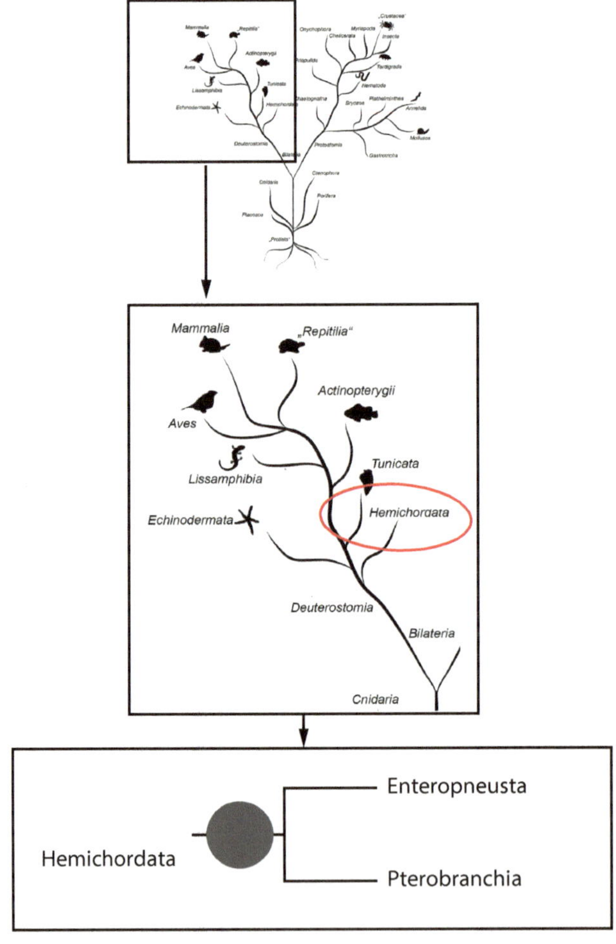

■ **Abb. 6.5**   Vereinfachte Phylogenie der Hemichordata

Die Hemichordata (Kiemenlochtiere) zeigen mit etwa 120 Arten eine in ihrer Lebensform sehr diverse Gruppe. Der Körper der Tiere ist in drei Teile gegliedert (Trimerie aus Pro-, Meso- und Metasoma), die bei den Großgruppen unterschiedlich ausgeprägt sind. Bei beiden bildet der Darm eine Ausstülpung, das Stomochord, welches in das Prosoma ragt. Das Stomochordlegt sich mit einem Glomerulus eng an ein darüber liegendes einfaches Herz.

In diesem Buch werden die Großgruppen der Hemichordata als Schwestergruppen behandelt (◘ Abb. 6.5), allerdings lassen molekulare Merkmale vermuten, dass keine der beiden Gruppen ein Monophylum darstellt.

6.1.2.1 Enteropneusta (Eichelwürmer)

Mit etwa 90 Arten sind die Enteropneusta rein marine Tiere, die aufgrund ihres äußeren Habitus (◘ Abb. 6.6) auch als Eichelwürmer bezeichnet werden. Zumeist leben sie in selbst gegrabenen Wohnröhren als Sedimentfresser oder selten benthisch. Von unter 1 mm bis über 2 m Länge sind einzelne Arten der Gruppe dennoch sehr unterschiedlich.

Embryogenese	Holoblastische, äquale Radialfurchung
Körperhöhle	Dreiteiliges Coelom
Nervensystem	Basiepidermaler Nervenplexus, Verdichtung von Fasern besonders in der Kragenregion
Sinnesorgane	Keine höher entwickelten Organe bekannt, Rezeptorzellen
Verdauungssystem	Eicheldarm, Kiemendarm, bewimpertes Darmepithel, Blindsäcke
Kreislaufsystem	Gefäßsystem ohne Endothel zwischen angrenzenden Epithelien, einfaches Perikard, zwei Hauptgefäße, Atmung vermutlich über Kiemendarm
Exkretionssystem	Eichelcoelom gefaltet (Glomerulus mit Podocyten), mündet über Porus nach außen
Fortpflanzung	Getrenntgeschlechtlich, selten vegetativ durch Abschnürung oder Querteilung
Entwicklung	Direkte und indirekte Entwicklung über Larve

Bisher sind für die Enteropneusta nur vier Gruppen beschrieben: Spengeliidae, Ptychoderidae, Harrimaniidae und Torquaratoridae. Besonders die Bildung der Coelomräume, Merkmale von Eicheldarm und Eichelskelett, Bau des Kiemendarms und des Perikards unterstützen die Einteilung in diese Gruppen.

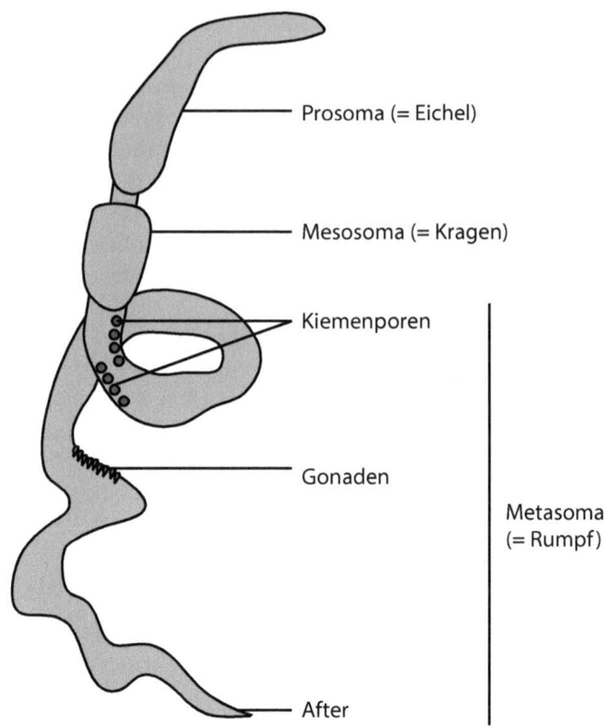

◘ Abb. 6.6   Vereinfachte äußere Anatomie eines Vertreters der Enteropneusta. (Verändert nach Westheide und Rieger 2013a)

6.1.2.2 Pterobranchia (Flügelkiemer)

Die etwa 27 Arten der Pterobranchia (Flügelkiemer) sind kleine marine Filtrierer, die in Rostralschild, ihre Tentakelkrone und einen sackförmigen Rumpf mit Schwanzfortsatz gegliedert sind (◘ Abb. 6.7). Charakteristisch ist die Gehäusebildung aus Kollagen durch das Rostralschild. Einzeltiere werden zunehmend gefunden, allerdings bilden die meisten Gruppen Kolonien oder Stöcke. Sie sind frei beweglich.

Embryogenese	Holoblastische, äquale Radialfurchung
Körperhöhle	Dreiteiliges Coelom, Coelomräume schwer erkennbar
Nervensystem	Basiepidermaler Nervenplexus, Verdichtung von Fasern besonders im Rostralschild und an den Tentakeln
Sinnesorgane	Keine höher entwickelten Organe oder Rezeptoren bekannt
Verdauungssystem	Gefiederte Tentakel, bewimperte Mundhöhle, Pharynx und Oesophagus, Magen, Dünn- und Enddarm, After
Kreislaufsystem	Gefäßsystem zwischen angrenzenden Mesenterien, muskulöses Perikard, zwei Hauptgefäße, Atmung vermutlich über Tentakel

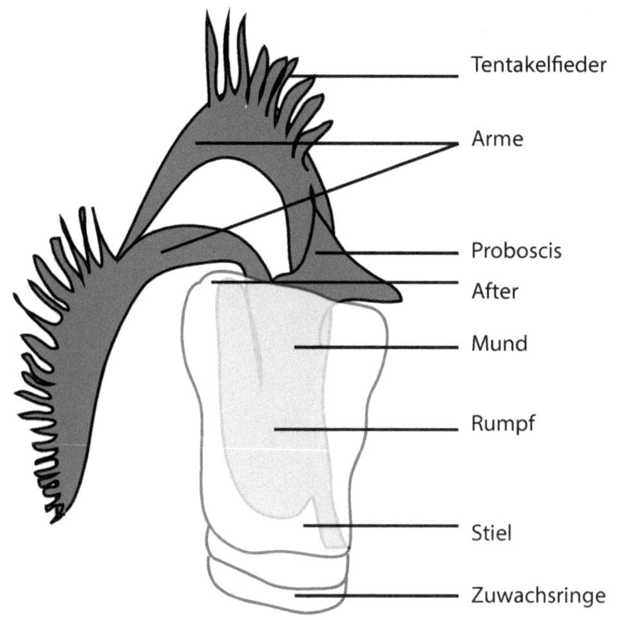

⬤ Abb. 6.7 Vereinfachte äußere Anatomie eines Vertreters der Pterobranchia. Wichtig sind die Tentakelfiedern, über die durch eine Futterrinne Nahrung zum Mund geführt wird. (Verändert nach Westheide und Rieger 2013a)

Exkretionssystem	Protocoel gefaltet (Glomerulus mit Podocyten), mündet über paarigen Porus nach außen
Fortpflanzung	Getrenntgeschlechtlich, Zwitter, häufig vegetativ durch Knospung
Entwicklung	Indirekte Entwicklung über Larve

Für die taxonomische Klassifizierung eignen sich die Schalen- und Tentakelmorphologie; es werden drei Gruppen unterschieden: Atubariidae, Rhabdopleuridae und Cephalodiscidae.

6.2 Chordata (Chordatiere)

Lernziele

Autapomorphien der Chordata, Hypothesen zu Verwandtschaftsbeziehungen

Bereits im Unterkambrium hatten sich verschiedene Chordatengruppen entwickelt, die durch ihr inneres Stützelement, die Chorda dorsalis, eine neue Organisationsform des Körperbaus erreichten. Dieses innere Axialskelett ermöglicht zumindest larvalen Formen als ein effektives Widerlager zur Muskulatur größere Ausbreitungs- bzw. Überlebenschancen. Der Auricularia-Theorie

Folgende Autapomorphien der Chordata werden diskutiert

- Chorda dorsalis (= Notochord),
- Neuralrohr dorsal über der Chorda,
- Kiemendarm mit Endostyl,
- Epidermis ohne Bewimperung,
- Metamerisierung in Ursegmente,
- Neurulation,
- ventrales Herz,
- postanaler Ruderschwanz.

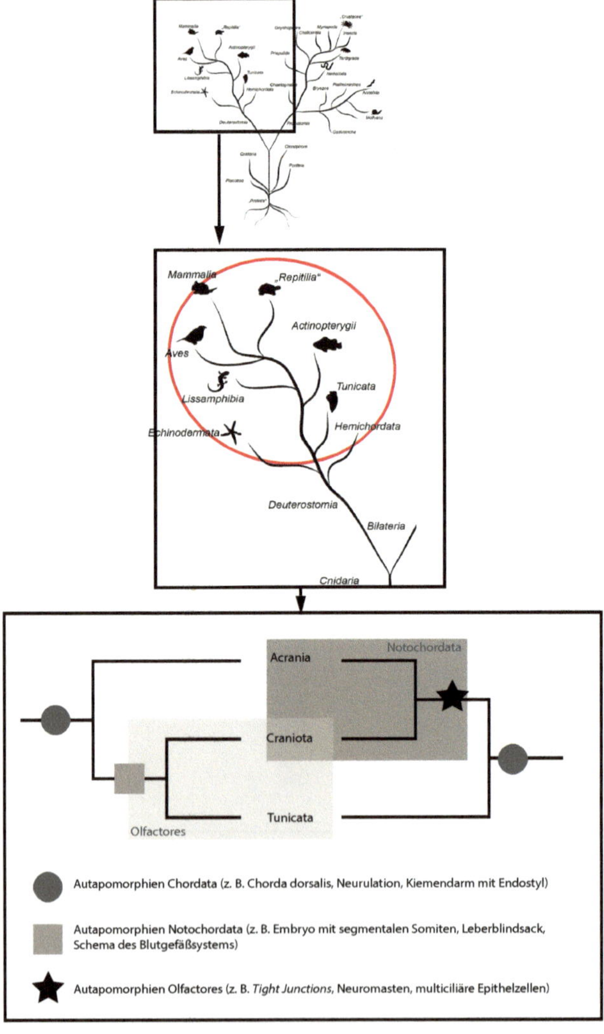

◻ Abb. 6.8   Vereinfachte Phylogenie der Chordata. Zwei Hypothesen zur Verwandtschaft stehen in der Diskussion. Die Hypothese 1 zeigt die Acrania an der Basis der Chordata, die Hypothese 2 die Tunicata. (Verändert nach Westheide und Rieger 2013a, b)

zufolge verlief die Evolution der Chordata über ein derartig geschlechtsreif gewordenes Larvenstadium.

Zwei konkurrierende Hypothesen zu den Verwandtschaftsverhältnissen innerhalb der Chordata werden diskutiert (◨ Abb. 6.8). Es besteht die hauptsächlich morphologisch begründete Gruppierung der Notochordata aus Craniota und Acrania (Cephalochordata) mit den Tunicata als Schwestergruppe. Alternativ werden die Craniota und die Tunicata als Olfactores zusammengefasst und den Acrania (Cephalochordata) gegenübergestellt.

6.2.1 Tunicata (Urochordata, Manteltiere)

 **Lernziele**

Autapomorphien der Tunicata, Großgruppenphylogenie, Gemeinsamkeiten mit anderen Gruppen

Von den etwa 2000 Arten der Tunicata (Manteltiere) bilden nur noch die Appendicularia als Adulte einen Schwanz mit Chorda und Neuralrohr aus. Die übrigen Gruppen verlieren diese Merkmale mit dem Ende der pelagischen Larvalphase und der anschließenden Umgestaltung des Körpers zum benthischen oder pelagischen Filtrierer. Sessile Formen haben einen ausgeprägten Mantel (Tunica), der Zellulose (Tunicin) enthält (◨ Abb. 6.9).

Folgende Plesiomorphien gelten als gemeinsam mit den Cephalochordata
- Einschichte Epidermis ist noch vorhanden,
- Endostyl ist noch vorhanden,
- Kiemendarm öffnet sich über mehrere Kiemenspalten nach außen.

Folgende Autapomorphien der Tunicata werden diskutiert
- Mantel aus Tunicin,
- Notochord und Neuralrohr sind nur bei Larven ausgebildet,
- Coelom ist auf Perikard reduziert,
- offenes Blutgefäßsystem mit Blutstrom in wechselnde Richtungen.

Embryogenese	Keine Angaben
Körperhöhle	Coelomraum reduziert
Nervensystem	Larvales Neuralrohr, nach der Metamorphose ein kompaktes Ganglion mit peripheren Neuronen und zentraler Nervenfasermasse
Sinnesorgane	Mechano- und Chemorezeptoren, Ocellen, Statocysten
Verdauungssystem	Endostyl des Kiemendarms bildet Schleimnetz, Oesophagus, Magen, Enddarm
Kreislaufsystem	Offen, Herz mit Schlagumkehr

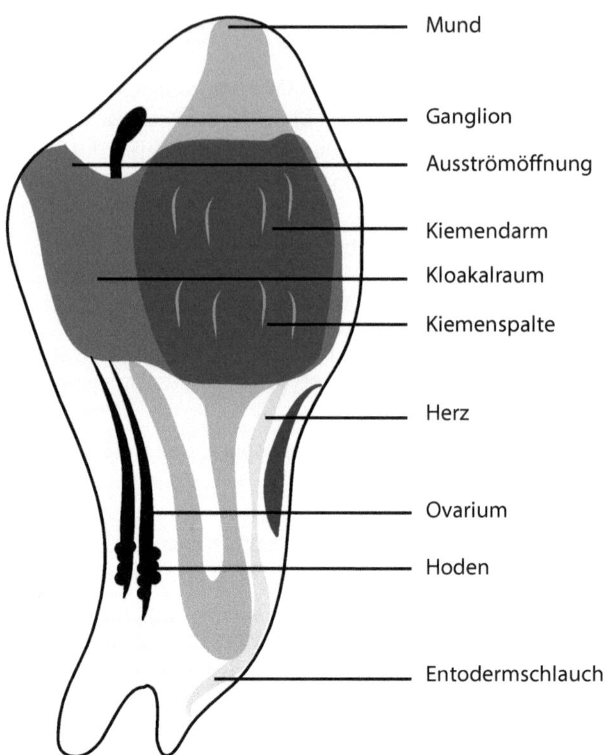

◨ Abb. 6.9   Vereinfachtes Organisationsschema eines Vertreters der Tunicata. (Verändert nach Westheide und Rieger 2013a; Wehner und Gehring 2013)

Exkretionssystem	Fehlt
Fortpflanzung	Zwitter, nur *Oikopleura dioica* getrenntgeschlechtlich
Entwicklung	Metagenese

Die Verwandtschaftsverhältnisse werden immer noch diskutiert, aber molekulare Merkmale sprechen dafür, dass die Appendicularia die Schwestergruppe aller übrigen Tunicata sind. Die „Ascidien" (Stolidobranchiata, Phlebobranchiata und Aplousobranchiata) sind keine monophyletische Gruppe, dennoch wird die taxonomische Bezeichnung noch häufig verwendet (◨ Abb. 6.10).

⊗ Die Tunicata gelten z. B. durch den Besitz von *Tight Junctions*, *Pax*-Genen und multiciliären Epithelien als nächste Verwandte zu den Wirbeltieren (◨ Abb. 6.8).

■ **Steckbrief Großgruppen Tunicata (◨ Abb. 6.10)**
 I. Appendicularia
  – etwa 63 Arten,
  – pelagisch,
  – komplexer äußerer Filterapparat.

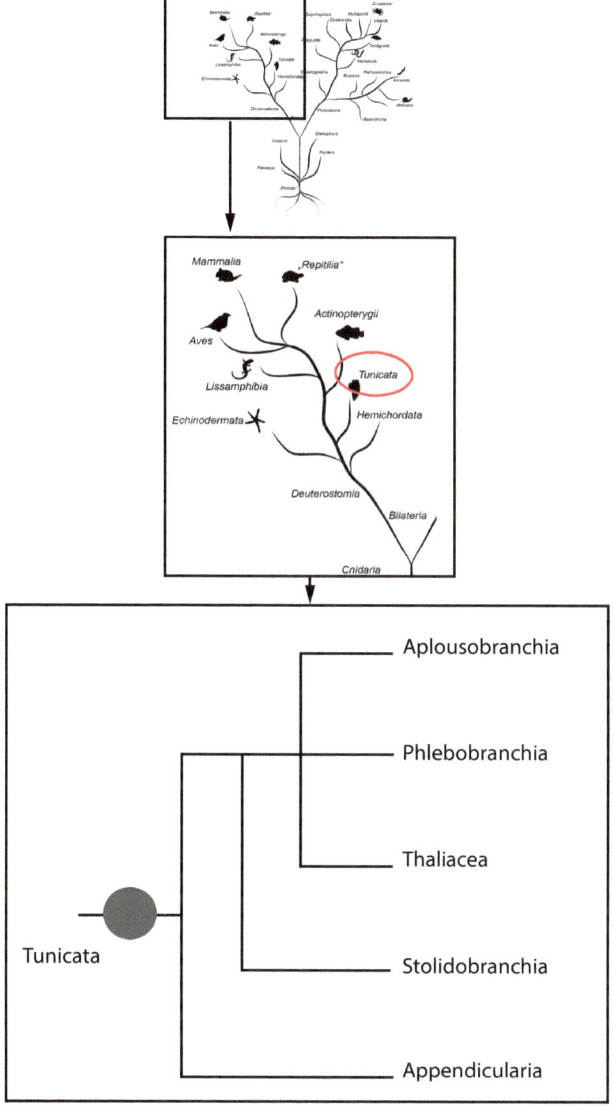

Abb. 6.10 Vereinfachte Phylogenie der Tunicata. Die innere Systematik der beiden Großgruppen ist unaufgelöst dargestellt. (Verändert nach Kocot et al. 2018)

II. **Stolidobranchia**
  - Kiemendarm mit inneren Längsgefäßen und -falten,
  - solitär oder stockbildend.
III. **Thaliacea**
  - etwa 70 Arten,
  - pelagisch,
  - bilden viele Blastozoide (Ketten aus Einzeltieren) und große Tierstöcke,
  - Metagenese in der Entwicklung.

IV. Aplousobranchia
- einfacher Kiemendarm,
- stockbildend,
- Brutpflege.

V. Phlebobranchia
- möglicherweise paraphyletisch,
- Kiemendarm mit inneren Längsgefäßen,
- solitär oder stockbildend.

6.2.2 Cephalochordata (Acrania, Lanzettfischchen)

 **Lernziele**

Apomorphien der Cephalochordata, Name der Gruppe, Körperbau von *Branchiostoma*

Die etwa 29 Arten der Cephalochordata leben eingegraben in Grobsanden flacher Meeresbereiche (sogenannte „Amphioxus-Sande") und erwerben ihre Nahrung durch Filtration mittels eines sehr großen Kiemendarms. Die lanzettförmigen Tiere werden bis zu 6 cm groß.

Die Chorda dorsalis durchzieht den gesamten Körper vom Kopf bis zur Schwanzspitze und ist namensgebend; der dorsale Flossensaum erstreckt sich von der Mundöffnung über das Rostrum bis hin zur Schwanzspitze (◘ Abb. 6.11).

Folgende Merkmale der Cephalochordata werden diskutiert
- einfache Lichtsinnesorgane entlang des Neuralrohrs,
- Räderorgan,
- große Anzahl an Gonaden,
- seriale Nierenkanälchen vereinen Merkmale von Proto- und Metanephridien,
- asymmetrische Larve (Kiemenspalte nur auf einer Seite).

Cephalochordata besitzen im Vergleich zu den Craniota eine einschichtige Epidermis. Darunter schließen sich eine Kollagen- und Bindegewebsschicht an. Typisch für die Cephalochordata sind die etwa 60 Muskelsegmente (auch Myomere genannt), die durch bindegewebsartige Myosepten getrennt sind.

Embryogenese	Leicht inäquale Radiärfurchung
Körperhöhle	Keine Angaben
Nervensystem	Neuralrohr mit Stirnbläschen, dorsale Nervenwurzeln zwischen Myomeren, Muskelfaserfortsätze zum Neuralrohr („ventrale" Nerven)
Sinnesorgane	Mechano- und Chemorezeptoren, Pigmentbecherocellen
Verdauungssystem	Mundcirren, Räderorgan, ausgeprägter Kiemendarm mit Peribranchialraum, Epibranchialrinne befördert Nahrung in den Oesophagus, Mitteldarm mit Leberblindsack

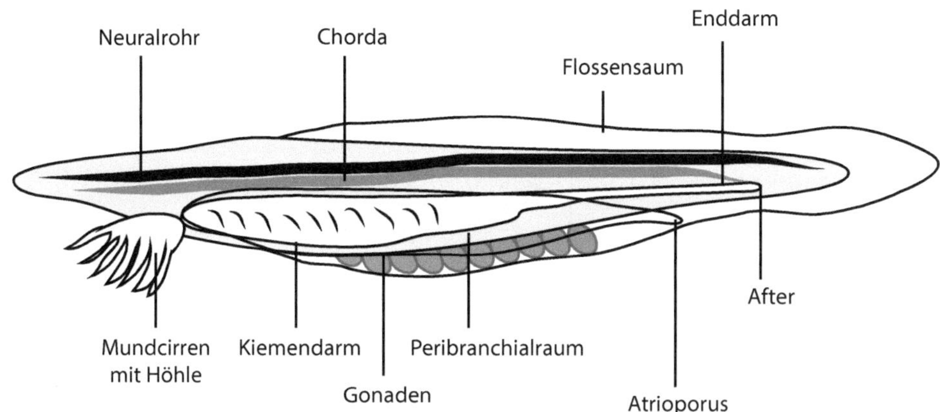

◘ Abb. 6.11 Vereinfachtes Organisationsschema von *Branchiostoma lanceolatum*. (Verändert nach Westheide und Rieger 2013a; Wehner and Gehring 2013)

Kreislaufsystem	Kontraktile Gefäße in den Arterienbögen
Exkretionssystem	Cryptopodocyten (Mischung aus Proto- und Metanephridien)
Fortpflanzung	Getrenntgeschlechtlich
Entwicklung	Freie Larvalphase und Metamorphose

Aufgrund von Muskelsegmentierung, Ähnlichkeiten im Gefäßsystem und der Lage eines Darmblindsacks werden die Cephalochordata als mögliche Schwestergruppe der Craniota diskutiert (Notochordata-Hypothese, ◘ Abb. 6.8). Die Cephalochordata sind eine sehr kleine und ursprüngliche Gruppe der Chordata. Sie umfassen zwei Gruppen, die Asymmetronidae und die Branchiostomidae Die bekannteste Art ist *Branchiostoma lanceolatum* (◘ Abb. 6.11).

6.2.3 Craniota (Schädeltiere)

Lernziele

Apomorphien, Großgruppenphylogenie, Ossifikation, Kieferentwicklung und Schädelveränderungen, evolutive Neuerungen, Amnionbildung, Fortpflanzungsstrategien, Artenreichtum, Besonderheiten im Körperbau

Die Craniota (Schädeltiere) (◘ Abb. 6.12) stellen mit etwa 60.000 Arten eine Gruppe dar, die sich im Allgemeinen durch einen knöchernen Schädel, der das Gehirn umgibt, und durch die Zunahme der Körpergröße von anderen Metazoagruppen abgrenzt. Dabei reicht die Körperspanne von 10 mm des kleinsten Schädeltieres (*Paedocypris progenetica* – Cyprinidae, Teleostei) bis hin zu 30 m des Blauwals (*Balaenoptera musculus*). Der Blauwal ist das größte und schwerste rezente Lebewesen mit einem Gewicht von bis zu 190 t.

6

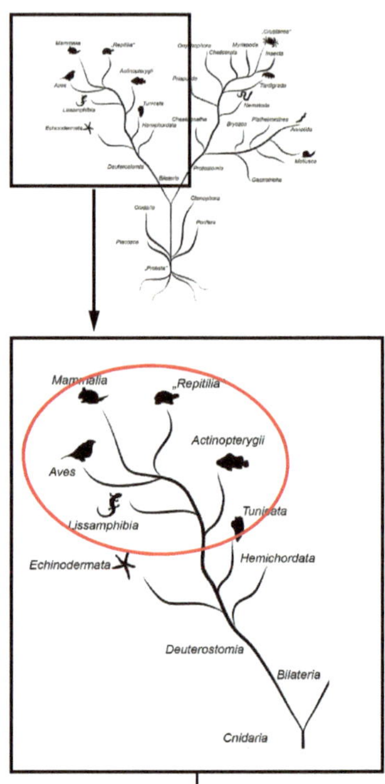

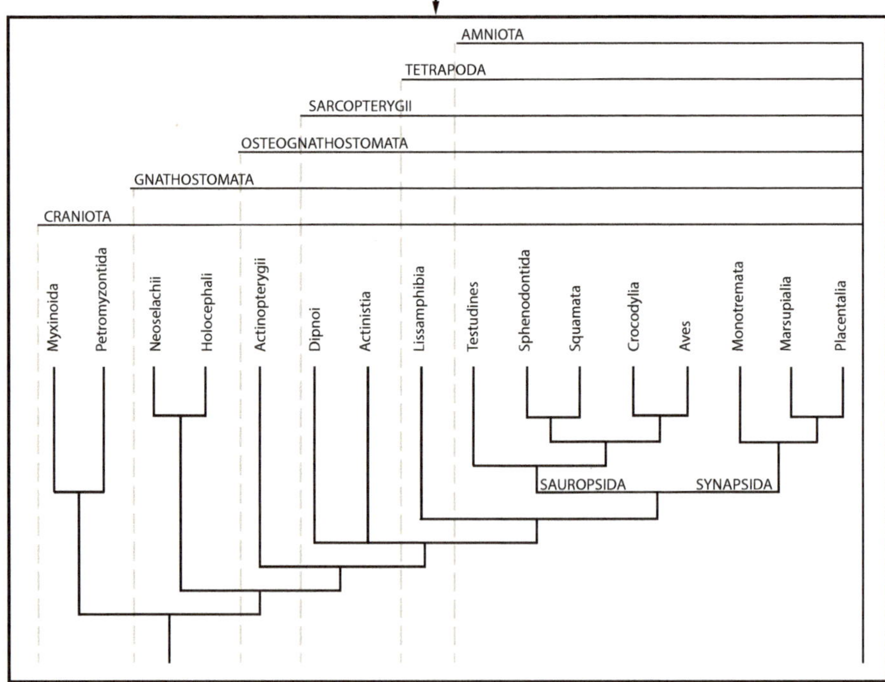

◘ Abb. 6.12   Vereinfachte Phylogenie der Craniota. (Verändert nach Westheide und Rieger 2013b)

Die frühesten Craniota stammen aus dem Unterkambrium vor etwa 520 Mio. Jahren.

Hintergrundinformation

Die Craniota zeigen in ihrer Evolution eine Tendenz zur Zunahme der Körpergröße. Dadurch entstehen neue Qualitäten und Anforderungen an Körperbau und- funktionen, z. B. biomechanische Eigenschaften (Skelettbildung, Gewicht) sowie Energieaufnahme und Stofftransport.
Vor allem die Schädelbildung ist eine wichtige Grundlage für die Entwicklung von komplexen Merkmalen innerhalb der Gruppe. Die Differenzierung des Schädels gibt die Möglichkeit zur Entstehung von komplexen Gehirnen und hoch entwickelten Sinnesorganen. Außerdem kommt es dadurch zur Anpassung des Kau- und Kieferapparates, welcher maßgeblich für die Radiation verschiedener Gruppen der Craniota (z. B. Mammalia [Säugetiere]) ist.
Weitere Besonderheiten im Bau und der Körpersteuerung der Craniota, unabhängig von der Entwicklung des Schädels, sind:

- mehr als 200 Zelltypen,
- große und lange Muskeleinheiten,
- Sauerstoffversorgung durch Erythrocyten,
- wirkungsvolles Immunsystem.

Darüber hinaus bringt die Zunahme der Körpergröße einen Vorteil im intra- und interspezifischen Konkurrenzkampf.

Folgende Autapomorphien der Craniota werden diskutiert

- knorpeliger oder knöcherner Schädel und Skelett,
- Neuralleiste und Neuralrohr,
- mehrschichtiges Integument aus Cutis (Epidermis und Dermis) und Subcutis,
- Blutgefäße mit Endothel,
- Herz mit Sinus venosus, Atrium und Ventrikel,
- Genomverdopplung und Verlust von Genen.

Eine wichtige Neuerung innerhalb der Craniota stellt die mehrschichtige Epidermis (Integument) dar. Diese äußere Körperhülle besitzt viele Funktionen:

- Schutz (mechanisch, Infektionen),
- Thermoregulation,
- Osmoregulation und Respiration,
- Kommunikation mit der Umwelt durch Farbmuster oder Pheromonsignale, d. h. Chemorezeption.

Das Integument gliedert sich in eine Cutis (Haut) und Subcutis (Unterhaut), wobei die Cutis noch in die Epidermis und Dermis unterteilt wird (◘ Abb. 6.13). Die Dermis kann bei verschiedenen Vertretern der Craniota unterschiedlich differenziert sein, z. B. als Knochenpanzer, Schuppen (◘ Tab. 6.1) oder Zähne.

Innerhalb der Craniota können zwei Gebisstypen unterschieden werden:
1. homodontes Gebiss (einheitlicher Zahntyp) bei „Fischen", Amphibien und Reptilien,
2. heterodontes Gebiss (differenzierte Zahntypen) bei Säugetieren.

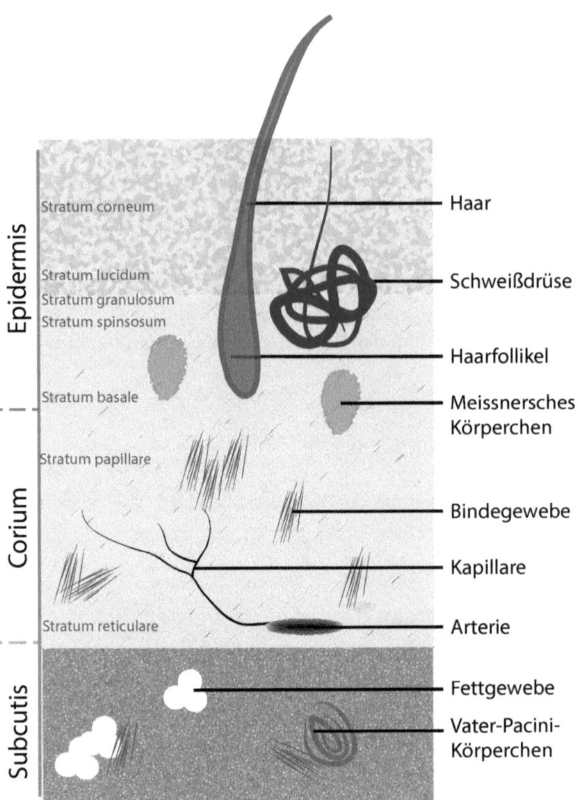

◘ Abb. 6.13   Schematische Darstellung des mehrschichtigen Integuments am Beispiel der Mammalia. Die Epidermis (Oberhaut) und das Corium (Dermis, Lederhaut) werden als Cutis (Haut) zusammengefasst, daran schließt sich die Subcutis (Unterhaut) an. (Verändert nach Westheide und Rieger 2013b)

❯ Viele Vertreter der Craniota zeigen einen Fisch-ähnlichen Körperbau. Diese sogenannten „Fische" weisen zwei Gemeinsamkeiten auf: Sie leben im Wasser und atmen mit Kiemen. „Fische" zeigen keine engeren verwandtschaftlichen Beziehungen und stellen somit keine systematische Einheit dar. Sie werden nur aufgrund ihrer Gemeinsamkeiten als „Fische" bezeichnet.

Der Körper der Craniota wird in drei Teile gegliedert: Kopf, Rumpf und Schwanz. Der Kopf setzt sich dabei aus Neurocranium, Viscerocranium und Dermatocranium zusammen (◘ Abb. 6.14). Das Dermatocranium entsteht durch Verknöcherung (◘ Tab. 6.2) im Bindegewebe des Integuments und dient zum Schutz des Kopfes. Im Maul- bzw. Mundbereich haben sich Kiefer mit Zähnen ausgebildet.

Neuro-, Viscero- und Dermatocranium bilden die funktionelle Einheit des Schädels (Cranium).

◘ Tab. 6.1   Vergleich von Schuppentypen verschiedener Vertreter der „Fische"

Art	Besonderheit	Beispiel
Plakoidschuppen	Schuppenförmige Hautzähne	Chondrichthyes
Cosmoidschuppen	Geschichteter Bau	Nur bei *Latimeria*
Ganoidschuppen	Rhombisch geformt, enthalten Ganoin	Chondrostei, Ginglymodi und Halecomorphi
Elasmoidschuppen	Plattenförmige Knochenbildung, zweischichtig	Teleostei
Elasmoidschuppe Subtyp I: Cycloidschuppe	rund und glattrandig	Herings-, Lachs- und Karpfenfische
Elasmoidschuppe Subtyp II: Ctenoidschuppe	Hinterrand kammartig gezahnt	Barsche

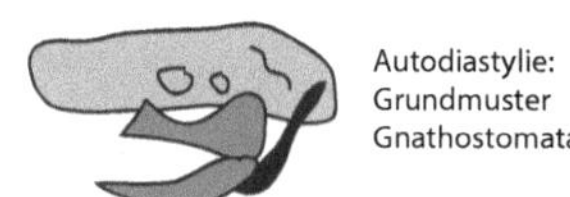

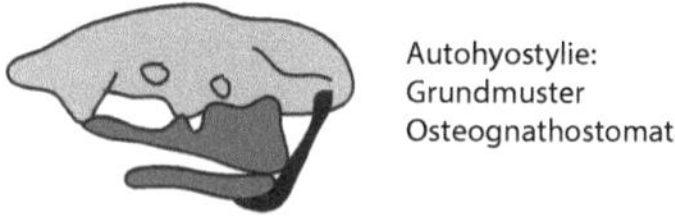

◘ Abb. 6.14   Schädelmerkmale der Gnathostomata. Die Lage des Neurocraniums (hellgrau) und Viscerocraniums (Hyoidbogen, dunkelgrau) zueinander ist dargestellt. Die Lage des Kieferbogens ist mit mittleren Grauton dargestellt. (Verändert nach Westheide und Rieger 2013b)

◘ Tab. 6.2   Arten der Ossifikation innerhalb der Craniota

Typ	Ort	Element
Desmale Ossifikation	Bindegewebe	Deckknochen, z. B. Dermatocranium
Chondrale Ossifikation:enchon draleperichondrale	Knorpelgewebeinnenaußen	Ersatzknochen, z. B. Neuro- und Viscerocranium

Eine weitere wichtige Neuerung innerhalb der Craniota stellt das Endoskelett dar, welches aus Knorpel und Knochen zusammengesetzt ist und als Stützgewebe und Widerlager der Muskeln wichtig für den Bewegungsapparat ist. Im Gegensatz zu den überwiegend aus Calciumcarbonat aufgebauten Stützelementen anderer Tiergruppen sind es hauptsächlich Calciumphosphatverbindungen, die beim Aufbau des Endoskeletts der Craniota eine Rolle spielen.

Eine Segmentierung ist vor allem an der Muskulatur (Myomere) im Rumpf- und Schwanzbereich deutlich zu erkennen. Auch segmentale Wirbelbildungen sind charakteristisch für die Craniota, zählen aber nicht zum Grundmuster.

Embryogenese	Keine Angaben
Körperhöhle	Keine Angaben
Nervensystem	Neuralrohr mit mehrteiligem Gehirn
Sinnesorgane	Nasengrube, Augenlinse, Labyrinthorgan, Seitenliniensystem, Elektrorezeptoren
Verdauungssystem	Darm mit drüsenartigen Anhängen (Leber und Pankreas)
Kreislaufsystem	Geschlossenes Blutgefäßsystem mit vierteiligem Herz
Exkretionssystem	Paarige Nieren
Fortpflanzung	Getrenntgeschlechtlich mit paarigen Gonaden, geschlechtliche Vermehrung
Entwicklung	Teilweise mit Metamorphose, Jugendstadien

Die Monophylie der Craniota ist unstrittig, häufig werden sie noch als Vertebrata (= Wirbeltiere) behandelt. Der Begriff „Craniota" findet immer mehr Verwendung, da das Merkmal Schädel und nicht die Wirbelsäule zum Grundmuster der Gruppe gehört. Umstritten hingegen ist die Einteilung in kieferlose und kiefertragende Craniota. Während die kiefertragende Gruppe (Gnathostomata, ▶ Abschn. 6.2.3.3) klar als Monophylum abgrenzbar ist, stellen die „Agnatha" als kieferlose Gruppe ein Paraphylum dar (◘ Abb. 6.12).

6.2.3.1 „Agnatha" (Kieferlose)

Fossile Funde belegen eine einst sehr diverse Fauna kieferloser Craniota. Schon im Unterkambrium (vor 520 Mio. Jahren) von den Chengjiang-Ablagerungen belegt, starben die meisten Linien mit dem Aufkommen der Gnathostomata im Oberdevon (vor 360 Mio. Jahren) wieder aus.

Folgende Merkmale der „Agnatha" werden diskutiert
- unpaare Schwanzflosse als Hauptantrieb der Fortbewegung,
- 1–2 Bogengänge im Innenohr,
- unpaare Nasenöffnung mündet blind oder öffnet sich im Verdauungstrakt.

Fossile Vertreter der „Agnatha" zeichnen sich durch einen fischförmigen Körper aus, wohingegen rezente Vertreter einen schlangenförmigen Körperbau aufweisen. Die Kieferlosen besitzen flossenförmige Extremitäten. Alle Kiemenbögen dienen der Atmung.

Die rezenten Vertreter der „Agnatha" – Myxinoida (Schleimaale) und Petromyzontida (Neunaugen) – werden zu der Gruppe der Cyclostomata zusammengefasst (▶ Abschn. 6.2.3.2) und bilden die basalste Gruppe der Craniota.

6.2.3.2 Cyclostomata (Rundmäuler)

Die Cyclostomata (Rundmäuler) stellen rezent die Gruppe der „Agnatha" dar. Von den ausschließlich marinen Myxinoida (Schleimaale) sind etwa 80 Arten bekannt, und es werden in der Tiefsee regelmäßig noch unbekannte Arten entdeckt. Von den Petromyzontida (Neunaugen) existieren noch etwa 40 Arten, von denen einige auch im Süßwasser vorkommen.

Folgende Autapomorphien der Cyclostomata werden diskutiert
- nackter, Aal-ähnlicher Körper,
- unpaarer Nasen-Hypophysen-Gang,
- Bau des Zungenapparates,
- Kiemengänge zu Kiementaschen erweitert (Entobranchiata),
- bandförmiges Rückenmark,
- unpaare Gonaden.

Die Cyclostomata sind durch molekulare Merkmale ein gut gesichertes Monophylum. Die Merkmale der Myxinoida (Schleimaale) können daher als abgeleitet und extrem vereinfacht betrachtet werden.

■ **Steckbrief Großgruppen Cyclostomata**
   I. Petromyzontida (Neunaugen)
- etwa 40 Arten,
- Mundöffnung mit Saugscheibe und Hornzähnen,
- meist anadrom (d. h. Flussaufstieg zum Laichen),
- Ammocoetes-Larve mit Metamorphose.

   II. Myxinoida (Schleimaale)
- etwa 80 Arten,
- Kopf des Zungenapparates mit Hornzähnen,
- dicke Schleimschicht um den Körper (Name!),
- drei Paar Rostral- und zwei Paar Lippententakel,
- leistungsfähiger Geruchssinn.

6.2.3.3 Gnathostomata (Kiefermünder)

Bereits der Name weist auf die wichtigste evolutive Neuerung der Gnathostomata hin: die Entwicklung eines Kiefers. Dieser ermöglicht neue Ernährungsweisen gegenüber dem bisher verbreiteten Typ des Filtrierers der „Agnatha". Es existieren zwei Hypothesen zur Evolution des Kieferapparates: die Viszeralbogen-Hypothese (■ Abb. 6.15) und die *heterotopic shift*-Hypothese, welche vor allem durch gemeinsame molekulare Merkmale in der Embryonalentwicklung der Cyclostomata und der Gnathostomata gestützt wird. Die Steuerungsfaktoren für die Kieferentwick-

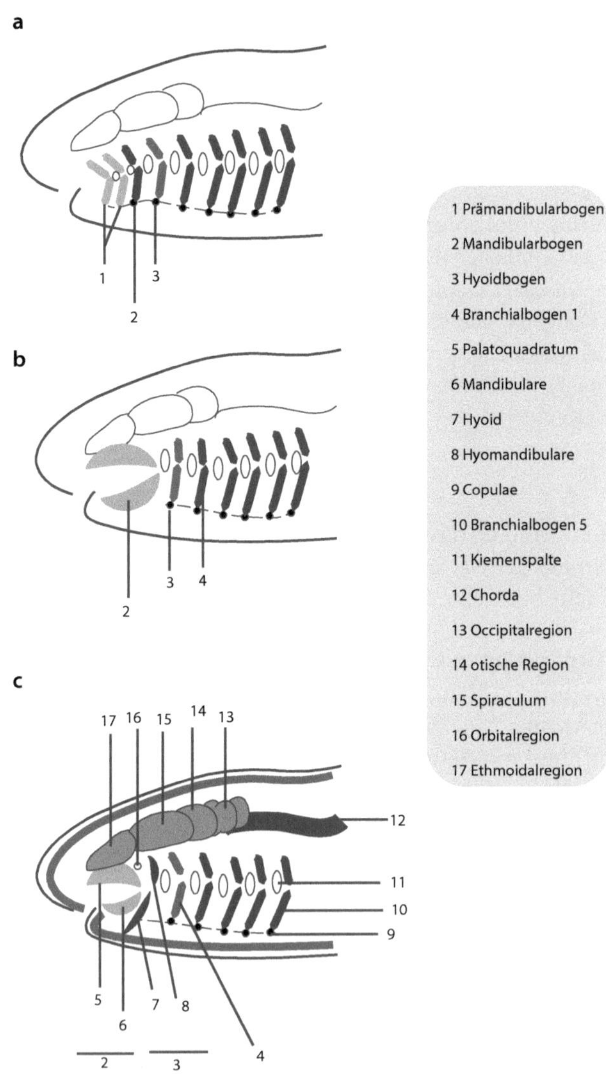

■ **Abb. 6.15**   Kieferentwicklung aus dem Kiemenskelett. **a** Ausgangsstadium, **b** Zwischenstadium, **c** ursprünglicher Knorpelfisch (Gnathostomata). (Verändert nach Wehner und Gehring 2013)

lung sind den Cyclostomata und Gnathostomata gemeinsam und werden nur in unterschiedlichen Kopfbereichen ausgebildet (*heterotopic shift*). Beide Hypothesen schließen sich gegenseitig nicht aus.

Aus dem Viszeralbogen wurde (Viszeralbogen-Hypothese):
1. der Mandibularbogen = Palatoquadratum (Oberkieferelement) und
2. der Ceratobranchiale = Mandibulare (Unterkieferelement).

An die Mandibulare schließt sich der Hyoidbogen (Zungenbeinbogen) mit dem Hyomandibulare an, welcher primär gegen die Ohrregion (Hyostylie) abstützt. Dadurch wird die Kiemenspalte zum Spiraculum verengt. Die weiteren Branchialbögen sind Träger des Kiemenapparates.

Folgende Merkmale der Gnathostomata werden diksutiert
- knorpelig-knöchernes Endoskelett,
- Kieferentwicklung mit Zähnen,
- myelinisierte Axone,
- Hautzähne,
- stark gefaltete Rumpfmuskulatur,
- zwei paarige Extremitäten,
- Ohrlabyrinth mit drei Bogengängen,
- adaptives Immunsystem.

Embryogenese	Keine Angaben
Körperhöhle	Keine Angaben
Nervensystem	Fünfteiliges Gehirn (Telencephalon, Diencephalon, Mesencephalon, Metencephalon und Myelencephalon), myelinhaltige Gliascheiden
Sinnesorgane	Hoch entwickeltes Seitenliniensystem, Gleichgewichtsorgan aus drei Bogengängen, paariges Riechorgan, Augen mit echter Cornea (Hornhaut)
Verdauungssystem	Darm mit Spiralfalte zur Oberflächenvergrößerung
Kreislaufsystem	Herz mit Atrium vor dem Ventrikel
Exkretionssystem	Opisthonephros
Fortpflanzung	Getrenntgeschlechtlich

Zu den Gnathostomata gehören zwei Großgruppen: die Chondrichthyes (Knorpelfische) und die Osteognathostomata (Kiefermünder mit Knochenskelett).

6.2.3.3.1 Chondrichthyes (Knorpelfische)

Die Chondrichthyes (Knorpelfische) stellen mit etwa 1200 Arten eine mit wenigen Ausnahmen marine Gruppe zoophager bis carnivorer Tiere dar. Rezente Vertreter sind oft 1–2 m groß, die Körperspannen können aber von 15 cm (Zwerg-Laternenhai,

Etmopterus perryi) bis zu 18 m (Walhai, *Rhincodon typus*) variieren. Das gesamte Endoskelett der Chondrichthyes besteht aus hyalinem Knorpel, welcher nie zu Knochen umgebaut wird. Das Calciumphosphat ist sekundär reduziert und durch Kalk substituiert, wodurch es eine hohe Festigkeit bekommt.

❯ Chondrichthyes stellen nur 4 % der rezenten „Fisch"-Arten dar.

Folgende Merkmale der Chondrichthyes werden diskutiert
- Schädel aus Neuro- und Viscerocranium, kein Dermatocranium,
- knorpeliges Endoskelett, durch Kalk verfestigt,
- Mund als Querspalt unter dem verlängerten Rostrum,
- knöcherne Plakoidschuppen und Hautzähne,
- modifizierte Beckenflosse der Männchen (Mixopterygium/Klasper) als Begattungsorgan,
- innere Befruchtung.

Ein charakteristisches Merkmal der Chondrichthyes ist die Reduktion des Dermalskeletts auf Plakoidschuppen. Diese können sehr vielgestaltig sein, wie die folgenden Beispiele zeigen:
- geschlossenes Schuppenkleid (Haie),
- Reduktion zu Gruppen von Schuppen oder einzelnen Dentikeln (Rochen),
- Reduktion zu Flossenstacheln (Haie und Rochen).

Bei der Reduktion der Schuppen nimmt die Zahl der Schleimdrüsen in der Epidermis zu, daher sind viele Rochen und Chimäre häufig von einem Hautschleim bedeckt.

Embryogenese	Total-inäquale Furchung
Körperhöhle	Keine Angaben
Nervensystem	Gehirn mit charakteristischem Telencephalon und Cerebellum, Rückenmark mit streng segmentalen Spinalnerven und -ganglien
Sinnesorgane	Paarige Nasengruben, Innenohr, Seitenlinienorgan, Augen, Lorenzinische Ampullen, Mechano- und Geschmacksrezeptoren
Verdauungssystem	Grundmuster der Gnathostomata, kurzer Verdauungstrakt, Faltenbildung im Spiraldarm
Kreislaufsystem	Kiemen, Herz univentrikulär, Wärmetausch über Gegenstrom an roter Muskulatur, Schwimmblase bzw. Lunge fehlen
Exkretionssystem	Opisthonephros, Nephrostome bei vielen Gruppen
Fortpflanzung	Getrenntgeschlechtlich, primär ovipar, lecithotroph bis placental vivipar
Entwicklung	Direkte und indirekte Entwicklung, gruppen- oder artspezifisch

> Lorenzinische Ampullen sind Elektrorezeptoren, die vom Seitenlinienorgan abgeleitet sind. Sie können schwache elektrische Felder messen und dabei beim Beutefang und bei der Orientierung am Erdmagnetfeld helfen.

Exkurs

Viele Knorpelfische können sehr alt werden. Die größeren Arten leben in kälteren Gewässern, werden später geschlechtsreif und weisen eine längere Tragezeit auf. Entsprechend gefährdet sind dadurch die Bestände durch Überfischung.

Der Grönland- oder Eishai (*Somniosus microcephalus*) ist das älteste bekannte Wirbeltier mit einer Lebenserwartung von 500 Jahren und einem geschätzten maximalen Reproduktionsalter von 150 Jahren.

Die Systematik der Chondrichthyes ist weitreichend aufgeklärt und unterscheidet zwischen den Holocephali (Chimären und Seekatzen) und den Neoselachii („Haie" und Rochen).

■ **Steckbrief Großgruppen Chondrichthyes**

I. Holocephali (Chimären und Seekatzen)
  - etwa 50 Arten,
  - Palatoquadratum ist mit dem Neurocranium verwachsen (Holostylie),
  - keine Wirbelkörper,
  - sechs permanent wachsende Zahnplatten,
  - Kiemenbögen liegen unter dem Neurocranium,
  - Hyoidbögen mit knorpeligem Operculum,
  - zweigliedrige Brust-, eingliedrige Beckenflosse,
  - beweglicher Dorsalstachel der Rückenflosse,
  - Männchen mit Tenacula zum Festhalten bei der Paarung.
    Dazu zählen: Callorhynchidae (Elefantenfische, Pflugscharchimären), Rhinochimaeridae (Langnasenchimären) und Chimaeridae (Kurznasenchimären, Seeratten).

II. Neoselachii („Haie" und Rochen)
  - Palatoquadratum ist indirekt über Hyomandibulare am Neurocranium aufgehängt,
  - Wirbelkörper mit Verkalkungen,
  - Elemente der Gürtelskelette sind verschmolzen,
  - Hautzähne wachsen nur anfänglich (synchronomorial),
  - Zähne in nachwachsenden Reihen (Revolvergebiss),
  - Mixopterygium ist zwei- bis dreigliedrig,
  - paarige, dreigliedrige Flossen.
    a. Galea
      - etwa 350 Arten,

- beruht auf Strukturmerkmalen des Neurocraniums, des Mixopterygiums und des Präorbitalmuskels,
- fünf Kiemenspalten, Analflosse.
  Dazu zählen: Heterodontiformes (Stierkopfhaie), Orectolobiformes (Ammenhaie), Lamniformes (Makrelenhaie) und Carcharhiniformes (Grundhaie).

  b. Squalea
- etwa 780 Arten,
- bei einigen Arten ist zusätzlich das Palatoquadratum über Orbita gelenkt,
- Suborbitalmuskel entspringt am Ectethmoidfortsatz.
  Dazu zählen: Hexanchiformes (Kammzähnerhaie, Kragenhaie), Echinorhiniformes (Nagelhaie), Squaliformes (Hundshaie), Squatiniformes (Engelhaie) und Rajiformes (Rochen).

6.2.3.4 Osteognathostomata (Kiefermünder mit Knochenskelett)

Die Osteognathostomata (Kiefermünder mit Knochenskelett) sind kiefertragende Wirbeltiere mit knöchernem Endoskelett. Sie umfassen alle übrigen „Fisch"-Gruppen und die Landwirbeltiere (Tetrapoda). Die Osteognathostomata stellen die Schwestergruppe zu den Chondrichthyes dar.

Folgende Autapomorphien der Osteognathostomata werden diskutiert
- paarige, gegliederte knöcherne Flossenstrahlen (= Lepidotrichia),
- enchondrale und perichondrale Knochenbildung des Endoskeletts
  (◑ Tab. 6.2),
- bestimmte Anordnung der Schädeldeckknochen,
- operculo-gulare Deckknochenserie,
- Zungenskelett mit Hypohyalia,
- Lungen (?).

❯ Lungen im Grundmuster der Osteognathostomata werden durch die Ausstülpung des Vorderdarms zu Atmungsorganen bei basalen Vertretern diskutiert.

Die Osteognathostomata werden in zwei Großgruppen aufgeteilt: die Actinopterygii (Strahlenflosser) und die Sarcopterygii (Fleischflosser).

6.2.3.4.1 Actinopterygii (Strahlenflosser)

Die Actinopterygii (Strahlenflosser) stellen mit etwa 30.000 beschriebenen Arten die Hauptgruppe der rezenten „Fische" dar. Auch wenn die Lepidotrichia (Flossenstrahlen) bereits in das Grundmuster der Osteognathostomata gehören, sind diese strahlenförmig angeordneten Stützelemente der Flossen namensgebend für die Actinopterygii. Die Anordnung der Flossenstrahlen ist hierbei charakteristisch für die Actinopterygii: Muskulatur und Endoskelett sind Teile des Rumpfes, und die Flossenstrahlen ragen als aktive Stützelemente aus der Körperkontur heraus.

> **Folgende Synapomorphien der Actinopterygii werden diskutiert**
> — Ganoidschuppen,
> — ursprüngliches, mikrovaskuläres Gefäßsystem,
> — Rückbildung primärer Kiefergelenke,
> — Zahnkappen,
> — Praeoperculare,
> — Dermohyale (kleines Deckknochenelement),
> — Vitellinmembran der Eier mit Mikropyle,
> — Embryonen mit Haftdrüsen,
> — everses Telencephalon,
> — Fulcren zwischen Flossenstrahlen und Rumpfschuppen,
> — Schwimmblase mit hydrostatischer Funktion.

Die Actinopterygii werden in fünf Großgruppen eingeteilt: Cladistia, Chondrostei, Ginglymodi, Halecomorphi und die Teleostei. Die Ginglymodi, Halecomorphi und Teleostei werden zu der monophyletischen Gruppe der Neopterygii zusammengefasst. Die Teleostei sind die artenreichste Gruppe der Actinopterygii, daher werden sie in diesem Buch in einem separaten Kapitel behandelt.

■ **Steckbrief Großgruppen Actinopterygii**

I. Cladistia (Flösselhechte und Flösselaale)
   — etwa 13 Arten,
   — geschlossener Panzer aus Ganoidschuppen,
   — gestielte Brustflossen,
   — Rückenflosse in Flössel aufgelöst (Name!).

II. Chondrostei (Störe und Löffelstöre)
   — etwa 27 Arten,
   — Rostrum,
   — heterozerke Schwanzflosse,
   — weitgehend knorpeliges Endoskelett,
   — Spiraculum,
   — Reduktion der Ganoidschuppen,
   — Reduktion der Zähne,
   — Barteln.
   Dazu zählen: Acipenseridae (Störe) und Polyodontidae (Löffelstöre).

III. Neopterygii
   — obere pharyngeale Zahnplatte,
   — hakenförmige Fortsätze der Epibranchialia,
   — 1:1-Verhältnis von Flossenstrahlen und Flossenträgern.
      a. Holostei (Knochenganoide)
        — ohne Spiraculum,
        — Schwimmblase als Lunge,
        — Fusion von Wirbelkörpern,
        — paariger Vomer (= ein Schädelknochen),

- kein Schuppenbein,
- vier Hypobranchialia.
  Dazu zählen: Ginglymodi (Knochenhechte und Kaimanfische) und Halecomorphi (Kahlhechte und Bogenflosser).
  b. Teleostei (Knochenfische, ▶ Abschn. 6.2.3.4.2)

6.2.3.4.2 Actinopterygii: Teleostei

Die Teleostei (Knochenfische) stellen mit etwa 34.000 beschriebenen Arten die größte Wirbeltiergruppe dar. Sie leben in fast allen aquatischen Lebensräumen, von der Tiefsee bis in Bäche der Hochgebirge. Neben Generalisten, Detritivoren, Schuppenfressern und Eierfressern gibt es auch aktive Räuber oder Lauerjäger bei den Teleostei. In wenigen 10.000 Jahren entwickelten sich sympatrische Artenschwärme mit Übergangsformen, die nach und nach durch Morphotypen ersetzt werden.

> Morphotypen sind durch ähnliche, aber unterscheidbare morphologische Merkmale zu erkennen.

Morphotypen bei Buntbarschen (Cichlidae)

Neubesiedelung und Wiederbesiedelung nach Austrocknungsereignissen von Lebensräumen führen zu einer schnellen ökologischen Nischendifferenzierung und schließlich zur Artenbildung (Speziation).

Besonders artenreich sind die endemischen Buntbarsche (Cichlidae) in den Seen des ostafrikanischen Grabenbruchsystems, von denen es sowohl Substrat- als auch Maulbrüter gibt und die sich in viele morphologische Formen konvergent aufgespalten haben. Zumeist wird dabei auf die Bezahnung und Ausgestaltung der Kiefer- und Schlundknochen selektiert, die ernährungsphysiologisch angepasst sind.

Folgende Synapomorphien der Teleostei werden diskutiert

- unpaarer Vomer,
- posteroventraler Knochenfortsatz des Quadratums,
- bewegliche Praemaxillare,
- Supraoccipitale,
- endoskelettales Basihyale des Zungenbeins,
- verknöcherte Sehne des Musculus sternohyoideus zu Urohyale,
- epineurale und epipleurale Gräten (verknöcherte Sehnen),
- Reduktion des Spiraculums und von Teilen des Unterkiefers (Supraangulare und Coronoide),
- vier Pharyngobranchiale,
- Hypuralia auf sieben reduziert,
- diurale Schwanzflosse.

Das Innenskelett der Teleostei ist stärker verknöchert als bei anderen Gruppen und zeigt zusätzliche Verknöcherungen.

Embryogenese	Discoidale Furchung
Körperhöhle	Keine Angaben
Nervensystem	Gehirn im Grundmuster der Gnathostomata mit Tectum opticum und Cerebellum
Sinnesorgane	Nasensack, Innenohr mit häufig akzessorischen Schallaufnahme- und Schallweiterleitungssystemen (z. B. Weberscher Apparat), Augen, Seitenlinienorgan, Mechano- und Chemorezeptoren
Verdauungssystem	Grundmuster der Gnathostomata, Typhlosolis fehlt, häufig Magenpylorus mit anschließenden Pylorusblindsäcken
Kreislaufsystem	Kiemen, häufig akzessorische Luftatmungsorgane, Herz univentrikulär mit Bulbus arteriosus, sekundäres Blutgefäßsystem (lymphatische Funktion, aber kein echtes Lymphsystem)
Exkretionssystem	Embryonaler Pronephros wird Kopfniere, Ophistonephros Rumpfniere
Fortpflanzung	Getrenntgeschlechtlich, Zwitter, konsekutive Zwitter, Eier mit Mikropyle, Spermien ohne Akrosom, meist Oviparie, Viviparie (lecithotroph/matrotroph) bei einigen Gruppen
Entwicklung	Über Larve, mit Brutpflege

Teleostei haben stets eine unpaare Schwimmblase als rein hydrostatisches Organ, welches das „Stehen" im Wasser ermöglicht.

Die Kommunikation erfolgt bei den Teleostei in vielfältiger Weise – chemisch, optisch und akustisch. Schallerzeugung steht hier in engem Zusammenhang mit innerartlicher Kommunikation. Sowohl Flossen als auch Zähne können aneinander gerieben werden, um Laute zu erzeugen, die in einigen Gruppen zu komplexen Handlungsweisen führen. Zusätzlich werden von einigen Gruppen Leuchtorgane (Photophoren) zur Kommunikation genutzt oder dienen zum Anlocken von Beutetieren.

Die Teleostei stellen eine monophyletische Gruppe dar, die durch zahlreiche Apomorphien belegt wird. Die Systematik innerhalb der Gruppe wird durch nicht eindeutige morphologische und molekulare Merkmale bis heute noch kontrovers diskutiert.

■ **Steckbrief Großgruppen Teleostei**

I. Osteoglossomorpha
- etwa 400 Arten,
- limnisch,

- Intestinum zieht links nach caudal,
- Scherbiss,
- Praemaxillare ist klein und verwachsen,
- Supramaxillare ist reduziert,
- zwei Epuralia,
- 2. Hypobranchiale mit Sehnenverknöcherung.
  Dazu zählen: Osteoglossoidei (Knochenzüngler) und Notopteroidei (Messerfische).

II. Elopomorpha
- etwa 1000 Arten,
- Angulare und Retroarticulare sind verschmolzen,
- Leptocephalus-Larve (Weidenblattlarve),
- *Elops* spp. mit noch vielen plesiomorphen Merkmalen („lebendes Fossil").
  Dazu zählen: Elopiformes (Tarpone und Frauenfische), Albuliformes und Anguilliformes (Aalartige).

III. Clupeomorpha
- etwa 400 Arten,
- Kielschuppen an der Basis der Bauchflossen (Scutae),
- Verbindung von Schwimmblase mit Innenohr,
- Kopfseitenliniensystem mit Aussackungen,
- wirtschaftlich bedeutendste Fischgruppe.
  Dazu zählen: Denticipitoidei (nur *Denticeps clupeoides*, Zahnhering) und Clupeoidei (Heringsartige).

IV. Ostariophysi
- etwa 9000 Arten,
- „Schreckstoffe" aus Kolbenzellen bei Verletzung der Haut,
- verhornte Vorsprünge einzelner Epidermiszellen (Unculi),
- Perlorgane,
- Reduktion von Basisphenoid und Dermopalatinum,
- zweiteilige Schwimmblase mit Ductus pneumaticus.
  Dazu zählen: Anotophysi (ohne Weberschen Apparat) und Otophysi (mit Weberschem Apparat) mit Cypriniformes (Karpfenfische), Characiformes (Salmler) und Siluriformes (Welsartige).

V. „Protacanthopterygii"
- etwa 330 Arten,
- Sammelgruppe, die nähere Verwandtschaft der einzelnen Gruppen zu den Neoteleostei wird noch diskutiert.
  Dazu zählen: Argentiniformes (Goldlachse), Salmoniformes (Lachsfische) und Esociformes (Hechte).

VI. Neoteleostei
- Schlundkiefer mit Musculus retractor dorsalis,
- Zahnbesfestigung im Grundmuster nach Typ 4,
- dreiteilige Hinterhauptsgelenkung.
  a. Stomiiformes (Maulstachler)
     - etwa 426 Arten,

- — Schwestergruppe zu Eurypterygii,
- — vorwiegend Tiefseeformen,
- — Leuchtorgane aus Drüsenzellen und Photocyten,
- — Zähne sind nach Typ 3 befestigt.
- b. Eurypterygii
  - — mediale Radiale verschmilzt mit proximalem Teil des medialen Flossenstrahls.
    Dazu zählen: Aulopiformes/Cyclosquamata, Myctophiformes, Acanthomorpha, Polymixiiformes, Lampridiformes, Paracanthopterygii, Acanthopterygii (mehr als 50 % aller Teleostei).

Acanthopterygii: Zeiformes (Petersfischartige)
- — etwa 33 Arten,
- — stark vorstülpbarer Kiefer,
- — lateral abgeflacht,
- — Stachel- und Weichstrahlen in der Rückenflosse,
- — Bauchflossen sind brustständig.

Acanthopterygii: Mugilomorpha (Meeräschenverwandte)
- — etwa 72 Arten,
- — eine stachel- und eine weichstrahlige Rückenflosse,
- — keine Rumpfseitenlinie,
- — Zähne sind klein oder reduziert,
- — Kaumagen und verlängerter Darm in Anpassung an Algennah-rung,
- — Detritus oder Kleintiere.

Acanthopterygii: Atherinomorpha (Ährenfischverwandte)
- — etwa 1862 Arten,
- — Spermatogenese ist auf distalen Tubulus des Hodens beschränkt,
- — Bodenlaich mit Ankerfilamenten,
- — Oberkiefer ohne Kugelgelenk zwischen Palatinum und Maxillare vorstülpbar.
  Dazu zählen: Atheriniformes (Ährenfischartige), Beloniformes (Hornhechtartige) und Cyprinodontiformes (Zahnkärpflinge).

Acanthopterygii: Percomorpha (Barschverwandte)
- — über 13.000 Arten,
- — Verwandtschaft und Monophylie unsicher.
  Dazu zählen: Beryciformes (Schleimkopfartige), Gasterosteiformes (Stichlingsartige), Synbranchiformes (Kiemenschlitzaalartige), Scorpaeniformes (Drachenkopfartige), Perciformes (Barschartige), Pleuronectiformes (Plattfische) und Tetradontiformes (Kugelfische).

6.2.3.5 Sarcopterygii (Fleischflosser)

Die Sarcopterygii (Fleischflosser) entwickelten sich zu einer Großgruppe der Osteognathostomata. Charakteristisch für die Gruppe sind Extremitäten, die nur über ein proximales Endoskelettelement und eine anschließende Achse mit anliegenden

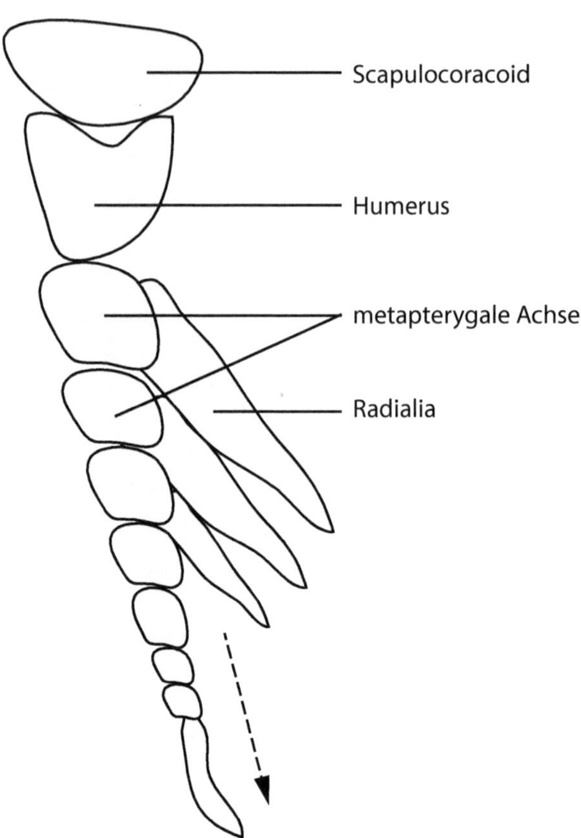

Abb. 6.16 Vereinfachte schematische Darstellung einer Extremität der Sarcopterygii. (Verändert nach Wehner und Gehring 2013)

Radialia verfügen (■ Abb. 6.16). Die ursprünglichen Vertreter der Gruppe waren fischförmig und aquatisch (Actinistia und Dipnoi). Durch die muskulösen Extremitäten und die Ausbildung von Lungen konnte durch Vertreter dieser Gruppe der Schritt an das Land vollzogen werden (Ursprung der Tetrapoda).

Folgende Plesiomorphien der Sarcopterygii werden diskutiert (■ Tab. 6.3)
- paarige Flossen mit Fleischanteil
- massive Kiefer,
- Zähne sind mit Zahnschmelz bedeckt.

Folgende Autapomorphien der Sarcopterygii werden diskutiert:
- rhombische Cosmoidschuppen,
- axiales Extremitätenskelett,
- zwei Rückenflossen,
- Lungen.

◨ Tab. 6.3 Ausgewählte Merkmale der Actinopterygii und Sarcopterygii im Vergleich

	Actinopterygii (Strahlenflosser)	Sarcopterygii (Fleischflosser)
Gemeinsamkeiten	Rückenflosse und Schädelbau als plesiomorphes Merkmal	
Unterschiede		
Seitenliniensystem	Anschluss an Temporalkanal	Anschluss an Infraorbitalkanal
Schuppen	Ganoidschuppen	Cosmoidschuppen
Flossen	Mit mehreren Endoskelettelementen	Mit nur einem proximalen Endoskelettelement

Bei den Sarcopterygii werden derzeit drei mögliche Verwandtschaftsbeziehungen der drei rezenten Gruppen (Actinistia, Dipnoi und Tetrapoda) diskutiert. Morphologische Übereinstimmungen im Labyrinth und Nervensystem sprechen für eine nähere Verwandtschaft der Actinistia und Tetrapoda, wohingegen das Vorhandensein eines Lymphsystems eine mögliche Synapomorphie von Dipnoi und Tetrapoda darstellen könnte. Molekulare Merkmale ermöglichen bislang auch keine eindeutige Klärung der Verwandtschaftsverhältnisse der Sarcopterygii.

6.2.3.5.1 Dipnoi (Lungenfische)

Die Dipnoi (Lungenfische) sind durch einen plumpen, fischförmigen Körper gekennzeichnet und leben in limnischen Gewässern. Heute existieren nur noch sechs Arten:

- der Australische Lungenfisch (*Neoceratodus forsteri*) in der monotypischen Gruppe der Neoceratodontidae,
- vier afrikanische Arten (*Protopterus* spp.) und
- der Südamerikanische Lungenfisch (*Lepidosiren paradoxa*) aus der Gruppe der Lepidosirenidae.

❯ Lungenfische gelten als ein Gondwana-Faunenelement.

Die Dipnoi sind in der Lage, trockene Perioden zu überstehen, indem sie sich selbst Höhlen graben, diese mit Schleim auskleiden und ihre Körperfunktionen dann sehr stark reduzieren.

Folgende Autapomorphien der Dipnoi werden diskutiert
- einheitliches Neurocranium mit verwachsenem Palatoquadratum,
- Reduktion des Hyomandibulare,
- ventral liegende Nasenöffnung,
- große Hirnhemisphären,
- besondere Schädeldachstrukturen,
- Verlust marginaler Kieferknochen,
- medianer Beckengürtel.

Obwohl der deutsche Name „Lungenfisch" assoziiert, dass die Tiere Lungen besitzen, kommt zusätzlich auch Kiemenatmung vor. Die Lungen der Dipnoi stellen ventrale Ausstülpungen des Vorderdarms dar.

6.2.3.5.2 Actinistia (Quastenflosser)

Die Actinistia (Quastenflosser) waren bis 1938 nur als marine Fossilien bekannt, bis *Latimeria chalumnae* (Komoren-Quastenflosser) an den Lavahängen der Komoren und zuletzt 1997 bei Sulawesi *Latimeria menadoensis* (Manado-Quastenflosser) wiederentdeckt wurden (Lazarus-Effekt). Fossile Exemplare sind seit dem Mitteldevon (vor 380 Mio. Jahren) bekannt und galten seit der oberen Kreide (vor 70 Mio. Jahren) als ausgestorben.

Folgende Autapomorphien der Actinistia werden diskutiert
- zweite Rückenflosse mit fleischigem Lobus,
- symmetrische Schwanzflosse mit caudalem Fortsatz,
- Rostralorgan (Röhren um die Nasenöffnung),
- Doppelgelenkung des Unterkiefers,
- hohes hinteres Coronoid,
- Schultergürtel mit Extracleithrum.

6.2.3.6 Tetrapoda (Landwirbeltiere)

Die Tetrapoda (Landwirbeltiere) sind mit etwa 27.000 Arten die artenreichste Gruppe der Sarcopterygii. Bei Betrachtung der fossilen Stammlinienvertreter von fischartigen und noch mit Flossen ausgestatteten Exemplaren hin zur abgeleiteten Gruppe der vierfüßigen Wirbeltiere (Name!) lassen sich Merkmale im Zusammenhang mit dem Leben in Flachwasserzonen bis zum allmählichen Landgang erkennen.

Folgende Autapomorphien der Tetrapoda werden diskutiert
- Reduktion der Phalangen auf fünf,
- Verlust der basicranialen Fissur,
- Schädel ist mit der Wirbelsäule gelenkig verbunden,
- Wirbel mit einem Ossifikationszentrum,
- Mittelohr mit einem Gehörknöchelchen.

Das ursprüngliche Landwirbeltier vereinte sowohl Fisch- als auch Tetrapodenmerkmale. Dies konnte von einem fossilen Fund (*Tiktaalik*) abgeleitet werden, welcher Schuppen und Flossen (Fischmerkmale), aber auch ein Flossenskelett, Rippen und einen flachen Schädel (Tetrapodenmerkmale) besaß.

Das Verlassen des Wassers in das Medium Luft wirkt dabei als starker Selektionsdruck auf die Funktionen von Haut, Sinnes-, Atmungs- und Fortbewegungsorganen:

Integument:	Keratinhaltige Epidermiszellen (Hornschicht, Stratum corneum), drüsenreich (desinfizierend, befeuchtend)
Augen:	Tränendrüsen und Lider
Gehör:	Ohrbuchten mit Trommelfell, spiraculäre Kiemenspalte wird Mittelohr (Paukenhöhle), Hyomandibulare (= Epihyale) wird Stapes (Steigbügel)
Nase:	Innere Nasenöffnungen (Choanen), Riechepithel am Nasendach
Atmung:	Reduktion innerer Kiemen und knöcherner Kiemendeckel, Laryngo-Trachealskelett, Vergrößerung der respiratorischen Lungenoberfläche
Extremitäten:	Reduktion der Rücken- und Analflosse, Gelenk zwischen Zeugopodium und Stylopodium sowie anschließendes Autopodium (◘ Abb. 6.17), Verbindung von Schädel mit Schultergürtel ist aufgelöst, Beckengürtel ist über Sakralrippen an der Wirbelsäule fixiert, Ilium (Darmbein) ist dorsal ausgedehnt, Ischium und Pubis (Sitzbein) sind verschmolzen und vergrößert
Schädel:	Schädeldach aus paarigen Postparietalia, Parietalia, Frontalia und Nasale; Hinterhauptsgelenkhöcker
Wirbel:	Rhachitomer Wirbelbau im Grundmuster, zylindrische Wirbelkörper sind zweimal konvergent entstanden

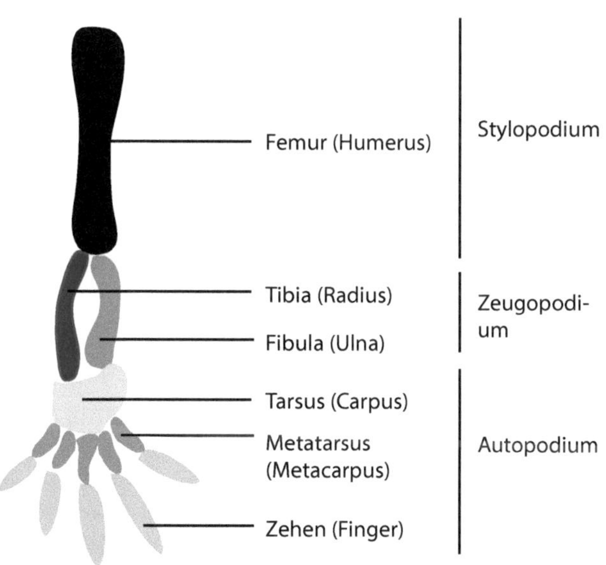

◘ **Abb. 6.17** Schematische Darstellung der unteren und oberen (Begriffe in Klammern) (oberen) Extremität der Tetrapoda. Das Autopodium stellt den distalen Bereich (Hand- oder Fußbereich) von Extremitäten dar. Zehen (Finger) sind gegliedert in ein Grundglied (proximale Phalanx), ein Mittelglied (mittlere Phalanx) und ein Endglied (distale Phalanx). (Verändert nach Wehner und Gehring 2013)

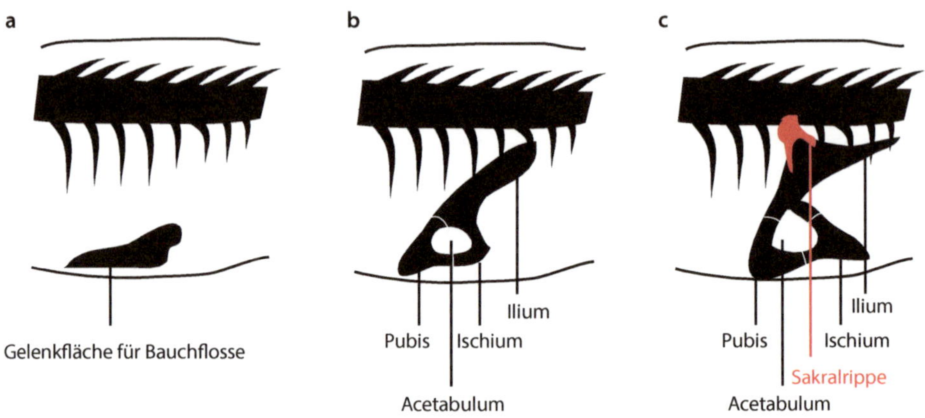

◘ Evolution des Beckengürtels. **a** Laterale Ansicht des Beckengürtels eines „Fisches". Wirbelsäule und Rippen liegen dorsal und ein kleiner Beckengürtel ventral. **b** Ursprüngliches Tetrapoda-Stadium. Der Beckengürtel ist vergrößert mit drei typischen Elementen. **c** Der Beckengürtel ist weiter vergrößert, das Ilium sitzt fest an der vergrößerten Sakralrippe (rot). (Verändert nach Romer et al. 1989)

Die Umgestaltung des Beckengürtels ist ein wesentlicher Bestandteil in der Evolution der Tetrapoda Wohingegen bei den „Fischen" der Beckengürtel noch relativ klein ist, nimmt er bei den Tetrapoda in der Größe durch das Vorhandensein der mächtigen Hintergliedmaßen zu. Bei den „Fischen" findet sich für jede Gürtelhälfte nur ein stabförmiges, knorpeliges Skelettstück, welches in Bindegewebe und Muskulatur eingehüllt ist. Das Becken ist nicht an der Wirbelsäule befestigt. Bei den Tetrapoda hingegen kommt es zu einer Verbindung des Axialskeletts mit dem Beckengürtel zum Zweck, die Extremitäten zu verankern. Ventral breitet sich der Gürtel aus und setzt sich aus zwei Teilen zusammen: Pubis und Ischium. Beide Teile sind miteinander verschmolzen.

Der Übergang zur terrestrischen Lebensweise ist allerdings nicht unmittelbar die Voraussetzung für die Entstehung der Tetrapoda, da die meisten fossilen Funde ursprünglicher Tetrapoda noch ein Seitenliniensystem besitzen, das auf eine aquatische Lebensweise Rückschlüsse ziehen lässt. Sekundär wurde in vielen Gruppen wieder zur aquatischen Lebensweise übergegangen, z. B. bei den Cetacea (Walen).

Die Monophylie der Tetrapoda ist unstrittig, die beiden rezenten Großgruppen sind die Lissamphibia (Amphibien) und die Amniota (Amniontiere).

6.2.3.6.1 Lissamphibia (Amphibien)

Die Lissamphibia (rezente Amphibien) zählen mit etwa 8100 beschriebenen Arten zu einer weltweit verbreiteten Großgruppe der Tetrapoda. Vertreter dieser Gruppe haben eine ans Wasser gebundene larvale Entwicklungsphase, außerdem fehlen beschalte Eier und eine Embryonalhülle. Sie können in ihrer Gesamtgröße von etwa 10 mm (kubanische Monte-Iberia-Fröschchen, *Eleutherodactylus iberia*) bis zu 1,5 m (Chinesischer Riesensalamander, *Andrias davidianus*) reichen.

Lissamphibia sind durch eine drüsenreiche Haut gekennzeichnet und haben mehrfach unabhängig den Übergang zu einer terrestrischen Lebensweise vollzogen. Die meisten Arten zeigen einen ursprünglichen biphasischen Lebenszyklus mit aquatischer Larve und terrestrischem Adultstadium (◘ Abb. 6.19).

Viele Arten der Lissamphibia sind bedeutende Bioindikatoren, die sehr sensibel auf Klimawandel, Habitatverlust, Pilze, Viren, Pestizide und UV-Strahlung reagieren. Amphibien gehören weltweit zur am stärksten bedrohten Wirbeltiergruppe. Über ein Drittel der Arten sind vom Aussterben bedroht oder bereits ausgestorben. Maßgeblich verantwortlich hierfür sind die Habitatzerstörung, der Einsatz von Pestiziden und die zunehmende Ausbreitung von Infektionskrankheiten, wie z. B. die Chytridiomykose, eine Pilzkrankheit.

Folgende Merkmale der Lissamphibia werden diskutiert

- Fettkörper, entstehen aus dem vorderen Teil der Keimleiste,
- reduzierte Zahl von Schädelknochen,
- verkürztes Schädeldach,
- besondere Zahnmerkmale,
- Papilla amphibiorum (Sinnesepithel im Innenohr),
- Reduktion des vorderen Autopodiums auf vier Phalangen,
- Rippen erreichen nicht das Brustbein oder fehlen völlig,
- stark vaskularisierte Haut mit Schleim- und Hautgiftdrüsen,
- Grünstäbchen im Auge,
- Larvalentwicklung mit anschließender Metamorphose.

Embryogenese	Holoblastische (total-inäquale) Furchung
Körperhöhle	Coelomat
Nervensystem	Grundplan der Gnathostomata mit vergrößertem Telencephalon und Diencephalon
Sinnesorgane	Larval noch mit Seitenlinienorgan (Ampullenorgane) – zunehmend reduziert bei Adulti, Augen mit Rückziehmuskel (Musculus retractor bulbi), Innenohr mit Papilla amphibiorum
Verdauungssystem	Grundplan der Gnathostomata
Kreislaufsystem	Herz (zwei Atrien, ein Ventrikel), paarige, sackförmige Lungen, Hautatmung, Lymphsystem mit Lymphherzen und -klappen
Exkretionssystem	Larvaler Pronephros, adulter Opisthonephros
Fortpflanzung	Ovipar bis vivipar, primär innere Befruchtung (äußere Befruchtung kommt vor)
Entwicklung	Häufig biphasischer Lebenszyklus mit Metamorphose, Neotenie (Geschlechtsreife im Larvalstadium) in einigen Fällen

Die Verwandtschaftsverhältnisse der Lissamphibia, auch zu fossilen Vertretern, werden stark diskutiert. Sicher ist die Einteilung in drei Großgruppen (◘ Abb. 6.18) – Caudata (Schwanzlurche; ◘ Abb. 6.19a), Anura (Froschlurche; ◘ Abb. 6.19b) und Gymnophiona (Blindwühlen) – und das Schwestergruppenverhältnis von Schwanz- und Froschlurchen.

6

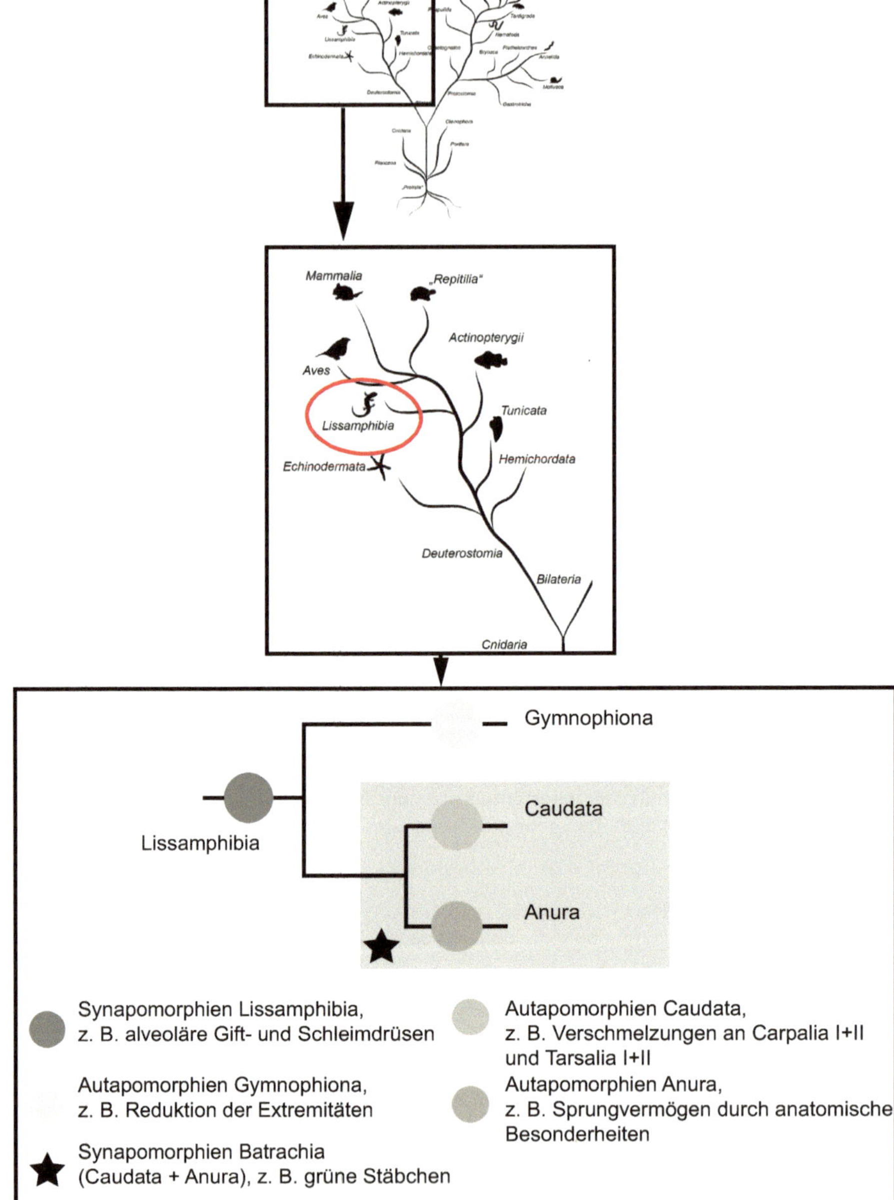

Abb. 6.18   Vereinfachte Phylogenie der Lissamphibia (Verändert nach Westheide und Rieger 2013b)

■ **Steckbrief Großgruppen Lissamphibia (Verweis** ■ **Abb.** 6.18)

I. Gymnophiona (Blindwühlen)
  − etwa 214 Arten,
  − grabend oder aquatisch,

▣ Abb. 6.19 Körperbau der Caudata und Anura im Vergleich. **a** Caudata, z. B. *Salamandra salamandra* (Feuersalamander). Sie besitzen einen ursprünglichen Körperbau mit Schwanz. **b** Anura, z. B. ein Vertreter der Gruppe Pelodryadidae (Australische Laubfrösche). Sie haben einen abgeleiteten Körperbau; der Schwanz ist reduziert, die Wirbelsäule verkürzt, und sie besitzen Sprungvermögen. (Fotos **a**: Sebastian Steinfartz; **b**: Isabell Schumann)

- umlaufende Hautfalten (Annuli),
- mineralisierte mesodermale Schuppen,
- Hautmuskelschlauch,
- Männchen mit Begattungsorgan (Phallodaeum),
- Gliedmaßen sind reduziert,
- Zähne in Doppelreihen,
- Tentakelorgan (olfaktorisch).
  Dazu zählen: Rhinatrematidae, Ichthyophiidae, Teresomata.

> Bei den Gymnophiona bilden die hypaxonische Muskulatur der Körperwand und die oberflächliche epaxonische Muskulatur eine fast vollständig den Körper umfassende Funktionseinheit. Dieser so gebildete Hautmuskelschlauch befähigt zu geradliniger Fortbewegung in Anpassung an die unterirdische oder aquatische Lebensweise.

II. Batrachia
- Carotis-Labyrinth,
- Schallweiterleitung über Operculum,
- Papilla neclecta des Innenohrs ist reduziert,
- Kieferknochen sind reduziert (Jugale, Postorbitale und Surangulare),
- Pterygoid und Palatinum sind nicht artikuliert,
- grüne Stäbchen der Retina.
  a. Caudata (Schwanzlurche)
  - etwa 743 Arten,
  - ursprünglicher Körperbau,
  - Maxillare ohne Verbindung zum Quadratum,
  - umlaufende Hautfalten (Annuli),
  - kein Trommelfell,
  - keine Paukenhöhle,
  - keine Eustachische Röhre,
  - Regenerationsvermögen,
  - distale Carpalia I + II und distale Tarsalia I + II sind zu Basale commune verschmolzen.

Dazu zählen: Sirenoidea, Cryptobranchoidea und Salamandroidea.

b. Anura (Froschlurche)
- etwa 7144 Arten,
- Frontale und Parietale sind verschmolzen,
- Reduzierung von Schädelknochen,
- drei Paar Rippen,
- Ilium, Tibulare und Fibulare sind verlängert (Sprungvermögen),
- verkürzte Wirbelsäule,
- Radius ist mit Ulna und Tibia mit Fibula verschmolzen,
- Mittelohr mit Trommelfell, Paukenhöhle, Eustachische Röhre, verschließbare Nasenöffnungen,
- subcutane Lymphräume,
- Larvenmorphologie (interne Kiemen, Kiefer mit Hornscheiden und Keratodonten, keine Ampullenorgane).
  Dazu zählen: „Archaeobatrachia" (mit Leiopelmatidae, Alytidae, Bombinatoridae, Pipidae und Pelobatidae) und Neobatrachia (96 % aller Anura mit Hylidae, Bufonidae, Dendrobatidae, Ranidae und Petropedetidae).

6.2.3.7 Amniota (Amniontiere)

Mit den Amniota (Amniontiere) sind die Wirbeltiere endgültig an Land gegangen und haben keine wassergebundene Larvalphase bzw. Embryonalentwicklung mehr. Die nun vor Austrocknung geschützten ledrigen oder verkalkten Eier enthalten eine mit Fruchtwasser gefüllte Embryonalhülle. Dieser Evolutionsschritt war die Voraussetzung für die erfolgreiche Radiation der Landwirbeltiere. Die Amniota haben das Wasser praktisch mit ins Ei genommen. Weitere Anpassungen werden in den einzelnen Gruppen realisiert (◘ Abb. 6.20; Sauropsida und Synapsida).

Embryogenese	Discoidale Furchung
Körperhöhle	Coelomat
Nervensystem	Vergrößerung von Pallium und Striatum
Sinnesorgane	Seitenlinienorgan reduziert
Verdauungssystem	Keine Besonderheiten
Kreislaufsystem	Zunehmende Unterteilung in Herz- und Lungenkreislauf, Untergliederung des Ventrikels im Herzen
Exkretionssystem	Metanephros (nicht segmental) mit Harnleiter
Fortpflanzung	Innere Befruchtung, unpaares männliches Kopulationsorgan
Entwicklung	Keine Metamorphose

Auch wenn die Amniota morphologisch und ökologisch sehr vielfältig sind, ist die Monophylie unstrittig. Die Amniota bestehen aus den zwei Großgruppen, Sauropsida und Synapsida, welche morphologisch vor allem durch die Schädelmerkmale charakterisiert werden können (◘ Tab. 6.4).

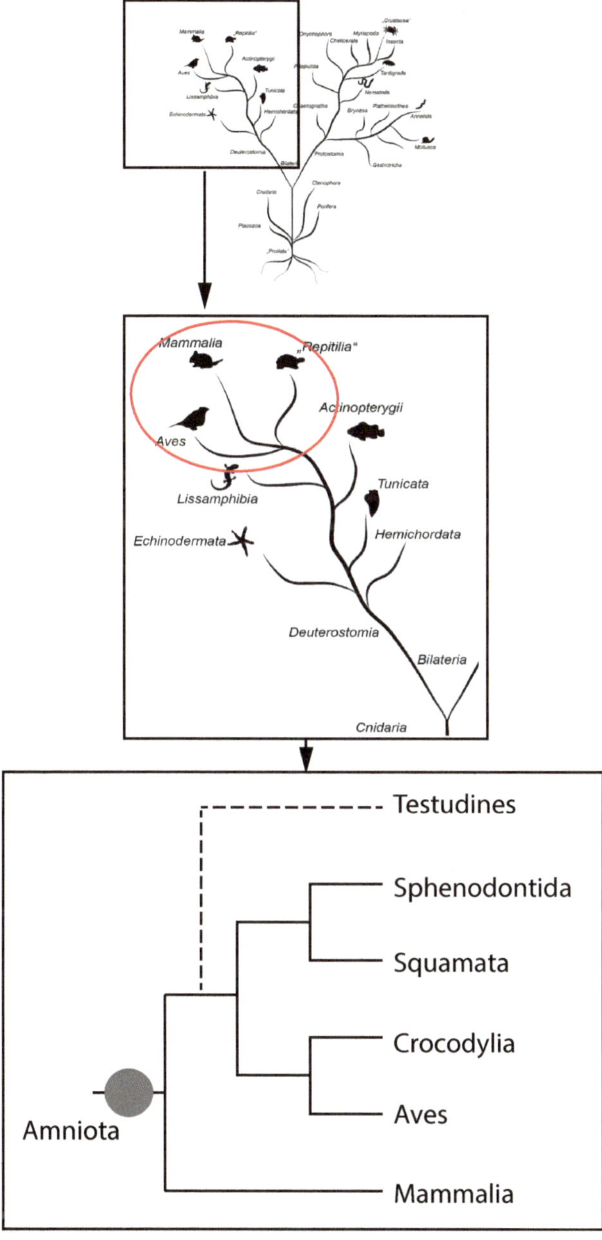

◙ Abb. 6.20 Vereinfachte Phylogenie der Amniota Die Position der Testudines ist unklar. (Verändert nach Westheide und Rieger 2013b)

◼ Tab. 6.4   Vergleich der Schläfenfenster bei den Tetrapoda

Schädeltyp	Merkmal	Gruppe
Anapsid	Ohne Schläfenfenster und Jochbogen	Lissamphibia
Diapsid	Zwei Schläfenfenster und zwei Jochbögen	Sauropsida, außer Testudines
Synapsid	Unteres Schläfenfenster erhalten, ein Jochbogen	Mammalia

Folgende Autapomorphien der Amniota werden diskutiert

- Embryonalhülle mit Fruchtwasserbehälter,
- vier extraembryonale Membranen: Amnion (innere Hülle), Chorion (äußere Hülle), Dottersack und Allantois,
- Reduktion des Seitenlinienorgans,
- nicht-segmentale Niere,
- Saugatmung.

Weitere Merkmale gehören zum Grundmuster der Amniota

- Atlas-Axis-Gelenkung des Kopfes,
- Condylus occipitalis,
- reduzierte Unterkieferdeckknochen,
- Pterygoid ist flügelartig verbreitert,
- Untergliederung des Ventrikels führt zu Körper- und Lungenkreislauf,
- vergrößertes Endhirn,
- Hornschuppen statt drüsenreicher Haut,
- keine aquatischen Larven.

Amnionbildung der Amniota

Um die sich meroblastisch discoidal furchende Keimscheibe bilden sich Falten aus extraembryonalem Ektoderm und extraembryonalem Coelom. Der dabei gebildete flüssigkeitsgefüllte Raum schließt sich zur Amnionhöhle. Außen entsteht die Serosa und innen das Amnion. Ebenfalls aus extraembryonalem Ektoderm bildet sich unter mesodermaler Beteiligung der Dottersack. Für den Stoffwechsel wächst zwischen Serosa und Amnion die Allantois aus der embryonalen Kloakalregion ein.

6.2.3.7.1 Sauropsida

Zu den Sauropsida zählen die Reptilien und die Vögel. Sehr lange wurden die Testudines (Schildkröten), Crocodylia (Krokodile), Sphenodontida (Brückenechsen) und Squamata (Schuppenkriechtiere) als paraphyletische Gruppe „Reptilia" zusammengefasst. Sie findet aber durch molekulare Merkmale keine Berechtigung im System mehr. Heute werden oft die gesamten Sauropsida als „Reptilia" bezeichnet (◼ Abb. 6.21).

◨ Abb. 6.21 Vertreter der Sauropsida. **a** *Geochelone pardalis* (Pantherschildkröte, Testudines). **b** *Varanus salvator* (Bindenwaran, Squamata). **c** *Bitis arietans* (Puffotter, Squamata). **d** *Crocodylus niloticus* (Nilkrokodil, Crocodylia). (Fotos **a–d**: Justus Hennecke)

Sphenodontida (Brückenechsen) und Squamata (Schuppenkriechtiere) werden als Lepidosauria zusammengefasst und stellen die Schwestergruppe zu den Archosauria dar. Zu den Archosauria zählen die Crocodylia (Krokodile) und Aves (Vögel).

Folgende Plesiomorphien der Sauropsida werden diskutiert

- drüsenarme, stark keratinhaltige Haut mit Hornschuppen,
- unvollständig unterteilter Herzventrikel.

Folgende Autapomorphien der Sauropsida werden diskutiert

- besondere Schädelmerkmake, z. B. reduziertes Tabulare (Hinterhauptsbein) des Schädels,
- Verschmelzung der ersten Halswirbel,
- quergestreifte Muskulatur der Iris.

Synapomorphien der Lepidosauria

- quer stehende Kloakalspalte,
- Verlust des unpaaren Penis,
- gekerbte Zunge,
- regelmäßige Häutung des gesamten Integuments.

Synapomorphien der Archosauria
- thecodonte Zähne,
- Sternum fehlt,
- besondere Fußstruktur.

6.2.3.7.1.1 Testudines (Chelonia, Schildkröten)

Die Testudines (Chelonia, Schildkröten) stellen eine Gruppe mit etwa 280 Arten dar. Sie kommen weltweit vor und sind ökologisch sehr vielfältig. Es gibt sowohl aquatische als auch terrestrische Vertreter der Testudines. Unter den Schildkröten konnten sich auch Riesenformen entwickeln oder überleben, z. B. auf Inselgruppen wie den Seychellen oder den Galápagos-Inseln.

> **Definition**
>
> Die Galápagos-Inseln stehen für eine besondere biologische Diversität. Charles Darwin entwickelte hier seine Evolutionstheorie. Bekannte Beispiele sind die Darwinfinken, Meerechsen und Galápagos-Schildkröten.
>
> Die Galápagos-Inseln sind ein gutes Beispiel für die Inseltheorie (= Verbreitung von Arten und Zusammensetzung deren Lebensgemeinschaften auf Inseln).

Folgende Merkmale der Testudines werden diskutiert
- anapsider Schädel,
- Reduktion der Zähne,
- Rücken- und Bauchpanzer.

Charakteristisches Merkmal aller Schildkröten ist der geschlossene Rücken- (Carapax) und Bauchpanzer (Plastron). Über eine Brücke stehen beide Panzerteile in Verbindung, sodass nur vorn und hinten eine Öffnung besteht.

Der Rückenpanzer setzt sich aus vier Teilen, der Bauchpanzer aus fünf Teilen zusammen:
- Rückenpanzer: Nackenschild, mediane Neuralia mit Dornfortsätzen der Wirbelsäule verwachsen, Costalia mit Rippen verwachsen, seitliche Marginalia.
- Bauchpanzer: abgeflachte Claviculae (= Epiplastron), unpaare Interclavicula (= Entoplastron), drei Knochenpaare (Hyo-, Hypo-, und Xiphiplastron).

Der Kopf kann gruppenspezifisch unter den Panzer eingezogen werden.

Der ebenfalls charakteristische anapside Schädel ist möglicherweise ein ursprüngliches Merkmal oder aber ein abgeleitetes Merkmal der Testudines, wofür auch molekulargenetische Untersuchungen sprechen. Die Zähne sind bei rezenten Arten reduziert und durch eine Hornleiste ersetzt worden.

Embryogenese	Stadieneinteilung der Embryonalentwicklung
Körperhöhle	Coelomat
Nervensystem	Reptilienmuster
Sinnesorgane	Riechsinn besonders stark ausgeprägt (Vomeronasalorgan)

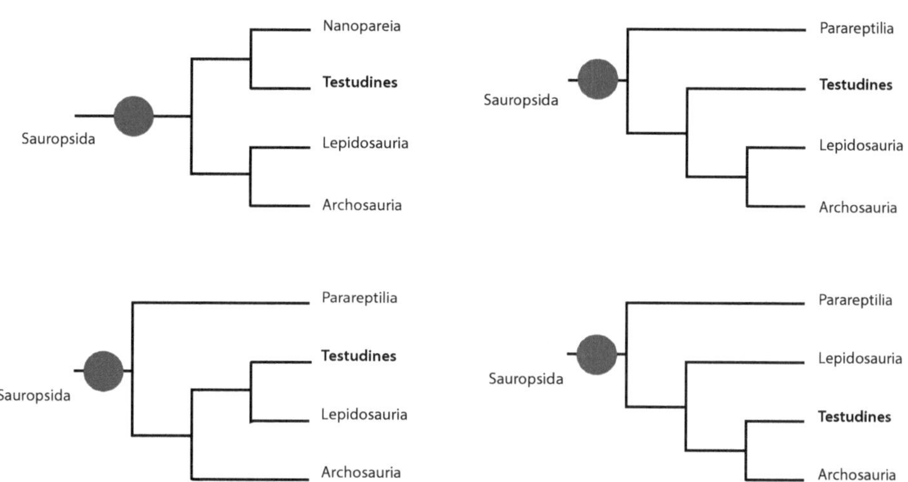

❏ **Abb. 6.22** Verschiedene Hypothesen zur phylogenetischen Position der Testudines innerhalb der Sauropsida. Durch das morphologische Merkmal des anapsiden Schädels können die Testudines als basale Gruppe angesehen werden, molekulare Merkmale sprechen hingegen für eine Verwandtschaft mit den Diapsida (Lepido- und Archosauria). (Verändert nach Westheide und Rieger 2013b)

Verdauungssystem	Kloake
Kreislaufsystem	Linke Öffnung der Herzkammer (ventral zum Aortenbogen), großer Sinus venosus, besondere Atemmuskeln zur Bewegung des Panzers
Exkretionssystem	Metanephros
Fortpflanzung	Getrenntgeschlechtlich, ovipar
Entwicklung	Direkte Entwicklung

❯ Bei den Schildkröten bestimmt die Umgebungstemperatur die Entwicklung des Geschlechts. Bei kalten Temperaturen schlüpfen eher Männchen, bei höheren Temperaturen eher Weibchen.

Die zwei Großgruppen der Testudines werden aufgrund ihrer Halsbeweglichkeit getrennt: Pleurodira (Halswender) und Cryptodira (Halsberger). Die Einteilung in diese beiden Gruppen ist unbestritten, wohingegen die Position der Testudines im System der Amniota in Bezug auf morphologische und molekulare Merkmale bis heute umstritten bleibt (❏ Abb. 6.22).

■ **Steckbrief Großgruppen Testudines**

I. Pleurodira (Halswender)
- etwa 68 Arten,
- Halswirbelsäule mit waagerechter S-Krümmung,
- Becken ist mit dem knöchernen Bauchpanzer verwachsen,
- Halswirbel mit kräftigen Querfortsätzen.

II. Cryptodira (Halsberger)
- etwa 212 Arten,
- Halswirbelsäule mit senkrechter S-Krümmung,
- Becken ist über Bänder mit dem knöchernen Bauchpanzer verbunden,
- Halswirbel mit schwachen Querfortsätzen.

6.2.3.7.1.2 Lepidosauria: Sphenodontia (Brückenechsen)

Die rezenten Sphenodontia (Brückenechsen) sind eine kleine Gruppe der Sauropsida, die heute nur noch auf etwa 30 Inseln vor Neuseeland vorkommen. Die etwa 80 cm großen, gräulichen Tiere sind räuberisch und nachtaktiv. Die Lebensweise der Tiere ist noch nicht hinreichend untersucht, Besonderheiten konnten aber in Bezug auf die Umgebungstemperaturen festgestellt werden. Das Temperaturoptimum liegt bei 17–20 °C, unter 7 °C werden die Tiere lethargisch.

Nur zwei Arten – *Sphenodon punctatus* und *S. guentheri* – sind von Neuseeland vorgelagerten Inseln beschrieben.

Folgende Merkmale der Sphenodontia werden diskutiert
- ursprüngliche Merkmale des diapsiden Schädels: Schläfenbogen ist vollständig aus Jugale gebildet,
- charakteristische Ober- und Unterkieferbezahnung,
- Coronoid des Unterkiefers nach oben gerichtet,
- Praemaxillare mit knöchernen Fortsätzen,
- Lacrimale reduziert.

6.2.3.7.1.3 Lepidosauria: Squamata (Schuppenkriechtiere)

Die Squamata (Schuppenkriechtiere) umfassen mit etwa 6000 Arten die größte Gruppe der Sauropsida. Sie besiedeln alle terrestrischen Lebensräume, einige Ver-

Insgesamt werden 74 Autapomorphien für die Squamata diskutiert, z. B.
- Streptostylie (= bewegliches Quadratum),
- paarige Kopulationsorgane.

Weitere Merkmale charakterisieren die Squamata
- Haut mit Hornschuppen,
- Neigung zur Rückbildung der Gliedmaßen und des Schultergürtels,
- kalkige oder dünnwandige Eier.

Squamata sind mittelgroße Tiere und können mit der Waranart *Varanus komodoensis* eine Größe von 3,10 m erreichen. Sie weisen einen echsen- oder schlangenartigen Körperbau auf.

Embryogenese	Holoblastische Furchung
Körperhöhle	Coelomat
Nervensystem	Gehirn kleiner als Kopfkapsel, verdickter Bulbus olfactorius, Cerebellum gruppenspezifisch
Sinnesorgane	Parietalauge (Augen können auch reduziert sein), Geruchsorgane (Jakobsonsches Organ, Gehörorgan aus drei Teilen (äußeres Ohr, Mittelohr und Innenohr))
Verdauungssystem	Magen-Darm-Kanal mit abschnittsspezifischem Schleimhautrelief
Kreislaufsystem	Herz vielfach abgewandelt, Lunge ursprünglich und einfach sackartig
Exkretionssystem	Metanephros, paarig
Fortpflanzung	Oviparie, Viviparie, Parthenogenese in allen Hauptlinien
Entwicklung	Direkte Entwicklung

Die Systematik der Squamata ist noch unzureichend aufgeklärt, wobei eine traditionelle Aufteilung in Echsen (Sauria) und Schlangen (Serpentes) aufgrund der näheren Verwandtschaft der Serpentes mit den Varanoidea (Warane) infrage gestellt wird. Damit sind die Sauria ein Paraphylum.

- **Steckbrief Großgruppen Squamata**
  I. Iguania (Leguanartige)
     - etwa 800 Arten,
     - meist groß und herbivor.
       Dazu zählen: Polychrotidae (Buntleguane), Tropiduridae (Kielschwanzleguane) und Iguanidae (Leguane).
  II. Acrodonta
     - etwa 550 Arten,
     - Zähne auf der Kauleiste des Kiefers aufsitzend (Name!).
     - Dazu zählen: Agamidae (Agamen) und Chamaeleonidae (Chamäleons).
  III. Scleroglossa
     - artenreichste Gruppe,
     - über Schädel- und Skelettmerkmale begründet.
       Dazu zählen: Gekkota (Geckoartige) mit Gekkonidae (Echte Geckos), Diplodactylidae (Doppelfingergeckos) und Phyllodactylidae (Blattfingergeckos); Autarchoglossa (Eidechsenartige) mit Lacertidae (Echte Eidechsen), Scincidae (Skinke) und Teiidae (Schienenechsen); Anguimorpha (Schleichenartige) mit Anguidae (Schleichen), Serpentes (Schlangen) und Varanoidea (Warane).

6.2.3.7.1.4 Archosauria: Crocodylia (Krokodile)

Die Crocodylia (Krokodile) sind durch etwa 25 Arten eine kleine Gruppe der Archosauria. Sie sind geprägt durch eine amphibische Lebensweise und somit Topprädatoren in Seen, Flüssen und flachen Meeresbereichen.

Folgende Autapomorphien der Crocodylia werden diskutiert
- sekundärer Gaumen mit Pterygoidbeteiligung,
- Hinterhauptsdach ist abgeplattet,
- senkrechte Pupille,
- Astragalus-Calcaneus-Gelenk (Sprungbein-Fersenbein).

Folgende Synapomorphien teilen die Crocodylia mit den Aves
- Muskelmagen,
- geschlossene Herzscheidewand.

Die Crocodylia sind durch einige morphologische Merkmale an ihre Lebensweise im Wasser angepasst:
- durch einen lateral komprimierten Ruderschwanz,
- durch Schwimmhäute zwischen den Zehen,
- durch verschließbare, dorsal liegende Nasenlöcher und
- durch verschließbare äußere Gehörgänge und Choanen.

> Die Schnauzenform (kurz und breit/schmal und lang) der Crocodylia ist an den Lebensraum und die Ernährungsweise angepasst:
> - Bewohner von Kleingewässern oder Tümpeln besitzen eine kurze und breite Schnauze, z. B. das Stumpfkrokodil (*Osteolaemus tetraspis*).
> - Bewohner anderer Gewässer und auf Fisch spezialisierte Arten besitzen stark verlängerte Kiefer, z. B. das Westafrikanische Panzerkrokodil (*Mecistops cataphractus*).

Embryogenese	Holoblastische Furchung
Körperhöhle	Coelomat
Nervensystem	Gehirn hochdifferenziert, Vorderhirn mit schmaler Zone als Neocortex ausgebildet
Sinnesorgane	Augen ohne Skleralring und Ringwulst, Gehörorgan durch Lautäußerung hoch entwickelt, kein Jacobsonsches Organ
Verdauungssystem	Mit langem Oesophagus, Darm mit Mittel- und Enddarm
Kreislaufsystem	Herz mit geschlossener Scheidewand
Exkretionssystem	Zwei ungleich große Nieren, Harnblase fehlt, Kloake für Osmoregulation

| **Fortpflanzung** | Getrenntgeschlechtlich, ovipar |
| **Entwicklung** | Direkte Entwicklung, mit stark ausgeprägter Brutpflege, Geschlechterentwicklung temperaturabhängig |

> Der Diaphragmaticus-Muskel der Krokodile ist analog zum Diaphragma (Zwerchfell) der Säugetiere.

Die Klassifikation der Crocodylia ist weitestgehend noch umstritten. Basierend auf kontroversen Ergebnissen von morphologischen und molekularen Merkmalen können sie entweder in drei Gruppen oder in drei Untergruppen eingeteilt werden. In diesem Buch wird der systematischen Einteilung in drei Gruppen gefolgt.

■ **Steckbrief Großgruppen Crocodylia**

I. Alligatoridae (Alligatoren und Kaimane)
- etwa acht Arten,
- Zähne sind bei geschlossenem Maul nicht sichtbar.

II. Crocodylidae (Echte Krokodile)
- etwa 15 Arten,
- 4. Unterkieferzahn ist durch eine Kerbe im Oberkiefer bei geschlossenem Maul sichtbar,
- hinterer Ectopterygoidfortsatz fehlt.

III. Gavialidae (Gaviale)
- etwa zwei Arten,
- spezialisierte Fischjäger: longirostriner Schädel, viele seitlich abstehende und homodonte Zähne.

6.2.3.7.1.5 Archosauria: Aves (Vögel)

Die Aves (Vögel) sind mit etwa 10.000 Arten neben den Teleostei die artenreichste Gruppe der Craniota. Sie kommen ubiquitär vor, selbst in der Antarktis und auf dem offenen Meer (◨ Abb. 6.23). Die Aves haben den Luftraum erobert und sind durch zahlreiche Merkmale an diesen Lebensraum angepasst, wie beispielsweise:
- Hornschnabel,
- hocheffizienter Atmungsapparat,
- Körper- und Lungenkreislauf getrennt,
- Vergrößerung der Hemisphären des Endhirns,
- Verstärkung visueller Wahrnehmung,
- Skelettveränderungen, z. B. pneumatisierte Knochen, gelenkig verbundene Rippen, Verschmelzung von Lenden- und Brustwirbeln.

Die Veränderungen im Körperbau, vor allem im Skelett und den Organsystemen, steht im Kontext einer Gewichtsreduktion in Anpassung an den Flug.

Die Vorderextremitäten der Aves sind zu Flügeln umgebaut, die mit Federn überzogen sind (◨ Abb. 6.24). Die Hinterbeine bleiben frei für andere Funktionen: Laufen, Hüpfen, Schwimmen und Beutegreifen. Somit sind der Flug- und Laufapparat vollständig getrennt voneinander.

6

Abb. 6.23 Verschiedene Vertreter ausgewählter Ordungen der Aves. **a** *Struthio camelus* (Afrikanischer Strauß, Struthioniformes, Palaeognathae). **b** *Cacatua alba* (Weißhaubenkakadu, Psittaciformes). **c** *Coracias garrulus* (Blauracke, Coraciiformes). **d** *Bubo africanus* (Fleckenuhu, Strigiformes). **e** *Haematopus ostralegus* (Austernfischer, Charadriiformes). **f** *Ciconia ciconia* (Weißstorch, Ciconiiformes). **g** *Necrosyrtes monachus* (Kappengeier, Accipitriformes). (Fotos **a, c–f**: Justus Hennecke; **b, g**: Isabell Schumann)

Folgende Plesiomorphien teilen die Aves mit Sauropsiden

- trockene Haut, nur Bürzeldrüse vorhanden,
- Schädel mit Condylus,
- Intertarsalgelenk,
- Niere wie Reptilien mit Harnsäure als Exkretionsprodukt,
- Oviparie.

Folgende Synapomorphien teilen die Aves mit Dinosauriern

- breites Brustbein,
- Schlüsselbein verwachsen zur Furcula (= Gabelbein),
- 1. Zehe des Hinterbeins ist nach hinten gerichtet,
- Federn,
- pneumatisierte Knochen,
- S-förmiger Hals.

Folgende Autapomorphien der Aves werden diskutiert

- Flugvermögen,
- echter Hornschnabel und Reduktion der Zähne,
- Ulna länger als Humerus,
- Endhirn durch hoch entwickelte Basalganglien vergrößert,
- hoch entwickelte Augen,
- Rückbildung des linken Aortenbogens.

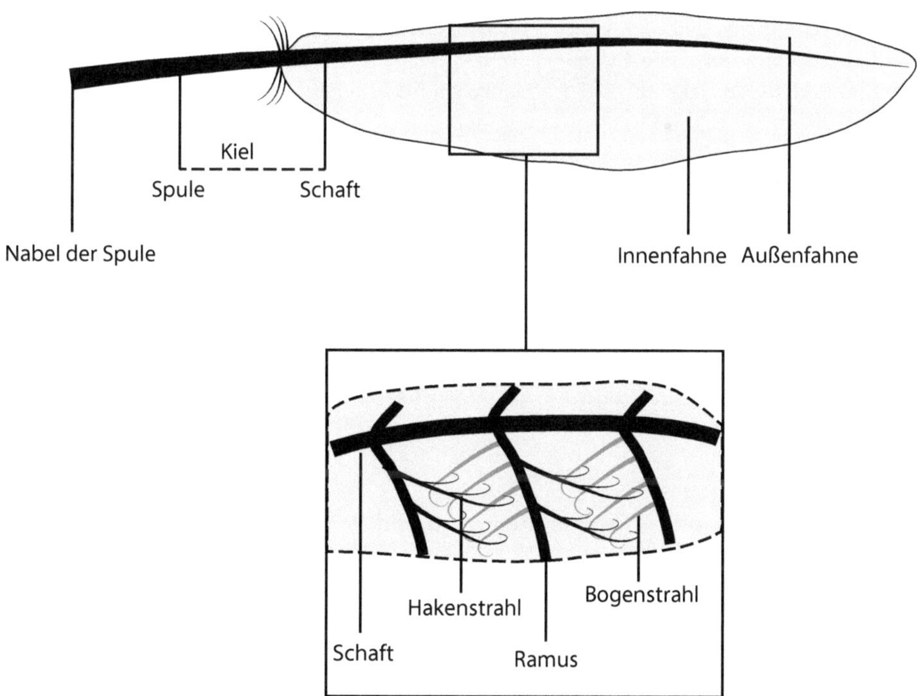

◘ **Abb. 6.24** Schematische Darstellung einer Feder der Aves. Der Ausschnitt zeigt das Ineinandergreifen der unterschiedlichen Strahlenarten einer Feder. (Verändert nach Westheide und Rieger 2013b)

Funktionen, z. B. Schutz- und Isolationsfunktion sowie Signal- oder Tarnfunktion. Es besteht aus sehr vielen Federtypen:

- Konturfedern,
- Dunen- oder Daunenfedern,
- Puderdunen,
- Borstenfedern,
- Fadenfedern,
- Pinselfedern.

Embryogenese	Discoidale Furchung
Körperhöhle	Coelomat
Nervensystem	Endhirn und Kleinhirn sind stark vergrößert
Sinnesorgane	Neu: Pinealorgan an der Epiphyse, kurzer Gehörgang
Verdauungssystem	Schnabel für Nahrungsaufnahme, Darmtrakt mit paarigen Blinddärmen
Kreislaufsystem	Getrennte Kreislaufsysteme (Lunge und Herz), Lunge mit Luftsäcken und Parabronchien, Anastomose zwischen beiden Carotiden
Exkretionssystem	Paarige Nieren, urikotelisch: Ausscheidung von Harnsäure
Fortpflanzung	Paarige männliche Gonaden, unpaare weibliche Gonaden, ovipar, Kloake
Entwicklung	Direkte Entwicklung, mit stark ausgeprägter Brutpflege

> Das Atmungssystem der Vögel zeigt einige Besonderheiten in Anpassung an den Lebensraum Luft: Die Lunge ist weitesgehend mit der Rumpfwand verwachsen und bildet Luftsäcke aus. Die Luftsäcke sind Bildungen zur Ventilation der Lunge und ermöglichen die Durchströmung und den effektiven Gasaustausch.

Die Verwandtschaftsverhältnisse der Aves sind durch molekulare Merkmale in ihren Grundzügen geklärt. Die rezenten („modernen") Vögel werden als Neornithes zusammengefasst, welche sich in zwei Großgruppen teilen: Palaeognathae und die Neognathae (mit Neoaves). Durch Feder- und Schnabelmorphologie lassen sich die Aves systematisch und ökologisch einordnen.

■ **Steckbrief Großgruppen Aves**

I. Palaeognathae
- etwa 57 Arten,
- Bau des Gaumens (Vomer, Pterygoid und Palatinum) – „großes Pflugscharbein (Vomer)",
- dorsal flache Unterkiefersymphyse,
- Fenster zwischen Ilium und Ischium,
- Längsrillen in Unter- und Oberschnabel,

— Maxillarfortsatz des Nasale ist vom Maxillare getrennt.
Dazu zählen: Struthionidae (Strauße), Rheidae (Nandus), Casuariidae (Kasuare und Emus), Apterygidae (Kiwis) und Tinamidae (Steißhühner).

❯ In der Gruppe der Palaeognathae sind einige Vertreter sekundär flugunfähig, z. B. Strauße und Nandus. Die flugunfähigen Vertreter der Palaeognathae leben auf verschiedenen Südkontinenten und zeigen eine Gondwana-Verteilung. Die flugunfähigen Nandus, Strauße und Emus gelten somit – wie auch die Dipnoi (Lungenfische) und Onychophora (Stummelfüßer) – als Gondwana-Faunenelement.

II. Neognathae

— intrapterygoidales Gaumengelenk – „kleines Pflugscharbein",
— Fenster zwischen Ilium und Ischium ist caudal geschlossen.
Dazu zählen: Galloanseres mit Galliformes (Hühnerartige) und Anseriformes (Entenartige). Die weiteren Gruppen werden als Neoaves zusammengefasst (◘ Tab. 6.5).

◘ **Tab. 6.5** Ordnungen der Neoaves. Zu jeder Gruppe werden die wichtigsten Merkmale genannt

Ordnung	Wichtige Merkmale
„Ciconiformes" (Störche, Ibisse und Reiher)	- Langbeinig - Langer Schnabel
„Pelecaniformes" (Pelikane, Fregattvögel, Komorane, Tölpel u. a.)	- Kehlsack und Schwimmhäute der Zehen sind konvergent entstanden
Sphenisciformes (Pinguine)	- Etwa 17 Arten - Flügel paddelartig - Körper ist stromlinienförmig an das Tauchen angepasst
Gaviiformes (Seetaucher)	- Etwa 5 Arten - Schwimmbeine mit konvergenter Lappenbildung
Procellariiformes (Röhrennasen)	- Etwa 100 Arten - Röhrenorgan auf Schnabel, dient u. a. zur Salzauscheidung - Magenöl zur Verteidigung
„Gruiformes" (Kraniche, Trappen, Rallen u. a.)	- Etwa 200 Arten - Heterogene Gruppe - Langbeinig
Podicipediformes (Lappentaucher) und Phoenicopteriformes (Flamingos)	- Etwa 26 Arten - Amorphe Calciumphosphatschicht der Eier - 11 Handschwingen - Von denselben Cestoden parasitiert
Columbiformes (Flughühner und Tauben)	- Etwa 326 Arten - Saugtrinken

(Fortsetzung)

◨ Tab. 6.5   (Fortsetzung)

Ordnung	Wichtige Merkmale
Charadriiformes (Regenpfeiferartige)	- Etwa 350 Arten - Hauptsächlich marin - Salzdrüsen - Weltweit verbreitet
Cuculiformes (Kuckucke)	- Etwa 79 Arten - 4. Zehe ist nach hinten gedreht (zygodactyl) - Brutparasitismus bei einigen Arten
Strisores (Schwalme, Segler und Kolibries)	- Etwa 530 Arten - Besondere Form des Nackenmuskels
Strigiformes (Eulen)	- Etwa 178 Arten - Meist dämmerungs- und nachtaktive Räuber - Gesicht als Schalltrichter - Bauen keine Fettvorräte auf
„Falconiformes" (Taggreifvögel)	- Falconidae (Falken) sind näher mit Passeriformes verwandt
Coliiformes (Mausvögel)	- Etwa 6 Arten in Afrika
Psittaciformes (Papageien)	- Etwa 358 Arten - Zygodactyler Fuß - Großer umgebogener Oberschnabel
Passeriformes (Sperlingsvögel)	- Artenreichste Gruppe - Acanthisittidae (Maorischlüpfer) als Schwestergruppe aller Eupasseres, bestehend aus Suboscines (Schreivögel) und Oscines (Singvögel; durch abgeleiteten Syrinx zur Gesangsmodulation befähigt)
Trogoniformes (Trogone)	- Etwa 39 Arten - 2. Zehe ist nach hinten gedreht (zygodactyl)
Bucerotes (Hornvögel, Baumhopfe und Wiedehopfe)	- Etwa 66 Arten - Altweltliche Verbreitung
Piciformes (Spechte, Bartvögel, Tukane u. a.)	- Etwa 402 Arten - Zygodactyler Fuß - Zunehmende Anpassung an Klettern und Höhlenzimmern
„Coraciiformes" (Eisvögel, Racken, Bienenfresser u. a.)	- Zehen sind z. T. miteinander verwachsen

6.2.3.7.2 Synapsida

Die fossilen Säugetier-ähnlichen Reptilien als Stammlinienvertreter der Mammalia (Säugetiere) und die Mammalia selbst bilden ein Monophylum. Sie werden durch ein primäres Schädelfenster in der Schläfenregion hinter der Augenhöhle charakterisiert (◘ Tab. 6.4).

> Die Bezeichnung Säugetier-ähnliche Reptilien kommt von morphologischen und physiologischen Merkmalen, die durch eine graduelle Evolution in Richtung der Mammalia entstanden sind. Beispielsweise besitzen Vertreter der Säugetier-ähnlichen Reptilien ein primäres und sekundäres Kiefergelenk.

6.2.3.7.2.1 Synapsida: Mammalia (Säugetiere)

Die Mammalia (Säugetiere) sind eine erdgeschichtlich junge Gruppe, die nach einer letzten Erfassung nach Wilson und Reeder im Jahr 2005 mit etwa 5416 rezenten Säugerarten die größten lebenden Craniota darstellen (◘ Abb. 6.25). Sie bewohnen terrestrische, aber auch teils aquatische Gebiete der Erde (z. B. Cetacea [Wale]).

Folgende Autapomorphien der Mammalia werden diskutiert
- drei Gehörknöchelchen,
- sekundäres Kiefergelenk,
- Haare,
- Milchdrüsen,
- Zwerchfell,
- kernlose Erythrocyten,
- vierkammeriges Herz mit Aorta,
- Bronchoalveolarlungen,
- Henle'sche Schleife in den Nieren,
- differenzierte Gesichtsmuskulatur (Mimik!),
- Entfaltung des Neopalliums im Telencephalon,
- Epiglottis (Kehldeckel),
- sekundärer Gaumen,
- sekundäre Schädelseitenwand,
- Lamina cribrosa (Siebbeinplatte),
- heterodontes und diphyodontes Gebiss,
- tribosphenisches Grundmuster der Molaren,
- Regionen in der Wirbelsäule (Hals-, Brust-, Lendenwirbelsäule),
- Knochenepiphysen,
- Cochlea im Promontorium des Petrosum (Felsenbein),
- äußere Ohren (Ohrmuschel, Pinnae),
- Rotation der Extremitäten unter den Körper.

6

■ **Abb. 6.25** Verschiedene Vertreter ausgewählter Gruppen der Mammalia. **a** *Lepus europaeus* (Feldhase, Lagomorpha). **b** *Phoca vitulina* (Seehund, Carnivora). **c** *Capreolus capreolus* (Reh, Cetartiodactyla). **d** *Loxodonta africana* (Afrikanischer Elefant, Proboscidea). **e** *Papio papio* (Guinea-Pavian, Primates). **f** *Panthera leo* (Löwe, Carnivora). **g** *Myotis myotis* (Großes Mausohr, Chiroptera). (Fotos **a, c, g**: Sven Möhring; **b, f**: Justus Hennecke; **d, e**: Isabell Schumann)

Entwicklung des sekundären Kiefergelenkes

Das usprüngliche primäre Kiefergelenk der Craniota, bestehend aus Articulare und Quadratum, haben die Mammalia aufgegeben – es kam zu einem tief greifenden Umbau mit Funktionsänderung. Das neu entstandene sekundäre Kiefergelenk setzt sich nun aus Dentale und Squamosum zusammen (◘ Abb. 6.26), Articulare und Quadratum werden zu dem zweiten und dritten Gehörknöchelchen (Articulare = Hammer, Quadratum = Amboss).

Neben den zahlreichen Autapomorphien wird der stammesgeschichtliche Erfolg der Gruppe auf Neubildungen von Anhangsorganen des Integuments, die Entfaltung des Endhirns und die Entwicklung des Pumpsaugeapparates der Juvenilen bzw. des Kauapparates der Adulten zurückgeführt. Mit der Evolution dieser Merkmale können folgende physiologische Eigenschaften und Verhaltensweisen optimiert werden:

- autonom geregelte Körpertemperatur,
- hohe Grundaktivität,
- intensive Brutpflege und Ernährung der Juvenilen,
- Steigerung von Sinnesleistungen,
- komplexe Verhaltensmuster.

Das Integument als Schlüsselmerkmal der Gruppe setzt sich aus einer äußeren verhornten Epidermis und einer weicheren Dermis zusammen (◘ Abb. 6.13). Die Hautmuskulatur ist bei den Mammalia sehr stark ausgeprägt.

Embryogenese	Total-äquale Furchung
Körperhöhle	Gruppenspezifische Merkmale
Nervensystem	Gehirn stark entwickelt, Neocortex, Wirbelsäule mit Rückenmark
Sinnesorgane	Ausweitung und Differenzierung vom peripheren Riechorgan
Verdauungssystem	Heterodontes Gebiss mit starker Kaumuskulatur und sekundärem Gaumen, Darmrohr mit Magen, Mittel- und Enddarm
Kreislaufsystem	Vierkammeriges Herz mit Septum, Lunge als Atmungsorgan, getrennter Körper- und Lungenkreislauf
Exkretionssystem	Nachniere (Metanephros), Rückresorption von Wasser aus dem Primärharn (Henle'sche Schleife!)
Fortpflanzung	Bau der Geschlechtsorgane gruppenspezifisch, Tragzeiten: 2 Wochen (Spitzmaus) bis 22 Monate (Elefant), Säugen der Jungen
Entwicklung	Direkte Entwicklung

Die Einteilung der rezenten Mammalia in drei Gruppen ist unstrittig. Ein Schwestergruppenverhältnis zwischen den Monotremata und Theria wird durch zahlreiche Synapomorphien begründet (◘ Abb. 6.27).

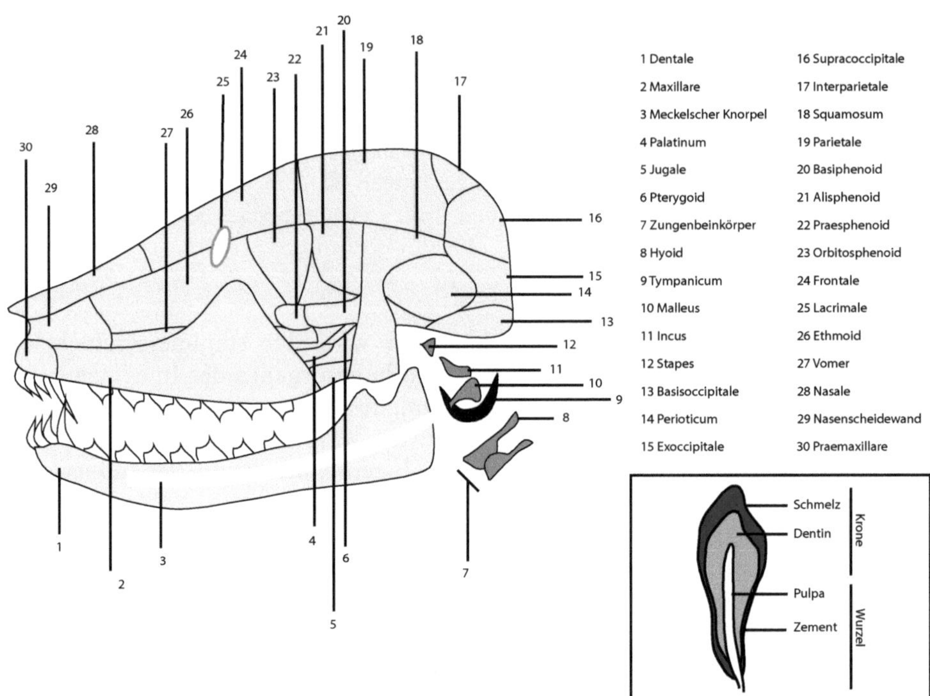

▣ Abb. 6.26   Vereinfachtes Organisationsschema eines Schädels der Mammalia. Das Fenster zeigt einen brachydonten Zahn. (Verändert nach Wehner und Gehring 2013)

■ **Steckbrief Großgruppen Mammalia**

I. Monotremata (Einlochtiere, Kloakentiere)
 — formenarme Gruppe,
 — Vorkommen: australische Region,
 — eierlegend,
 — ursprüngliche Mammaliamerkmale sind erhalten,
 — Oberschenkelhautdrüse (Bestandteil des Giftapparats),
 — Kloake,
 — Zitzen sind reduziert (sekundär?),
 — höchst effiziente Thermoregulation.
   Dazu zählen zwei Gruppen: Ornithorhynchidae und Tachyglossidae

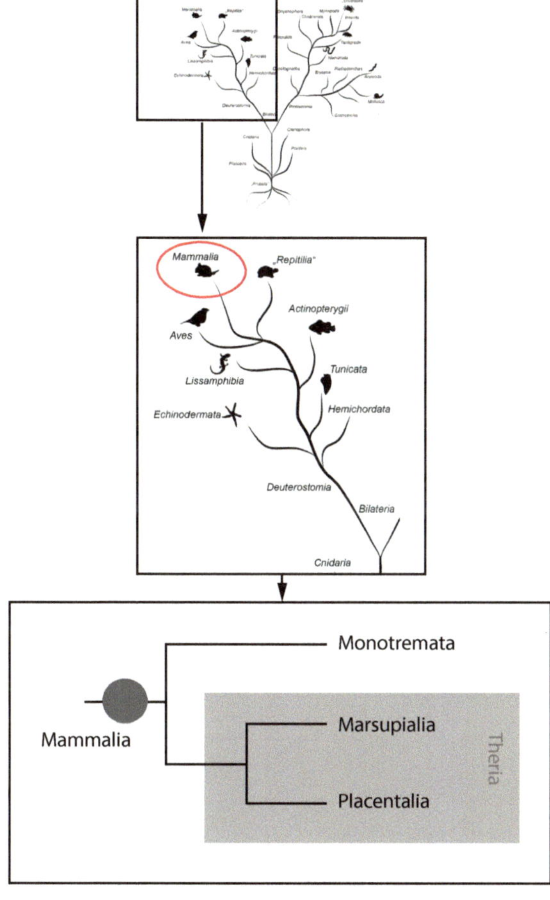

☐ **Abb. 6.27**   Vereinfachte Phylogenie der Mammalia. Die Monotremata stellen die basale Gruppe dar. (Verändert nach Westheide und Rieger 2013b)

Vergleich der beiden Gruppen der Monotremata (Kloakentiere)	
Ornithorhynchidae	**Tachyglossidae**
Körper lang gestreckt und stromlinienförmig, gute Schwimmer	Körper dorsal gewölbt und ventral abgeflacht
Lang ausgezogener Schnabel mit enger Mundöffnung	Rostrum schnabelförmig mit Rostralschild und Elektrorezeptoren
Kleine Augen und keine Ohrmuscheln	Kleine Augen und Ohren
Ohne Stacheln	Dorsal und lateral mit Stacheln
Männchen mit Giftstachel an der hinteren Extremität	Extremitäten kurz und kräftig mit Grabkrallen, Männchen mit Giftstachel
Nur *Ornithorhynchus anatinus* (Schnabeltier)	Vier Arten, z. B. *Tachyglossus aculeatus* (Ameisen- oder Schnabeligel)

II. Marsupialia (Beuteltiere)
- formenreiche Gruppe mit etwa 265 Arten,
- Vorkommen: Amerika und Australien,
- Monophylum,
- reduzierter Zahnwechsel,
- Verlust der Pila metoptica, der primären Schädelwand,
- medial eingebogener Processus angularis des Unterkiefers,
- lebendgebärend in unreifem Zustand,
- doppelter Uterus mit doppelter Vagina,
- Beutel (Marsupium) und Beutelknochen (Ossa epipubica).
- Dazu zählen: Ameridelphia und Australidelphia

Vergleich der beiden Gruppen der Marsupialia (Beuteltiere)	
Ameridelphia	**Australidelphia**
Vorkommen: Amerika	Vorkommen: Australien
Gelenkung aus getrennten Facetten	Gelenkflächen von Astragalus und Calcaneus sind kontinuierlich miteinander verbunden
Drei Gattungen	Fünf Ordnungen

> Symplesiomorphien der Monotremata und Marsupialia:
- tertiäre Eihülle,
- Dotter,
- partielle Furchung,
- ausgedehnte Laktation,

III. Placentalia (Placentatiere)
- Eutheria mit Einschluss fossiler Stammlinienvertreter,
- dominierende Gruppe der Mammalia, Radiation begann vor 100 Mio. Jahren,
- Embryonalanlage im Inneren des Keimbläschens (Trophoblast),
- Bildung von Chorioallantoisplacenta,
- lange Embryonalentwicklung, Geburt reifer Jungen,
- Zitzen sind an Milchleisten gebunden,
- Corpus callosum,
- Fehlen der Beutelknochen,
- Zahnformel I3/3, C1/1, P4/4, M3/3 und Milchzahngebiss,
- einfache Vagina,
- Penis mit Scrotum,
- keine Überkreuzung von Ureter und Müllerschen Gängen,
- braunes Fettgewebe,
- Trennung des Foramen opticum von Fissura sphenorbitalis,
- Ausschluss des Jugale vom Kiefergelenk.

Nach einer Reihe von morphologischen Merkmalen können die Placentalia in 21 höhere Gruppen eingeteilt werden, die meistens als Ordnung klassifiziert werden.

a. Xenarthra (Nebengelenktiere)
   - Plesiomorphien: Septomaxillare im Bereich der Nasenöffnung, verknöcherte Sternalrippen, Procoracoid der Scapula, niedrige Körpertemperatur und Stoffwechselrate,
   - fossile und rezente Fauna Südamerikas (etwa 31 Arten),
   - gutes Beispiel für adaptive Radiation,
   - Monophylum,
   - klein (Kleiner Gürtelmull, *Chlamyphorus truncatus*, 14 cm/90 g) bis groß (Riesengürteltier, *Priodontes maximus*, 150 cm/50 kg),
   - Xenarthrie: Ausbildung zusätzlicher Gelenkungen zwischen den Wirbeln der hinteren Rumpfregion,
   - Synsacrum: zweite Verbindung zwischen Wirbelsäule und Becken über Ischium,
   - Gebissreduktion,
   - komplexe Scapula.
     Dazu zählen: Cingulata (Gürteltiere), Folivora (Faultiere) und Vermilingua (Ameisenbären).

b. Hyracoidea (Schliefer)
   - nur eine Gruppe: Procaviidae mit drei Gattungen,
   - Stammesgeschichte ist weitgehend unverstanden,
   - Rückenorgan (visueller und olfaktorischer Signalgeber),
   - Zehenendorgan,
   - seriale Anordnung der Hand- und Fußwurzelknochen,
   - Parietale ist beteiligt an der Bildung des Postorbitalbogens,
   - Hammer (Gehörknöchelchen) ist nicht frei schwingend,
   - Stylohale ist zu dünnem Ligament reduziert,
   - Hypohyalia als Zungenfortsatz,
   - Besonderheiten an den Zähnen (z. B. I1 und I1,2 sind vergrößert),
   - zweizipflige Colondivertikel,
   - kontraktile Irisanhänge,
   - lang gestreckte Epididymis.

   Die Untersuchung der Stellung der Hyracoidea (Schliefer) im System der Mammalia dauert bis heute an. Es gibt drei Vorstellungen:
   1. Sie sind eine archaische Gruppe.
   2. Sie sind eine Teilgruppe der Mesaxonia.
   3. Sie bilden zusammen mit Proboscidea und Sirenia das Monophylum Paenungulata.

c. Proboscidea (Elefanten)
   - Körpergrößenzunahme und Kauflächenvergrößerung der Molaren sind gekoppelte Phänomene in der Evolution der Elefanten,
   - nur drei rezente Arten: *Loxodonta africana*, *Loxodonta cyclotis* und *Elephas maximus*,

- bis zu 7 t schwer, erreichen ein Alter von 70 Jahren,
- herbivor,
- Extremitäten als Säulenbeine,
- breite Fußplatte,
- verkürzter Hals,
- Schädel ist vergrößert und pneumatisiert,
- Rüssel,
- Musthdrüse an der Schläfe.

> **Wichtig**
>
> Proboscidea (Elefanten) und Sirenia (Seekühe) werden auch zu den Tethytheria zusammengefasst. Merkmale wie das Schmelzmuster der Zähne, eine veränderte Mittelohrregion und der spezifische Bau der Handwurzel können als Synapomorphien diskutiert werden.
>
> Es gab drei Radiationen im Laufe der Evolution der Elefanten:
> 1. im Eozän,
> 2. im unteren Miozän und
> 3. am Übergang Miozän – Pliozän.

Rüsselbildung der Proboscidea (Elefanten)

Die Rüsselbildung stand im Zusammenhang mit einer starken Verlängerung des Unterkiefers (v. a. die Symphysenregion mit den unteren Stoßzähnen). Nach einer wiederum sekundären Verkürzung dieser Region wurde in verschiedenen Stammlinien unabhängig voneinander ein Rüssel als Verlängerung des Nasenspiegels (= Rhinarium) ausgebildet.

d. Sirenia (Seekühe)
- etwa vier rezente Arten,
- Hinterextremitäten sind vollständig reduziert,
- Becken als ischiales Rudiment,
- walzenförmiger Körper,
- horizontale Schwanzflosse („Fluke"),
- Musculus panniculus carnosus ist vergrößert,
- umgestalteter Gehörgang,
- verhärtetes Knochengewebe (Pachyostose/Osteosklerose) im Laufe der Stammesgeschichte,
- Lippen als Wulst,
- vielkammeriger Magen,
- Zwerchfell horizontal mit Lunge als Auftriebsorgan.
  Dazu zählen zwei Gruppen: Manatidae und Dugongidae.
e. Tubulidentata (Erdferkel)
- eine rezente Art *Orycteropus afer*,
- Vorkommen: Savanne Afrikas südlich der Sahara,

- Termiten- und Ameisenfresser,
- Zähne aus vielen Dentinröhrchen (Tubuli),
- blasenartige, erweiterte Regio ethmoturbinalis der Nasenkapsel mit 10 Riechwülsten,
- Übergang der Lippen in Gingiva (keine Mundhöhle!).

f. Tenrecoidea (Tenrekartige)
- etwa 51 Arten,
- Vorkommen auf Madagaskar und den Komoren,
- später Wechsel des Milchgebisses,
- einfach gebautes Gehirn,
- Hoden in Nierennähe,
- Kloake mit Baculum (= Penisknochen),
- hämochoriale Placenta,
- 1–12 Zitzen.
  Dazu zählen zwei Gruppen: Chrysochloridae (Goldmulle) und Tenrecidae (Tenreks).

g. Macroscelididae (Rüsselspringer und Elefantenspitzmäuse)
- etwa 16 Arten,
- besiedeln den afrikanischen Kontinent in unterschiedlichen Lebensräumen,
- bodenlebende Springläufer,
- insektivor,
- dünne, rüsselförmig verlängerte und an der Basis bewegliche Schnauze (Proboscis),
- stark verlängerte distale Abschnitte der Hinterextremitäten,
- sehr kleine oder fehlende Pollux und Hallux,
- komplexer Aufbau der knöchernen Gehörkapsel,
- große Orbitae, ohne geschlossene Postorbitalspange,
- kleiner, häkchenförmiger Coronoidfortsatz,
- hochliegendes Kiefergelenk,
- große molariforme letzte Praemolare und Milchpraemolare,
- winzige oder fehlende letzte Molare,
- Blinddarm ist gut entwickelt.
  Dazu zählen: Rhynchocyoninae und Macroscelidinae.

h. Dermoptera (Riesengleiter)
- zwei rezente Arten: *Galeopterus variegatus* und *Cynocephalus volans*, kleinste Gruppe der Mammalia,
- systematische Einordnung ist schwierig, konvergente Evolution von Merkmalen,
- äußere Übereinstimmung mit Lemuren, z. B. kammartige Incisivi,
- Ähnlichkeiten mit Flughörnchen, z. B. obere Extremitäten mit Flughäuten,
- nur Bezahnung als Autapomorphie (Zahnformel: I2/3, C1/1, P2/2, M3/3 = 34),
- molekulare Daten zeigen die Dermoptera als Schwestergruppe der Primates.

i. Primates (Herrentiere)
  - etwa 418 Arten,
  - Plesiomorphien: kräftige Clavicula, pentadactyle Autopodien,
  - Monophylum,
  - insektivore oder frugivore Ernährung,
  - soziale Fellpflege,
  - Bildung der Mittelohrkapsel durch das Petrosum,
  - 36 Zähne,
  - Greiffuß mit opponierbarer Großzehe, 2. Zehe mit Putzkralle,
  - Hallux mit Plattnagel,
  - quadrupede Fortbewegung,
  - große, nach vorn gerichtete Orbitae und stereoskopischer Gesichtssinn,
  - progressive Entfaltung des Telencephalons,
  - Fissura lateralis (Sylvische Furche),
  - Ausführgang von Harnleiter und Genitaltrakt sind stets getrennt.
    Dazu zählen zwei Gruppen Strepsirhini (Feucht- oder
    Nacktnasenaffen) und Haplorhini (Trocken- und Haarnasenaffen).

Vergleich der beiden Großgruppen der Primates (Herrentiere)

Strepsirhini	Haplorhini
Nachtaktiv	Tagaktiv
- Procumbentes Vordergebiss im Unterkiefer aus Incisivi und Canini - Epitheliochoriale Placenta mit nondeciduater Placentation - Sublingua an Zungenunterseite - Unbehaarter, feuchter Nasenspiegel - Hallux opponierbar und sehr kräftig	- Trockener Nasenspiegel - Behaarte und bewegliche Oberlippe - Macula lutea (schärfster Augensinn) - Reduktion der Ethmoturbinalia - Arteria promontoria - Aorta carotis interna
Lemuriformes und Lorisiformes	Tarsiiformes und Anthropoidea (mit Hominidae,)

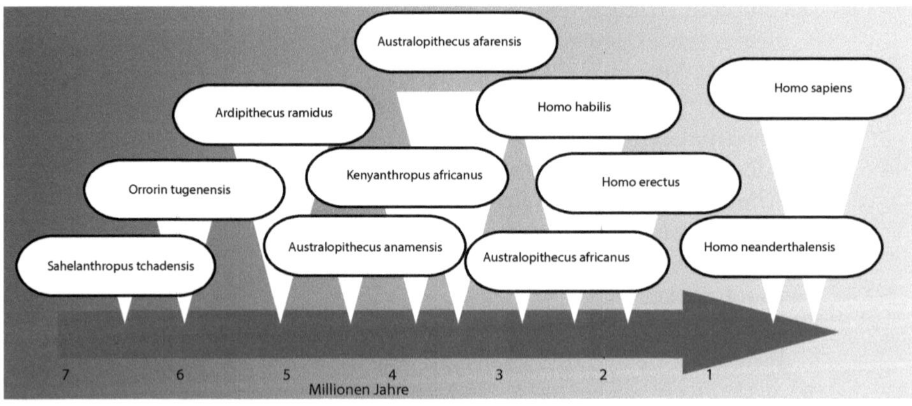

◘ **Schema der Evolution des** *Homo sapiens*

j. Scandentia (Spitzhörnchen und Tupaias)
- etwa 20 Arten,
- tagaktiv,
- systematische Stellung ist umstritten,
- Vorhandensein einer geschlossenen postorbitalen Spange aus Jugale und Frontale,
- Bulla tympanica aus Entotympanicum,
- zweiwurzelige obere Canini,
- Zahnkamm aus unteren Incisivi und Sublingua.
   Dazu zählen: Tupaiidae und Ptilocercidae.

k. Lagomorpha (Hasenartige)
- etwa 80 Arten,
- wenig formenreich,
- auf allen Kontinenten verbreitet,
- Umbildung der dritten oberen Incisivi zu Stiftzähnen (Duplizidentie),
- obere Nagezähne mit tiefer Längsrinne,
- dritte obere und untere Molare sind in ihrer Größe und Funktion reduziert oder fehlend,
- großes Praemaxillare mit stabförmigem, dorso-posteriorem Fortsatz,
- laterale Partie der Maxillare ist durchbrochen,
- knöcherner Gaumen ist zu schmaler Brücke reduziert,
- Foramina incisiva sind sehr groß,
- Choanen sind nach vorn bis zwischen die Zahnreihen ausgedehnt,
- Lage und Gestalt des Jochbogens, spezialisierte Strukturen des Schädels,
- verlängerte Hinterextremitäten (Fortbewegung in Sprüngen),
- Mystacialvibrissen („Hasenbart").
   Dazu zählen zwei Gruppen :Ochotonidae (Pfeifhasen) und Leporidae (Hasen und Kaninchen).

Vergleich der beiden Gruppen der Lagomorpha (Hasenartige)	
Ochotonidae	**Leporidae**
Ursprung im Oligozän	Ursprung im Eozän
Etwa 25 Arten	Etwa 55 Arten
- Klein	- Mittelgroß
- Kein Schwanz	- Mit äußerem Schwanz
- Vollständige Clavicula	- Rudimentäre Clavicula
- Sieben Paar freie Rippen	- Zwei Paar freie Rippen
- Gliedmaßen gleich lang	- Gliedmaßen nicht gleich lang

l. Rodentia (Nagetiere)
    - kosmopolitisch, hohe ökologische Bedeutung,
    - artenreichste Teilgruppe der Mammalia (etwa 2300 Arten),
    - tag- und nachtaktive Arten,
    - verschiedene Haartypen, z. T. mit Stacheln,
    - zwei dorsale und ventrale Incisivi, schärfen sich gegenseitig, wachsen stetig,
    - Ausbildung der Kaumuskulatur als Merkmalskomplex der Großgruppen der Rodentia: protrogomorph, sciumorph, myomorph oder hystricomorph,
    - Enddarmfermentierer,
    - vier Ontogenesetypen.
      Dazu zählen: Sciuromorpha (Hörnchenartige), Castorimorpha (Biberartige und Taschenratten), Myomorpha (Mäuseartige), Anomaluromorpha (Dornschwanzhörnchenartige), Hystricomorpha (Stachelschweinartige).

> **Wichtig**
>
> Die Euarchontoglires sind eine Gruppe der nördlichen Placentalia, die mit den Dermoptera, Scandentia, Primates, Lagomorpha und Rodentia die diverseste und zahlenmäßig dominierende Gruppe der Mammalia darstellt.
> Die Laurasiatheria stellen die zweite Gruppe der nördlichen Placentalia dar. Zu dieser zählen die Lipotyphla, Cetartiodactyla, Mesaxonia, Chiroptera, Pholidota und Carnivora.

m. Lipotyphla (Insektenfesser i. e. S.)
    - etwa 450 Arten,
    - Monophylum,
    - Fehlen des Blinddarms,
    - Reduktion der Symphysis pubica,
    - Maxillare mit caudalem Flügel.
      Dazu zählen: Erinaceomorpha und Soricomorpha.

n. Cetartiodactyla (Paarhufer, inkl. Wale)
    - charakteristische Struktur der Autopodien: Stand auf III. und IV. Strahlen (Zehen), Achse befindet sich zwischen Digiti III und IV (= paraxon), Metapodien II und V sind symmetrisch reduziert,
    - Talus mit doppelter Gelenkrolle.
      Dazu zählen: Camelidae, Suidae, Tayassuidae, Hippopotamidae, Cetacea, Tragulida, Antilocapridae, Giraffidae, Cervidae, Moschidae und Bovidae.

> **Besonderheit: Cetacea (Delfine und Wale)**
>
> Eine Verwandtschaft zwischen den Walen und den Paarhufern stand lange zur Diskussion. Die Hypothese der Verwandtschaft der Gruppen wird mit morphologischen und molekularen Merkmalen untermauert und zeigt, dass die beiden Gruppen keine Schwestergruppen sind, sondern dass die Wale innerhalb der Paarhufer ihren Ursprung finden. Dadurch wird die ursprüngli-

che Gruppierung Artiodactyla paraphyletisch und muss im phylogenetischen System durch die Gruppe Cetartiodactyla ersetzt werden.

Folgende Merkmale charakterisieren die Cetacea:

- etwa 80 Arten,
- vollständig an das Leben im Wasser adaptiert,
- Monophylum,
- endotherm,
- äußere Hinterextremitäten sind völlig zurückgebildet,
- Becken als Skelettreste ohne Verbindung zur Wirbelsäule,
- knöcherne Nasenöffnung ist nach hinten verlagert,
- Rostrum nasi ist als Bestandteil des Oberkiefers persistent.

Dazu zählen: Mysticeti (Bartenwale) und Odontoceti (Zahnwale).

o. Mesaxonia (Perissodactyla, Unpaarhufer)

- paleozänes Alter der Gruppe,
- Regenwald, Gras- und Buschsteppen, offene Gebiete,
- herbivor,
- sattelförmige Talonaviklargelenke,
- Lacrimale und Nasale mit breitem Kontakt,
- Lingualfortsatz durch Basihyale,
- gruppenspezifische Zahnmerkmale.

Dazu zählen: Ceratomorpha (Tapiridae und Rhinocerotidae) und Hippomorpha (Equidae).

p. Chiroptera (Flughunde und Fledermäuse)

- etwa 1100 Arten,
- auf allen Kontinenten mit Ausnahme der Antarktis verbreitet,
- aus Alt- und Mitteleozän,
- Monophylum,
- Arme mit elastischer Flughaut sind zu Flügeln umgewandelt, Entwicklung des Flatterflugs,
- Orientierung über Ultraschall-Echoortung,
- Winterschlaf.

Dazu zählen: Pteropodidae, Rhinolophoidea, Emballonuroidea, Noctilionoidea und Vespertilionoidea.

q. Pholidota (Schuppentiere)

- etwa acht rezente Arten in der Gruppe der Manidae,
- hochspezialisiert,
- Ameisen- und Termitenfresser,
- Körper bedeckt von Hornschuppen,
- Mittelfinger mit starker Krallenphalanx,
- amastoid.

r. Carnivora (Raubtiere)

- etwa 270 rezente Arten,
- Landraubtiere und aquatische Robben,
- Monophylum,

- enorme Größenvariation: *Ursus arctos* (Braunbär, 340 kg), *Mustela nivalis* (Mauswiesel, 100 g),
- Brechscherenapparat im Gebiss.
  Dazu zählen : Feliformia (*Nandinia*, Felidae, Viverridae, Hyanidae, Herpestidae und Madagassische Carnivora) und Caniformia (Canidae, Ursidae, Phocidae, Otariidae, Odobaenidae, *Ailurus*, Mephitidae, Procyonidae und Mustelidae).

Vergleich der beiden Großgruppen der Carnivora (Raubtiere)

Feliformia	Caniformia
Cowpersche Drüse	Ohne Cowpersche Drüse
Maxilloturbinale (untere Nasenmuschel) ist klein	Maxilloturbinale ist groß
Innere Systematik ist unklar	Canidae als Schwestergruppe zu den übrigen Gruppen

? Teil 1: Multiple-Choice-Fragen

1. Welche der folgenden Merkmale treffen auf Deuterostomia zu?
   a. Schizocoelie und ventrales Blutgefäßsystem
   b. Indeterminierte Radialfurchung, Enterocoelie, dorsales Nervensystem und ventrales Blutgefäßsystem
   c. Mixocoel, dorsales Nervensystem und dorsales Blutgefäßsystem
2. Was stellt eine wichtige Autapomorphie der Echinodermata dar?
   a. Pentamerie
   b. Sekundäre Spiralfurchung
   c. Schizocoel
3. Aus welchen Teilen setzt sich das Coelom der Echinodermata zusammen?
   a. Axo- und Hämocoel
   b. Axo-, Somato- und Hydrocoel
   c. Hydro- und Hämocoel
4. Was ist die „Laterne des Aristoteles"?
   a. Geschlechtsakt der Holothuroidea
   b. Enddarm der Asteroidea
   c. Kieferapparat der Echinoidea
5. Welche Teilgruppen der Hemichordata sind beschrieben?
   a. Echinodermata und Enteropneusta
   b. Tunicata und Acrania
   c. Enteropneusta und Pterobranchia
6. Multiciliäre Epithelzellen unterstützen welche Verwandtschaftshypothese innerhalb der Chordata?
   a. Olfactores
   b. Notochordata
   c. Chordata

7. Welche Gruppen zählen zu den Chordata?
   a. Acrania, Craniota und Tunicata
   b. Echinodermata, Acrania und Tunicata
   c. Tunicata, Acrania und Hemichordata
8. Welchen Stoff enthält der Mantel sessiler Tunicata?
   a. Tunicin
   b. Kollagen
   c. Chitin
9. Welche Gruppe stellt nach neuen molekularen Analysen die Schwestergruppe aller übrigen Tunicata dar?
   a. Thaliacea
   b. Appendicularia
   c. Phlebobranchiata
10. Wo findet die Filtration der Nahrung bei *Branchiostoma* statt?
    a. Am Kiemendarm
    b. An der Chorda
    c. Am Flossensaum
11. An welchen Organen ist bei *Branchiostoma* Segmentierung zu erkennen?
    a. Chorda
    b. Muskulatur
    c. Flossensaum
12. Die Chorda durchzieht den ganzen Körper von *Branchiostoma*. Wie hoch ist der Grad an Cephalisation?
    a. Stark
    b. Schwach
    c. Keine Cephalisation
13. Was sind wichtige Neuerungen in der Evolution der Craniota?
    a. Schädelbildung und Endoskelett
    b. Verknöchertes Exoskelett
    c. Zähne und Schuppen
14. Was ist Hauptbestandteil beim Aufbau des Stützgewebes der Craniota?
    a. Calciumcarbonat
    b. Calciumphosphat
    c. Calciumsulfat
15. Welches Merkmal kennzeichnet die Chondrichthyes?
    a. Knöchernes Endoskelett
    b. Knorpeliges Endoskelett
    c. Kein Endoskelett
16. Welche Großgruppen zählen zu den Chondrichthyes?
    a. Holocephali und Neoselachii
    b. „Agnatha" und Holocephali
    c. Neoselachii und Gnathostomata
17. Osteognathostomata besitzen im Vergleich zu den Chondrichthyes ...
    a. ein knöchernes Endoskelett
    b. eine drüsenreiche Epidermis
    c. verstärkte Kieferknochen

18. Wodurch wird das Endoskelett der Osteognathostomata gebildet?
    a. Chondrale Knochenbildung
    b. En- und perichondrale Knochenbildung
    c. Chitinisierung
19. Zum Grundmuster der Osteognathostomata zählen wahrscheinlich ...
    a. Kiemen
    b. Lungen
    c. Hautatmung
20. Was ist namensgebend für die Actinopterygii?
    a. Spitze Stützelemente
    b. Kreisförmige Stützelemente
    c. Strahlenförmige Stützelemente
21. Welche ist die dominierendste Gruppe der Actinopterygii?
    a. Cladista
    b. Teleostei
    c. Chondrostei
22. Was ermöglicht das „Stehen" im Wasser der Teleostei?
    a. Diurale Schwanzflosse
    b. Weberscher Apparat
    c. Unpaare Schwimmblase
23. Autapomorphien der Teleostei betreffen ...
    a. den Aufbau des knöchernen Schädels
    b. den Aufbau des Beckens
    c. den Aufbau der Organanlagen
24. Der Webersche Apparat der Teleostei dient ...
    a. zur Schallaufnahme
    b. zur Schallweiterleitung
    c. zur Schallaufnahme und -weiterleitung
25. Im Vergleich zu den Actinopterygii besitzen die Sarcopterygii ...
    a. ein vergrößertes Becken
    b. ein axiales Extremitätenskelett
    c. zusätzliche Gelenkhöcker am Mandibularbogen
26. Zu den Sarcopterygii zählen ...
    a. Dipnoi, Actinistia und Tetrapoda
    b. Dipnoi und Tetrapoda
    c. Dipnoi und Actinistia
27. Welches ist die artenärmste Gruppe der Sarcopterygii?
    a. Dipnoi
    b. Actinistia
    c. Tetrapoda
28. Welche Synapomorphien teilen die Tetrapoda?
    a. Fünf Phalangen, keine basicraniale Fissur
    b. Vier Phalangen, basicraniale Fissur
    c. Verlust von Phalangen und basicranialer Fissur
29. Worauf ergab der Landgang der Tetrapoda einen starken Selektionsdruck?
    a. Innere Organe, Haut und Sinnesleistungen

    b. Haut, Sinnesleistungen, Atmung und Fortbewegung

    c. Exkretion, Kreislauf und Verdauung

30. Welche zwei rezenten Teilgruppen der Tetrapoda sind bekannt?

    a. Amniota und Lissamphibia

    b. Lissamphibia und Mammalia

    c. Amniota und Aves

31. Wodurch sind Lissamphibia gekennzeichnet?

    a. Körnige Haut

    b. Schuppige Haut

    c. Drüsenreiche Haut

32. Welche Großgruppen zählen zu den Lissamphibia?

    a. Anura, Caudata und Gymnophiona

    b. Caudata und Gymnophiona

    c. Caudata und Anura

33. Welche ist die artenreichste Gruppe der Lissamphibia?

    a. Anura

    b. Caudata

    c. Gymnophiona

34. Was kommt häufig im Lebenszyklus von Lissamphibia vor?

    a. Metamorphose

    b. Heterogonie

    c. Parthenogenese

35. Sphenodontia zeigen ursprüngliche Merkmale eines diapsiden Schädels. Welche?

    a. Schläfenbogen ist vollständig aus Jugale gebildet, Oberkiefer ist unbeweglich

    b. Ober- und Unterkiefer sind beweglich

    c. Jugale ist unvollständig ausgeprägt

36. Einige Squamata sind befähigt ...

    a. zum Extremitätenabwurf

    b. zur Autotomie und Regeneration

    c. zur Metamorphose

37. Bei welcher Gruppe der Squamata ist eine Reduktion der Gliedmaßen zu erkennen?

    a. Iguania

    b. Serpentes

    c. Gekkota

38. Komplexe Merkmalsausprägungen der Crocodylia sind vergleichbar mit ...

    a. Mammalia und Aves

    b. Anura und Sarcopterygii

    c. Mammalia und Testudines

39. Was ist bei den Amniota verloren gegangen?

    a. Amnionhülle

    b. Wassergebundene Larvalphase

    c. Wassergebundene Ernährung

40. Welche zwei Linien der Amniota haben sich seit dem Karbon getrennt?

    a. Synapsida und Sauropsida
    b. Synapsida und Reptilia
    c. Reptilia und Aves

41. Die Amnionhülle setzt sich zusammen aus …
    a. Serosa, Allantois und Amnion
    b. Serosa und Allantois
    c. Amnion und Dottersack

42. Wie viele Linien der Sauropsida überlebten das Massensterben am Übergang Kreide-Tertiär?
    a. Drei
    b. Vier
    c. Fünf

43. Charakteristisches Merkmal der Testudines ist …eine kriechende Fortbewegung
    a. der Rückenpanzer
    b. Viviparie

44. Welche Analogie zeigen Crocodylia und Mammalia?
    a. Diaphragma
    b. Herzbeutel
    c. Bronchiale Verzweigung

45. Rezente Vertreter der Aves zeigen Anpassungen an den Lebensraum Luft. Welche?
    a. Federn, pneumatisierte Knochen, Lunge mit Luftsack, Knochenverschmelzungen
    b. Speicherung von Sauerstoff in Federn, Reduktion der Lunge und Knochen
    c. Reduktion von Schädel- und Skelettelementen, Federn, verkleinerte Lungen

46. In welche Großgruppen werden die Aves eingeteilt?
    a. Palaeognatha und Neognatha
    b. Neognatha und Neoaves
    c. Palaeognatha, Neognatha und Neoaves

47. Mammalia kennzeichnen eine Reihe von Autapomorphien. Welche zählen dazu?
    a. Placenta und Amnionbildung, Viviparie, sekundäres Kiefergelenk
    b. Placenta, Haare oder Schuppen, verkürzte Extremitäten
    c. Haare, Milchdrüsen, drei Gehörknöchelchen, kernlose Erythrocyten

48. Im Vergleich zu anderen Vertretern der Craniota zeigen die Mammalia …
    a. eine niedrige Grundaktivität
    b. keine Brutpflege
    c. eine autonom geregelte Körpertemperatur

49. Woraus setzt sich das Integument der Mammalia zusammen?
    a. Verhornte Epidermis und weiche Dermis
    b. Verhornte Dermis und weiche Epidermis
    c. Ledrige Epidermis und verhornte Dermis

50. Welche Großgruppen zählen zu den Mammalia?
    a. Monotremata und Marsupialia
    b. Monotremata, Marsupialia und Placentalia
    c. Placentalia und Amphibia
51. Welche Gruppe der Mammalia ist noch eierlegend?
    a. Monotremata
    b. Marsupialia
    c. Placentalia
52. Welche Symplesiomorphien teilen die Monotremata und die Marsupialia?
    a. Tertiäre Eihülle, partielle Furchung und ausgedehnte Laktation
    b. Reife Junge, geringe Laktation
    c. Sekundäre Eihülle, totale Furchung und geringe Laktation
53. Welche ist die artenreichste Gruppe der Mammalia?
    a. Monotremata
    b. Marsupialia
    c. Placentalia
54. Welche Gruppe der Mammalia ist sekundär rein aquatisch?
    a. Cetacea
    b. Sirenia
    c. Rodentia

? Teil 2: Offene Fragen
1. Echinodermata zeigen eine besondere Art der Coelomverhältnisse. Erläutern Sie diese.
2. Skizzieren Sie die Verwandtschaften innerhalb der Chordata. Gehen Sie hierbei auf die verschiedenen Hypothesen ein.
3. Woraus gehen Palatoquadratum und Mandibulare im ursprünglichen Gnathostomata-Kiefer hervor?
4. Wie sind die Extremitäten der Tetrapoda aufgebaut?
5. Vergleichen Sie Schwanz- und Froschlurche miteinander.
6. Wie bildet sich das Amnion?
7. Wie ist eine Feder der Aves aufgebaut? Welche sechs Federtypen können unterschieden werden?
8. Wodurch sind Cetacea an das Leben im Wasser angepasst?
9. Welche fünf Hauptgruppen zählen zu den Craniota? Ordnen Sie Dipnoi, Lissamphibia und Aves ein.
10. Welche Gruppe stellt die rezenten „Agnatha" dar? Nennen Sie die dazugehörigen Gruppen und vergleichen Sie diese.
11. Beschreiben Sie die Evolution des Beckengürtels innerhalb der Craniota.
12. Pleurodira und Cryptodira sind die beiden Großgruppen der Testudines. Wie werden sie voneinander abgegrenzt?
13. Trennen Sie Oviparie, Viviparie und Ovoviviparie. Nennen Sie je ein Beispiel!
14. Wie können Alligatoridae und Crocodylidae voneinander unterschieden werden?
15. Skizzieren Sie das Integument der Mammalia, und beschriften Sie alle wichtigen Anteile.

Notizen

6

Literatur

Ax P (1995) Das System der Metazoa III. Ein Lehrbuch der phylogenetischen Systematik. Gustav Fischer, Stuttgart

Burda H, Hilken G, Zrzavý J (2016) Systematische Zoologie. UTB, Stuttgart

Campbell NA, Reece JB, Urry LA et al (2015) Campbell Biologie. Pearson, Boston

Estes R (1991) The behavior guide to african mammals. University of California Press, Berkeley

Glandt D (2010) Taschenlexikon der Amphibien und Reptilien Europas. Quelle & Meyer, Wiebelsheim

Grimmberger E (2017) Die Säugetiere Mitteleuropas: Beobachten und Bestimmen. Quelle & Meyer, Wiebelsheim

Kocot KM, Tassia MG, Halanych KM et al (2018) Phylogenomics offers resolution of major tunicate relationships. Molecular Phylogenetics and Evolution 121:166–173. https://doi.org/10.1016/j.ympev.2018.01.005

Nielsen C (2012) Animal Evolution: Interrelationships of the Living Phyla, 3. Aufl. Oxford University Press, Oxford

Nielsen J, Hedeholm RB, Heinemeier J et al (2016) Eye lens radiocarbon reveals centuries of longevity in the Greenland shark (*Somniosus microcephalus*). Science 353:702–704

Prum RO, Berv JS, Dornburg A et al (2015) A comprehensive phylogeny of birds (Aves) using targeted next-generation DNA sequencing. Nature 526:569

Romer AS, Parsons TS, Frick H (Übersetzer) (1989) Vergleichende Anatomie der Wirbeltiere. Paul Parey, Hamburg

Scheele BC, Pasmans F, Skerratt LF et al (2019) Amphibian fungal panzootic causes catastrophic and ongoing loss of biodiversity. Science 363:1459–1463

Shubin N, Daeschler E, Jenkins F (2006) The pectoral fin of Tiktaalik roseae and the origin of the tetrapod limb. Nature 440:764–771. https://doi.org/10.1038/nature04637

Storch V, Welsch U (2014) Kükenthal – Zoologisches Praktikum. Springer, Heidelberg

Wanninger A (2015) Evolutionary Developmental Biology of Invertebrates 6: Deuterostomia. Springer, Heidelberg

Wehner R, Gehring WJ (2013) Zoologie. Thieme, Stuttgart

Westheide W, Rieger R (2013a) Spezielle Zoologie: Teil 1 Einzeller und Wirbellose. Springer, Heidelberg

Westheide W, Rieger R (2013b) Spezielle Zoologie: Teil 2 Wirbel- oder Schädeltiere. Springer, Heidelberg

Wilson DE, Reeder DM (2005) Mammal species of the world: a taxonomic and geographic reference. John Hopkins University Press, Baltimore

Glossar

Inhaltsverzeichnis

© Springer-Verlag GmbH Deutschland, ein Teil von Springer Nature 2020
I. Schumann, S. Schaffer, *Prüfungstrainer Spezielle Zoologie*,
https://doi.org/10.1007/978-3-662-61671-0_7

Analogie   Eigenschaften mit vergleichbarer biologischer Rolle/Funktion, die nicht ursprungsgleich sind. Entstehung aufgrund von konvergenter Evolution. Anpassungsähnlichkeiten, z. B. Stromlinienform bei Pinguinen, Walen und „Fischen".

Art   Eine biologische Art umfasst Gruppen sich miteinander kreuzender, natürlicher Populationen, die hinsichtlich ihrer Fortpflanzung von anderen solchen Gruppen getrennt sind. Eine biologische Art zeigt übereinstimmende Merkmale in Morphologie, Verhalten und Ökologie.

Außengruppe   Stellt alle rezenten und fossil erhaltenen Organismen dar, die nicht Mitglied der betrachteten Innengruppe sind. Referenzgruppe.

Autapomorphie   In der Ahnenlinie entstandenes abgeleitetes Merkmal, welches ein Monophylum begründet. Evolutive Neuheit, z. B. Exoskelett bei Arthropoden.

Autotroph   Ernährungsweise, Energie wird aus anorganischen Stoffen gewonnen, z. B. CO_2.

Biodiversität   Biologische Vielfalt wird auf unterschiedlichen Stufen zusammengefasst: Genetik, Taxonomie und Ökologie.

Branchiostegale   Knochenserie im Zusammenhang mit dem Operculum (Kiemendeckel) bei Osteichthyes.

Clade   Monophyletische Gruppe in einem phylogenetischen Baum mit mindestens zwei Enden, die einen gemeinsamen Vorfahren teilen.

Cladogramm   Ein dichotom verzweigter Baum, der Spaltungsereignisse der betrachteten Gruppen wiedergeben soll. Der Verwandtschaftsgrad ergibt sich aus der Lage der Verzweigungspunkte.

Cryptopleurie   Tergite überziehen die seitlichen Chitinplatten (Pleurite) des Exoskeletts. Pleurite sind weitgehend reduziert.

Deuterostomia   Triploblastische Bilateria, bei denen der Urmund zum After wird und die Mundöffnung neu entsteht. Neumünder, z. B. Seeigel, Fische, Säugetiere.

Endostyl   Entspricht Hypobranchialrinne, ventral gelegenes Flimmer- und Drüsenepithel des Kiemendarms bei Cephalochordata und Tunicata.

Eutelie   Zell- oder Kernkonstanz.

Everse Augen   Licht absorbierende Seite ist dem Licht zugewandt (vgl. inverse Augen).

Fortpflanzungswechsel   Ein Individuum pflanzt sich auf unterschiedliche Art und Weise fort.

Fossil   Versteinerter Rest von Organismen, der Aufschluss über Herkunft und Alter rezent lebender Arten gibt.

Ganglion   Ansammlung von Nervenzellkörpern des Nervensystems.

Generationswechsel   Individuen unterschiedlicher Generationen pflanzen sich auf unterschiedliche Art und Weise fort.

Genotyp   Bezeichnung der genetischen Ausstattung eines Organismus.

Glomerulus   Allgemein ein kleines Gefäß- oder Nervenknäuel.

Grundmuster   Die Gesamtheit der Merkmale einer Stammart zum Zeitpunkt der Aufspaltung.

Heterogonie   Bisexuelle Fortpflanzung wechselt sich mit unisexueller Fortpflanzung ab.

Heterotroph   Ernährungsweise, Energie wird aus organischen Stoffen gewonnen.

Homologie   Ursprungsgleiche Merkmale bei unterschiedlichen Gruppen, die eine Rückführung auf eine gemeinsame Stammart geben. Strukturelle und funktionelle Unterschiede sind möglich, z. B. Hinterflügel bei Hymenoptera und Halteren bei Diptera.

Homoplasie   Merkmalsübereinstimmungen, die auf unabhängiger Entstehung oder unabhängigem Verlust beruhen.

Innengruppe   Stellt alle rezenten und fossil erhaltenen Organismen dar, die Mitglied der betrachteten Gruppe sind.

Inverse Augen   Licht absorbierende Seite ist vom Licht abgewandt (vgl. everse Augen).

Klassifikation   Die natürliche Klassifikation spiegelt phylogenetische Beziehungen der Organismen und deren Abtrennung wider.

Konvergenz   Unabhängig voneinander entstandene Merkmalsübereinstimmungen, z. B. Flügel, Raubbeine, Grabschaufeln.

Merkmal   Phänotypisch erkennbare und kennzeichnende Eigenschaft eines Organismus. Unterliegt evolutiver Veränderung und kann völlig reduziert werden.

Metagenese   Wechsel von geschlechtlicher und ungeschlechtlicher Fortpflanzung.

Metamorphose   Entwicklung von einer selbstständigen Larvalform zum Adultus mit weitreichender Umgestaltung der Anatomie.

Monophylum   Geschlossene Abstammungsgemeinschaft, enthält alle von einer Stammart abstammenden Arten.

Myomer   Muskelblock der Rumpfmuskulatur bei Annelida, Arthropoda und Chordata.

Neuromasten   Sekundäre Sinneszellen des Seitenliniensystems.

Orthologie   Homologe Gene unterschiedlicher Spezies, die ihren Ursprung in der Stammart finden.

Paralogie   Homologe Gene innerhalb einer Spezies, die durch Duplikations- und Divergenzereignisse entstanden sind.

Paraphylum   Abstammung von einer Stammart, enthält jedoch nicht alle abstammenden Arten. Kennzeichnend hierfür sind Plesiomorphien. Paraphyletische Gruppen werden durch Anführungszeichen kenntlich gemacht.

Parthenogenese   Jungfernzeugung, unisexuelle Fortpflanzung, bei der Nachkommen aus unbefruchteten Eiern hervorgehen.

Phänotyp   Stellt das Erscheinungsbild eines Organismus mit sämtlichen morphologischen und physiologischen Eigenschaften dar.

Phylogenie   Aufspaltungsabfolge von Arten und höheren Taxa.

Plesiomorphie   Ursprüngliches, primitives Merkmal.

Polymorphismus   Verschiedengestaltigkeit der Individuen innerhalb einer Art, z. B. in Insektenstaaten. Das Auftreten von verschiedenen Morphen ist abhängig z. B. vom Geschlecht (Sexualdimorphismus) oder von der Jahreszeit (Saisonpolymorphismus).

Polyphylum   Gruppierung von Arten, die nicht näher miteinander verwandt sind. Ein Polyphylum findet keine Berechtigung im phylogenetischen System. Es wird duch analoge Merkmale begründet.

Protostomia   Triploblastische Bilateria, bei denen der Urmund zur Mundöffnung wird und der After neu entsteht. Urmünder, z. B. Regenwurm, Schnecken, Insekten.

Pterygophore   Flossenstrahlträger der Osteichthyes.

Radiation   Schnelle Aufspaltung eines Monophylums und mehrfache Abwandlung des Grundmusters durch wiederholte Speziation. Entstehung mehrerer morphologisch und ökologisch divergenter Spezies.

Rostrum Spitz zulaufende oder schnabelartige Fortsätze an Körperteilen oder Organen.

Schwestergruppe Tochterarten einer Spaltung der gemeinsamen Stammart oder darauf zurückgehende Monophyla. Begründet durch Synapomorphien.

Speziation Vollständige Spaltung einer evolutionären Linie; Artenbildung.

Spiraculum Umgewandelte erste Kiemenöffnung (Spritzloch) bei Chondrichthyes, Tracheenöffnung bei Arthropoda, Teil des Atemsystems bei Gastropoda oder Kiemenloch der Amphibienlarven.

Stammart Markiert den Beginn eines Monophylums. Spaltet sich in Tochterarten.

Stammbaum Graphische Darstellung einer Verwandtschaftshypothese, die durch Indizien (Apomorphien) begründet wird.

Stammlinie Paraphyletische Vorfahrengruppe einer Kronengruppe, der alle fossilen Taxa angehören, die näher mit dieser Kronengruppe als mit jeder anderen rezenten Gruppe verwandt sind, jedoch nicht zur Kronengruppe selbst gehören.

Statocyste Gleichgewichtsorgane wirbelloser Tiere.

Synapomorphie Abgeleitetes, homologes Merkmal in Teilgruppen eines Monophylums. Begründet Schwestergruppen.

Syncytium Fusion von mehreren Einzelzellen, die zur Entstehung von mehrkernigen Zellen führt.

Taxon (Plural: Taxa) Aufgrund übereinstimmender Merkmale abgegrenzte Einheit von Lebewesen. Taxa können jeden Rang haben und gehen auf eine Abstammungsgemeinschaft zurück.

Taxon sampling Anzahl an Taxa, die für eine phylogenetische Analyse verwendet werden.

Systematik Theorie und Praxis der Auflösung von Verwandtschaftsverhältnissen. Einordnung der Arten in das vorhandene System.

Taxonomie Erkennen, Beschreiben und Benennen von Arten nach vorgegebenen Regeln.

Vestibulum Eingangserweiterung eines Organhohlraums.

7.1 Verwandtschaftshypothesen

◨ **Tab. 7.1** Überblick über Verwandtschaftshypothesen, die in diesem Buch genannt werden

Hypothese	Gruppe	Beschreibung
Placula-Hypothese	Metazoa	Ursprung der Metazoa liegt in einer einschichtigen Plattenkolonie
Gastraea-Hypothese	Metazoa	Alle Metazoa mit Gastrula-Stadium stammen von einem Gastrula-ähnlichen Urdarmtier ab
Coelenterata-Hypothese	Ctenophora	Ctenophora und Cnidaria sind Schwestergruppen, durch Diploblastie begründet
Acrosomata-Hypothese	Ctenophora	Ctenophora und Bilateria sind Schwestergruppen, durch akrosomales Vesikel in Spermien begründet
Phagocytella-Hypothese	Bilateria	Stammform der Metazoa, wurmförmig, epitheliale Lage monociliärer Zellen umhüllt eingewanderte Zellen und Geschlechtszellen
Trochaea-Hypothese	Bilateria	Weiterentwicklung der Gastraea-Hypothese, Trochophora-Larven und Dipleurula-Larven werden auf gemeinsame Stammart zurückgeführt (→ Gallertoid-Hypothese)
Bilaterogastraea-Hypothese	Bilateria	Auch Cnidaria, Ctenophora und Porifera werden von einem oligomeren Coelomaten abgeleitet
Articulata-Hypothese	Protostomia	Annelida und Arthropoda sind Schwestergruppen, begründet durch metamere Gliederung des Körpers
Ecdysozoa-Hypothese	Protostomia	Annelida gehören zu den Trochozoa und Arthropoda zu den Ecdysozoa, begründet durch Ecdyson-basierte Häutung der Ecdysozoa, v. a. molekulare Unterstützung
Radiala-Hypothese	Lophophorata	Gemeinsamer Vorfahre von Lophophorata und Deuterostomia
Lophotrochozoa-Hypothese	Lophophorata	Lophophorata sind mit übrigen Trochozoa zu Lophotrochozoa zusammengefasst, begründet durch molekularsystematische Untersuchungen
Myriochelata-Hypothese	Arthropoda	Chelicerata und Myriapoda sind Schwestergruppen, begründet durch neuronale Immigrationszentren
Tetraconata-Hypothese	Arthropoda	Myriapoda als Schwestergruppe zu „Crustacea" und Insecta, begründet durch Mandibeln mit coxalen Kauflächen und Ommatidien mit vier Zellen
Antennata-Hypothese	Arthropoda	„Crustacea" als Schwestergruppe zu Myriapoda und Insecta
Notochordata-Hypothese	Chordata	Acrania als Schwestergruppe zu Craniota und Tunicata, begründet durch u. a. Leberblindsäcke und Embryomorphologie
Olfactores-Hypothese	Chordata	Tunicata als Schwestergruppe zu Acrania und Craniota, begründet durch u. a. multiciliäre Epithelzellen und *Tight Junctions*

7.2 Larventypen

⬛ Tab. 7.2 Überblick über Larventypen, die in diesem Buch genannt werden

Larventyp	Gruppe	Besonderheiten
Trichimella-Larve	Hexactinellida (Porifera)	Coeloblastula durch Delamination mit Zellen gefüllt
Planula-Larve	Cnidaria	Blastula-ähnliches Stadium, Entstehung durch Bildung des Entoderms
Trochus-Larve	Lophotrochozoa	Mit Wimpernkranz
Veliger-Larve	Mollusca (Lophotrochozoa)	Mehrere Wimpernkränze am ellipsoiden Körper
Chordoid-Larve	Cycliophora	Modifizierte Trochus-Larve mit vier ciliären Regionen
Pilidium-Larve	Nemertini	Helmartige Form, zwei Ohrenklappen-ähnliche Fortsätze
Mitraria-Larve	Oweniida (Annelida)	Modifizierte Trochus-Larve mit monociliären Epidermiszellen und langen Schwebeborsten
Higgins-Larve	Loricifera (Scalidophora, Ecdysozoa)	Hinterende mit großen, blattförmigen Zehen, Bauchseite mit Stacheln
Nauplius-Larve	Crustacea	Primärlarve, nur drei Extremitätenpaare, Antennen und Mandibeln, mit Sprossungszone, unpaares Auge
Zoea-Larve	Decapoda (Crustacea)	Pelagische Larvenform, mit sieben Extremitätenpaaren, Abdomen segmentiert
Tornaria-Larve	Enteropneusta (Hemichordata, Ambulacraria)	Mit Wimpernbändern zur Fortbewegung
Dipleurula-Larve	Echinodermata (Ambulacraria)	Stadium zwischen Gastrula und gruppenspezifischer Larvenform (Pluteus, Auricularia usw.)
Ammocoetes-Larve	Cyclostomata	Blind, zahnlos, wurmartig

Notizen

7

Antworten zu den Übungsfragen

Inhaltsverzeichnis

© Springer-Verlag GmbH Deutschland, ein Teil von Springer Nature 2020
I. Schumann, S. Schaffer, *Prüfungstrainer Spezielle Zoologie*,
https://doi.org/10.1007/978-3-662-61671-0_8

8.1 **Multiple-Choice-Fragen: Antworten**

- **Kapitel 1**
1. Was ist unter einer natürlichen Klassifikation zu verstehen?
   b. Eine Klassifikation, die natürliche Verwandtschaftsbeziehungen abbildet
2. Was kennzeichnet eine monophyletische Gruppe?
   c. Geschlossene Abstammungsgemeinschaft
3. Wodurch sind Analogien begründet?
   a. Konvergente Evolution
4. Das Merkmal „Haare" nimmt welchen Merkmalszustand innerhalb der Mammalia ein?
   b. Autapomorphie
5. Was beschreibt ein plesiomorphes Merkmal?
   c. Ursprüngliches Merkmal

- **Kapitel 2**
1. Wie ist Ontogenese definiert?
   a. Gesamtentwicklung eines Organismus
2. Welche drei Furchungstypen sind im Tierreich vertreten?
   a. Holoblastisch, meroblastisch und superfiziell
3. Bei welcher Tiergruppe hat sich das Coelom vollständig reduziert?
   c. Plathelminthes
4. Auf was weist der Dottergehalt eines Embryos hin?
   a. Nährstoffgehalt
5. Durch welchen Vorgang in der Embryonalentwicklung entstehen die Keimblätter?
   b. Gastrulation

- **Kapitel 3**
1. Bei welcher Tiergruppe ist ein Gastrovaskularsystem beschrieben?
   c. Cnidaria
2. Was ist die Besonderheit bei der Tracheenatmung?
   b. Direkte Sauerstoffübertragung
3. Können Exkretionsorgane der einzelnen Tiergruppen homologisiert werden?
   c. Nur bei gleicher Herkunft
4. Welche drei Grundprinzipien der Evolution von Nervensystemen kennen Sie?
   b. Zentralisation, Akkumulation, Internation
5. Welches Organsystem wird in der Embryogenese am frühesten funktionsfähig?
   c. Blutgefäßsystem

- **Kapitel 4**
1. „Protista" sind …
   a. eine paraphyletische Gruppe
2. Protozoen ernähren sich …
   a. amphitroph

3. Welches plesiomorphe Merkmal teilen alle „Protista"?
   b. Einzelligkeit
4. Wodurch wird die Entstehung der Eukaryota durch SET begründet?
   a. Membranumschließende Organelle: Mitochondrium und Chloroplast
5. Welcher Erreger löst die Chagas-Krankheit aus, und durch wen wird er übertragen?
   c. *Trypanosoma cruzi*, von Vertretern der Reduviidae (Raubwanzen) übertragen
6. Welche Gruppen zählen zur Großgruppe SAR der „Protista"?
   a. Stramenopila, Alveolata und Rhizaria
7. Durch welches Merkmal grenzen sich die Metazoa von den „Protista" ab?
   a. Vielzelligkeit
8. In welche drei Organisationsstufen werden die Metazoa eingeteilt?
   c. Parazoa, Coelenterata und Bilateria
9. Welche Organisationstypen der Porifera können unterschieden werden?
   a. Ascon-, Sycon- und Leucon-Typ
10. Welchen sekundären Inhaltsstoff besitzen Porifera?
    b. Lycopin
11. Wie heißt der bislang einzige Vertreter der Placozoa?
    a. *Trichoplax*
12. Wodurch unterscheiden sich die Eumetazoa von den übrigen Metazoa?
    c. Echtes Epithelgewebe
13. Durch welche Autapomorphie zeichnen sich die Cnidaria aus?
    a. Nesselkapseln
14. Bei welcher Gruppe der Cnidaria kommt kein Generationswechsel vor?
    b. Anthozoa
15. Welche Gemeinsamkeiten zeigen Cnidaria und Ctenophora?
    c. Ausbildung von zwei Keimblättern
16. Welche Großgruppen zählen zu den Bilateria?
    b. Acoelomorpha, Protostomia und Deuterostomia
17. Was ist der Unterschied zwischen Protostomia und Deuterostomia?
    b. After-/Mundformation
18. Cephalisation ist eine Autapomorphie der …
    a. Bilateria

■ **Kapitel 5**

1. In welche Großgruppen werden die Protostomia nach der aktuellen Systematik eingeteilt?
   c. Spiralia und Ecdysozoa
2. Welche Autapomorphien weisen die Protostomia auf?
   a. Blastoporus = definierter Mund, Spiralfurchung, Trochophora-Larve, Protonephridien
3. Welches einzigartige Merkmal innerhalb der Bialteria charakterisiert die Chaetognatha?
   b. Mehrschichtige Epidermis

4. Durch welche Autapomorphien sind die Spiralia charakterisiert?
   a. Spiralfurchung und Trochophora-Larve
5. Welche zwei Großgruppen zählen zu den Plathelminthes?
   a. Catenulida und Rhabditophora
6. Welche Gruppen der Plathelminthes leben parasitisch?
   b. Cestoda und „Trematoda"
7. Zwischenwirte von *Dicrocoelium dendriticum* sind …
   b. Wiederkäuer, Schnecken und Ameisen
8. Welche Gruppen werden zu den Lophophorata zusammengefasst?
   c. Bryozoa, Brachiopoda und Phoronida
9. Welche Organsysteme sind bei den Bryozoa reduziert?
   b. Kreislauf- und Exkretionssystem
10. Phoronida sind …
    c. eine der kleinsten Gruppen im Tierreich
11. Welches ist eine Autapomorphie der Brachiopoda?
    a. Ventral- und Rückenplatte
12. Die zwei Arten der Cycliophora sind gekennzeichnet durch …
    a. Zwergmännchen, Metagenese, Chordoid-Larve und Mundring mit Cilien
13. Aus welchen Gründen zählen die Gnathifera zu den Spiralia?
    a. Zumindest Gnathostomulida mit Spiralfurchung, ventrale Mundöffnung hinter dem Vorderende
14. „Rotatoria" sind gekennzeichnet durch …
    b. Syncytium und Eutelie
15. Durch welche Merkmale grenzen sich die Trochozoa von den übrigen Spiralia ab?
    c. Trochozoa-Larve, Mesoderm aus 4d-Zelle, Ocellen, biphasischer Lebenszyklus
16. Welche Großgruppen zählen zu den Trochozoa?
    a. Annelida, Mollusca, Nemertini und Kamptozoa
17. Eine wichtige Autapomorphie der Nemertini ist …
    a. eine multiciliäre Epidermis ohne Cuticula und Chitin
18. Welche rezenten Großgruppen zählen zu den Mollusca?
    c. „Aculifera" und Conchifera
19. Die Radula der Mollusca ist ein …
    a. apomorphes Merkmal
20. Welche Gruppe der Mollusca ist am höchsten organisiert?
    c. Cephalopoda
21. Zu welcher Gruppe der Annelida zählen nach neuesten Studien die Clitellata?
    c. Sedentaria
22. Wo werden die neuen Segmente der Annelida gebildet?
    b. Präanale Sprossungszone
23. Welches ist die artenreichste Gruppe der Annelida?
    b. Clitellata
24. In welche zwei Großgruppen werden die Ecdysozoa eingeteilt?
    b. Panarthropoda und Cycloneuralia

25. Durch welches Hormon wird die Häutung der Ecdysozoa bewerkstelligt?
    a. 20-Hydroxyecdyson
26. Cycloneuralia sind gekennzeichnet durch …
    b. einen circumpharyngealen Nervenring
27. Wie unterscheidet sich die Cuticula der Nematoida von den übrigen Ecdysozoa?
    c. Kollageneinlagerungen
28. Welche zwei Großgruppen zählen nach aktueller Phylogenie zu den Cycloneuralia?
    c. Scalidophora und Nematoida
29. Wodurch ist die Entwicklung der Nematomorpha gekennzeichnet?
    b. Eine Häutung
30. Welches Merkmal teilen die Nematoda mit den Tardigrada?
    c. Eutelie
31. Welche Arten des Parasitismus kommen bei den Nematoda vor?
    a. Zooparasitismus und Phytoparasitismus
32. Welche Gruppen zählen zu den Panarthropoda?
    b. Onychophora, Tardigrada und Arthropoda
33. Welche drei Autapomorphien charakterisieren die Panarthropoda?
    b. Mixocoel, Hämocoel und superfizielle Furchung
34. Tardigrada können Anhydrobiose eingehen. Was bedeutet das?
    a. Schutz vor Austrocknung
35. Die Onychophora …
    c. weisen ein typisches Gondwana-Verteilungsmuster auf
36. Eine besondere Autapomorphie der Onychophora sind …
    a. spezifische Abwehrdrüsen
37. Onychophora sind …
    a. räuberisch
38. Welche Hypothese stellt die Myriapoda als Schwestergruppe zu den „Crustacea" und Insecta?
    c. Tetraconata-Hypothese
39. Welche ist eine der wichtigsten evolutiven Neuerungen der Arthropoda?
    a. Arthropodium
40. In welcher Schicht des Exoskeletts der Arthropoda ist kein Chitin eingelagert?
    b. Epicuticula
41. Welche Leitfossilien zählen zur Kronengruppe der Arthropoda?
    a. Trilobita
42. Welche rezenten Großgruppen zählen zu den Arthropoda?
    b. Chelicerata, Myriapoda, „Crustacea" und Insecta
43. Aus welchen Tagmata setzt sich der Körper der Chelicerata zusammen?
    a. Prosoma und Opisthosoma
44. Welche Gruppe der Chelicerata besitzt Spinndrüsen?
    c. Aranea
45. Welches ist die artenreichste Gruppe der Chelicerata?
    c. Aranea
46. Im Vergleich zu anderen Arthropoda zeigt der Körper der Myriapoda …
    b. einen Kopf und einen homonom segmentierten Rumpf

47. Welche Gruppe der Myriapoda ist als ursprünglich zu betrachten?
    c. Chilopoda
48. Was bedeutet Heterotergie?
    b. Die hintereinanderliegenden Tergite sind nicht gleich groß
49. „Crustacea" sind
    a. paraphyletisch
50. Welche Gruppe der „Crustacea" stellt die Schwestergruppe der Insecta dar?
    c. Remipedia
51. Wo liegen die Nephridien der „Crustacea"?
    a. 2. Antenne und 2. Maxille
52. Terrestrische „Crustacea" sind …
    c. Isopoda
53. Welcher Faktor hat maßgeblich zur Diversität der Insecta geführt?
    b. Koevolution mit Endosymbionten und Gefäßpflanzen
54. Welche Atmungsorgane haben sich in Anpassung an die terrestrische Lebensweise bei den Insecta entwickelt?
    b. Röhrentracheen
55. Die äußerlich sichtbaren Segmentgrenzen der Insecta sind …
    b. sekundäre Segmente
56. Welche Gruppe der Insecta besitzt Flügel?
    b. Pterygota
57. Flügel sind …
    b. cuticuläre Ausstülpungen
58. Welche Gruppen der Insecta zählen zu den Entognatha?
    a. Ellipura und Diplura
59. Dicondylia besitzen …
    b. zwei Gelenkhöcker
60. Welche Gruppen der Insecta sind sekundär flügellos?
    c. Phthiraptera und Siphonaptera
61. Orthoptera sind …
    a. hemimetabol
62. Was ist Holometabolie?
    b. Indirekte Entwicklung
63. Welche zwei Großgruppen zählen zu den Hymenoptera?
    a. „Symphyta" und Apocrita
64. Elytren sind …
    c. verhärtete Flügeldecken der Coleoptera

■ **Kapitel 6**

1. Welche der folgenden Merkmale treffen auf Deuterostomia zu?
   b. Indeterminierte Radialfurchung, Enterocoelie, dorsales Nervensystem und ventrales Blutgefäßsystem
2. Was stellt eine wichtige Autapomorphie der Echinodermata dar?
   a. Pentamerie
3. Aus welchen Teilen setzt sich das Coelom der Echinodermata zusammen?
   b. Axo-, Somato- und Hydrocoel

4. Was ist die „Laterne des Aristoteles"?
   c. Kieferapparat der Echinoidea
5. Welche Teilgruppen der Hemichordata sind beschrieben?
   c. Enteropneusta und Pterobranchia
6. Multiciliäre Epithelzellen unterstützen welche Verwandtschaftshypothese innerhalb der Chordata?
   a. Olfactores
7. Welche Gruppen zählen zu den Chordata?
   a. Acrania, Craniota und Tunicata
8. Welchen Stoff enthält der Mantel sessiler Tunicata?
   a. Tunicin
9. Welche Gruppe stellt nach neuen molekularen Analysen die Schwestergruppe aller übrigen Tunicata dar?
   b. Appendicularia
10. Wo findet die Filtration der Nahrung bei *Branchiostoma* statt?
    a. Am Kiemendarm
11. An welchen Organen ist bei *Branchiostoma* Segmentierung zu erkennen?
    b. Muskulatur
12. Die Chorda durchzieht den ganzen Körper von *Branchiostoma*. Wie hoch ist der Grad an Cephalisation?
    b. Schwach
13. Was sind wichtige Neuerungen in der Evolution der Craniota?
    a. Schädelbildung und Endoskelett
14. Was ist Hauptbestandteil beim Aufbau des Stützgewebes der Craniota?
    a. Calciumcarbonat
15. Welches Merkmal kennzeichnet die Chondrichthyes?
    b. Knorpeliges Endoskelett
16. Welche Großgruppen zählen zu den Chondrichthyes?
    a. Holocephali und Neoselachii
17. Osteognathostomata besitzen im Vergleich zu den Chondrichthyes …
    a. ein knöchernes Endoskelett
18. Wodurch wird das Endoskelett der Osteognathostomata gebildet?
    b. En- und perichondrale Knochenbildung
19. Zum Grundmuster der Osteognathostomata zählen wahrscheinlich …
    b. Lungen
20. Was ist namensgebend für die Actinopterygii?
    c. Strahlenförmige Stützelemente
21. Welche ist die dominierendste Gruppe der Actinopterygii?
    b. Teleostei
22. Was ermöglicht das „Stehen" im Wasser der Teleostei?
    c. Unpaare Schwimmblase
23. Autapomorphien der Teleostei betreffen …
    a. den Aufbau des knöchernen Schädels
24. Der Webersche Apparat der Teleostei dient …
    c. zur Schallaufnahme und -weiterleitung

25. Im Vergleich zu den Actinopterygii besitzen die Sarcopterygii …
    b. ein axiales Extremitätenskelett
26. Zu den Sarcopterygii zählen …
    a. Dipnoi, Actinistia und Tetrapoda
27. Welches ist die artenärmste Gruppe der Sarcopterygii?
    b. Actinistia
28. Welche Synapomorphien teilen die Tetrapoda?
    a. Fünf Phalangen, keine basicraniale Fissur
29. Worauf ergab der Landgang der Tetrapoda einen starken Selektionsdruck?
    b. Haut, Sinnesleistungen, Atmung und Fortbewegung
30. Welche zwei rezenten Teilgruppen der Tetrapoda sind bekannt?
    a. Amniota und Lissamphibia
31. Wodurch sind Lissamphibia gekennzeichnet?
    c. Drüsenreiche Haut
32. Welche Großgruppen zählen zu den Lissamphibia?
    a. Anura, Caudata und Gymnophiona
33. Welche ist die artenreichste Gruppe der Lissamphibia?
    a. Anura
34. Was kommt häufig im Lebenszyklus von Lissamphibia vor?
    a. Metamorphose
35. Sphenodontia zeigen ursprüngliche Merkmale eines diapsiden Schädels. Welche?
    a. Schläfenbogen ist vollständig aus Jugale gebildet, Oberkiefer ist unbeweglich
36. Einige Squamata sind befähigt …
    b. zur Autotomie und Regeneration
37. Bei welcher Gruppe der Squamata ist eine Reduktion der Gliedmaßen zu erkennen?
    b. Serpentes
38. Komplexe Merkmalsausprägungen der Crocodylia sind vergleichbar mit …
    a. Mammalia und Aves
39. Was ist bei den Amniota verloren gegangen?
    b. Wassergebundene Larvalphase
40. Welche zwei Linien der Amniota haben sich seit dem Karbon getrennt?
    a. Synapsida und Sauropsida
41. Die Amnionhülle setzt sich zusammen aus …
    a. Serosa, Allantois und Amnion
42. Wie viele Linien der Sauropsida überlebten das Massensterben am Übergang Kreide–Tertiär?
    c. Fünf
43. Charakteristisches Merkmal der Testudines ist …
    b. der Rückenpanzer
44. Welche Analogie zeigen Crocodylia und Mammalia?
    a. Diaphragma
45. Rezente Vertreter der Aves zeigen Anpassungen an den Lebensraum Luft. Welche?
    a. Federn, pneumatisierte Knochen, Lunge mit Luftsack, Knochenverschmelzungen

46. In welche Großgruppen werden die Aves eingeteilt?
    c. Palaeognatha, Neognatha und Neoaves
47. Mammalia kennzeichnen eine Reihe von Autapomorphien. Welche zählen dazu?
    c. Haare, Milchdrüsen, drei Gehörknöchelchen, kernlose Erythrocyten
48. Im Vergleich zu anderen Vertretern der Craniota zeigen die Mammalia …
    c. eine autonom geregelte Körpertemperatur
49. Woraus setzt sich das Integument der Mammalia zusammen?
    a. Verhornte Epidermis und weiche Dermis
50. Welche Großgruppen zählen zu den Mammalia?
    b. Monotremata, Marsupialia und Placentalia
51. Welche Gruppe der Mammalia ist noch eierlegend?
    a. Monotremata
52. Welche Symplesiomorphien teilen die Monotremata und die Marsupialia?
    a. Tertiäre Eihülle, partielle Furchung und ausgedehnte Laktation
53. Welche ist die artenreichste Gruppe der Mammalia?
    c. Placentalia
54. Welche Gruppe der Mammalia ist sekundär rein aquatisch?
    a. Cetacea

8.2 Offene Fragen: Antworten

■ **Kapitel 1**

1. Zeichnen Sie einen Stammbaum mit folgender Auflösung:
   A und C sind Schwestergruppen,
   B ist Außengruppe,
   D ist Schwestergruppe zu A und C.
   Kennzeichnen Sie hierbei alle monophyletischen Gruppen und geben Sie an, welche davon Autapo-, Synapo- und Plesiomorphien teilen.

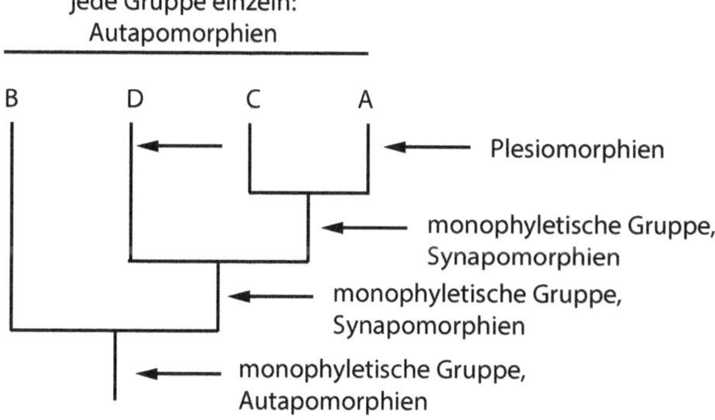

◨ Antwort zur Frage 1

2. Welche Ereignisse beeinflussten die Entstehung und Entfaltung von Organismen?
Kontinentaldrift, Massensterben, adaptive Radiation.
3. Was ist der Unterschied zwischen Homologien und Analogien? Geben Sie je ein Beispiel.
Homologien: Merkmale gemeinsamen evolutiven Ursprungs, die jedoch sehr verschieden abgewandelt sein können, geben Rückschluss auf gemeinsame Stammart, z. B. Plakoidschuppe und Säugerzahn.
Analogien: unabhängig entstandene konvergente Anpassungen, z. B. Stromlinienform von „Fischen", Pinguinen und Walen.

■ **Kapitel 2**
1. Vergleichen Sie Ontogenese und Phylogenese.
Siehe ◘ Tab. 2.1.
2. Erläutern Sie den Unterschied zwischen den beiden Furchungstypen im Tierreich. Nennen Sie je ein Beispiel.
Totale oder holoblastische Furchung: wenig Dotter, vollständige Teilung, Blastomere sind gleich groß, z. B. Spiralfurchung bei Annelida.
Partielle oder meroblastische Furchung: viel Dotter, unvollständige Teilung, Blastomere sind unterschiedlich groß, z. B. superfizielle Furchung bei den Insecta.
3. Erläutern Sie einen Gastrulationsverlauf eines Vertreters der Bilateria. Nach welchen Mechanismen verläuft eine Gastrulation?
Gastrulationsverlauf siehe ◘ Abb. 2.2.
Mechanismen: Veränderungen der Zellmotilität, der Zellformen und von Adhäsions- und Anhaftungskräften.
4. Wie unterscheiden sich die Coelomverhältnisse der einzelnen Tiergruppen? Nennen Sie je ein Beispiel.
Acoelomat, z. B bei Plathelminthes: Mesenchym ist mit Spalten durchzogen.
Pseudocoelomat, z. B. bei Nematoda: Primäre Leibeshöhle ist mit Mesothel ausgekleidet.
Coelomat, z. B. bei Annelida: vollständig entwickelte sekundäre Leibeshöhle, Leibeshöhle und Organe sind umzogen von Coelothel.

■ **Kapitel 3**
1. Vergleichen Sie Aufbau und Funktionsweise von Proto- und Metanephridien. Wie unterscheidet sich die Filtration bei Proto- und Metanephridien von der Filtration der Niere (Metanephros)?

Protonephridien	Metanephridien
Exkretionskanal mit Terminalzelle und Wimpernflamme	Nephrostom mit Exkretionstubulus mündet in Harnblase mit Porus
Ultrafiltration	Ultrafiltration an den Blutgefäßen

Niere mit Druckfiltration (◘ Tab. 3.1).

2. Erläutern Sie die Entwicklung der Säugerniere ausgehend vom Holonephros.
   Siehe ◘ Abb. 3.1.
   Ausgang: Holonephros mit Nephrostom und Wolff'schem Gang;
   Zwischenstufe 1: Pronephros mit äußerem Glomerulus und Wolff'schem Gang;
   Zwischenstufe 2: Opisthonephros mit Malpighi-Körperchen, Bowman-Kapsel, Glomerulus und Wolff'schem Gang;
   Ende: Metanephros mit Hoden, Nebenhoden, Wolff'schem Gang und Ureter.
3. Woraus entwickelte sich das Nervensystem, wie wir es beispielsweise von Chordata und Arthropoda kennen? Welche Tiergruppen zeigen den niedrigsten und welche den höchsten Grad an Cephalisation?
   Siehe ◘ Abb. 3.5.
   Niedrigster Grad: Cnidaria; höchster Grad: Craniota, Cephalopoda und Arthropoda.

■ **Kapitel 4**

1. Erläutern Sie den Lebenszyklus von *Plasmodium* spec.
   Siehe ◘ Abb. 4.6.
2. Was ist die Besonderheit der intermediären Meiose der Foraminifera?
   Bildung von Diplonten und Haplonten.
3. Welche Hypothesen werden für die Entstehung der Metazoa diskutiert? Erläutern Sie.
   Placula-Hypothese: einschichtige Zellkolonie, die durch Delamination zweischichtig geworden ist → diploblastisches Organisationsniveau.
   Gastraea-Hypothese: Blastula als Ausgangsstadium mit vegetativem und animalem Pol, Einstülpung des Urmundes → Gastrulation → diploblastisches Organisationsniveau.
4. Welche Gruppe der Protisten steht in einer nahen Verwandtschaftsbeziehung zu den Metazoa? Welche cytologischen Merkmalsübereinstimmungen werden zum Verständnis der Evolution der Metazoa diskutiert?
   Choanoflagellata durch den Bau der Kragengeißel (Mikrovilli).
   Autapomorphien: extrazelluläre Matrix, Kollageneinlagerungen, Zellkontakte wie Adherens Junctions.
5. Wodurch unterscheiden sich Parazoa und Eumetazoa?
   Durch das Vorhandensein von echtem Epithelgewebe.
6. Was ist der Unterschied zwischen Generationswechsel und Fortpflanzungswechsel? Geben Sie je ein Beispiel.
   Generationswechsel: Wechsel zwischen unterschiedlichen Fortpflanzungsarten bei aufeinanderfolgenden Generationen einer Tierart: (1) Metagenese: Wechsel zwischen ungeschlechtlicher und geschlechtlicher Vermehrung, z. B. Cnidaria. (2) Heterogonie: Wechsel zwischen unisexueller und bisexueller Vermehrung, z. B. „Rotatoria".
   Fortpflanzungswechsel: Wechsel von unterschiedlichen Fortpflanzungsweisen bei einem Individuum, z. B. Hydra.
7. Unterscheiden Sie die Organisationstypen der Porifera.
   Ascon-Typ: einheitlicher Zentralraum.
   Sycon-Typ: Zentralraum mit Taschen.

Leucon-Typ: Zentralraum ist in Geißelkammern gegliedert.
8. Ctenophora und Cnidaria sind sich sehr ähnlich. Nennen Sie Gemeinsamkeiten und Unterschiede.
Gemeinsamkeiten: Radiärsymmeterie und zwei Keimblätter.
Unterschiede: Ctenophora mit acht Rippen (Ctenen) und Statolithen, kein Generationswechsel; Cnidaria mit Nesselzellen, Metagenese.
9. Skizzieren Sie einen Vertreter der Bilateria und kennzeichnen Sie die Symmetrie und Lagebeziehungen.
Siehe ◘ Abb. 4.12.
10. Vergleichen Sie das Grundmuster der Protostomia und Deuterostomia.
Siehe ◘ Tab. 4.4.

■ **Kapitel 5**

1. Vergleichen Sie Caelifera und Ensifera miteinander.

Gruppe	Caelifera (Kurzfühlerschrecken)	Ensifera (Langfühlerschrecken)
Antennenlänge	Verkürzte Antennen	Körperlange Antennen
Ovipositor	Verkürzt und modifiziert	Lang
Lage der Schall- und Hörorgane	An den Seiten des 1. Abdominalsegmentes	An den Vordertibien
Gruppen	Acridoidea, Tetridoidea und Tridactyloidea	Tettigonioidea, Grylloidea und Stenopelmatoidea

2. Was versteht man unter Eutelie, und in welchen Gruppen kommt sie vor?
Eutelie = frühe Determination und Unveränderlichkeit der differenzierten Zellen (Zellkonstanz), z. B. bei „Rotatoria", Acanthocephala, Nematoda und Tardigrada.
3. Articulata- und Ecdysozoa-Hypothesen stehen immer wieder zur Diskussion. Vergleichen Sie beide.
Articulata-Hypothese: Annelida und Arthropoda sind Schwestergruppen, Unterstützung durch morphologische Merkmale, z. B. polymeres Coelom und metamere Gliederung.
Ecdysozoa-Hypothese: Arthropoda gehören zu Ecdysozoa aufgrund von regelmäßiger Häutung durch das Hormon 20-Hydroxyecdyson; Annelida gehören zu Spiralia aufgrund von z. B. Spiralfurchung, Unterstützung durch morphologische, z. B. dreischichtige, chitinhaltige Cuticula, und molekulare Merkmale.
4. Was besagt das Tetraconata-Konzept? Nennen Sie mindestens zwei Apomorphien.
Tetraconata-Konzept: monophyletische Gruppe von Myriapoda, „Crustacea" und Insecta; „Crustacea" und Insecta stehen im Schwestergruppenverhältnis.
Merkmale: Mandibeln mit coxaler Kaufläche, Ommatidien mit vier Zellen.
5. Zeichnen und beschriften Sie ein Arthropodium.

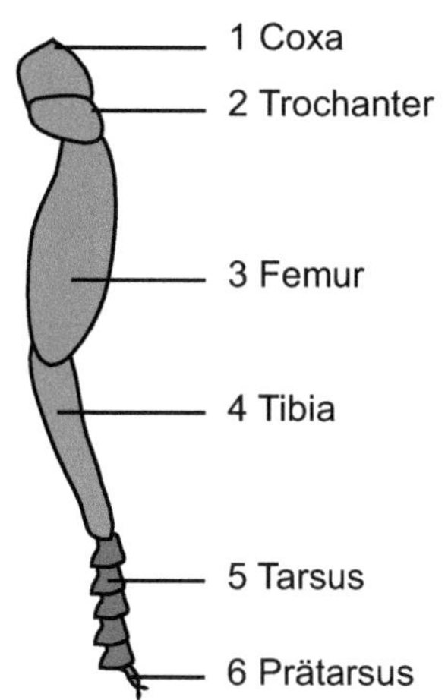

◘ Arthropodium

6. Wie ist der Körper der Chelicerata aufgebaut?
   Zwei Tagmata: Prosoma (Vorderleib) und Opisthosoma (Hinterleib); Antennenreduktion; dreigliedrige Cheliceren als umgebildetes 1. Extremitätenpaar.
7. Was ist der Unterschied zwischen Ekto- und Entognatha?
   Ektognath: Mundwerkzeuge liegen frei, Geißelantenne.
   Entognath: Mundwerkzeuge liegen in einer präoralen Tasche, Gliederantennen.
8. Vergleichen Sie Zygoptera und Anisoptera miteinander?

Gruppe	Zygoptera (Kleinlibellen)	Anisoptera (Großlibellen)
Flügelstellung	Vertikale Ruhestellung	Horizontale Flügelstellung
Flügelbau	Vorder- und Hinterflügel ähnlich gebaut	Hinterflügel breiter als Vorderflügel, Analwinkel an Hinterflügelbasis
Larvalatmung	Drei äußere blattförmige Tracheenkiemen	Tracheenkiemen im Enddarm

9. Erläutern Sie den Lebenszyklus von Dicrocoelium dendriticum!
   Siehe ◘ Abb. 5.6.
10. Was ist der Unterschied zwischen Metagenese und Heterogonie? Geben Sie je ein Beispiel an.
    Metagenese: Generationswechsel, Abwechslung von ungeschlechtlicher Vermehrung zu Geschlechtsformen und anschließende geschlechtliche Vermehrung über eine Zygote, z. B. Cnidaria, Tunicata.
    Heterogonie: Bisexuelle Fortpflanzung wechselt sich mit unisexueller Fortpflanzung (z. B. Parthenogenese) ab, z. B. „Rotatoria", Loricifera.

■ **Kapitel 6**

1. Echinodermata zeigen eine besondere Art der Coelomverhältnisse. Erläutern Sie diese.

   Das Coelom ist in drei Teile gegliedert: Proto-, Meso- und Metacoel. Das Protocoel wird zum Axocoel (z. B. Ausführkanäle); das Mesocoel wird zum Hydrocoel (z. B. Füßchenapparat des Ambulacralsystems); das Metacoel wird zum Somatocoel (z. B. Darmtrakt und Mesenterien).

2. Skizzieren Sie die Verwandtschaften innerhalb der Chordata. Gehen Sie hierbei auf die verschiedenen Hypothesen ein.

   Siehe ◘ Abb. 6.8.

3. Woraus gehen Palatoquadratum und Mandibulare im ursprünglichen Gnathostomata-Kiefer hervor?

   Aus oberen und unteren Mandibularbögen

   Das Palatoquadratum stellt den Oberkiefer dar, die Mandibulare ist der Unterkiefer.

4. Wie sind die Extremitäten der Tetrapoda aufgebaut?

   Siehe ◘ Abb. 6.17.

5. Vergleichen Sie Schwanz- und Froschlurche miteinander.

   Caudata (Schwanzlurche): artenärmer, Regenerationsvermögen, kein Trommelfell, keine Paukenhöhle, keine Eustachische Röhre.

   Anura (Froschlurche): artenreicher, Reduzierung von Schädelknochen, mit Trommelfell, Paukenhöhle und Eustachischer Röhre, spezielle Larvenmorphologie, Sprungvermögen.

6. Wie bildet sich das Amnion?

   Um die sich meroblastisch discoidal furchende Keimscheibe bilden sich Falten aus extraembryonalem Ektoderm und extraembryonalem Coelom. Der dabei gebildete flüssigkeitsgefüllte Raum schließt sich zur Amnionhöhle. Außen entsteht die Serosa und innen das Amnion. Ebenfalls aus extraembryonalem Ektoderm bildet sich unter mesodermaler Beteiligung der Dottersack. Für den Stoffwechsel wächst zwischen Serosa und Amnion die Allantois aus der embryonalen Kloakalregion ein.

7. Wie ist eine Feder der Aves aufgebaut? Welche sechs Federtypen können unterschieden werden?

   Aufbau siehe ◘ Abb. 6.17.

   Konturfedern, Dunen- oder Daunenfedern, Puderdunen, Borstenfedern, Fadenfedern und Pinselfedern.

8. Wodurch sind Cetacea an das Leben im Wasser angepasst?

   Körperform, äußere Hinterextremität ist völlig zurückgebildet, Becken als Skelettrest ohne Verbindung zur Wirbelsäule, Nasenöffnung ist nach hinten verlagert.

9. Welche fünf Hauptgruppen zählen zu den Craniota? Ordnen Sie Dipnoi, Lissamphibia und Aves ein.

   Gnathostomata, Osteognathostomata, Sarcopterygii mit Dipnoi, Tetrapoda mit Lissamphibia und Amniota mit Aves.

10. Welche Gruppe stellt die rezenten „Agnatha" dar? Nennen Sie die dazugehörigen Gruppen und vergleichen Sie diese.

Cyclostomata mit Petromyzontida (Neunaugen) und Myxinoida (Schleimaale). Neunaugen: Mundöffnung mit Saugscheibe und Hornzähnen, mit Metamorphose.

Schleimaale: Kopf des Zungenapparates mit Hornzähnen, Schleimschicht um den Körper, mit Lippententakeln.

11. Beschreiben Sie die Evolution des Beckengürtels innerhalb der Craniota. Siehe Evolution des Beckengürtels.

12. Pleurodira und Cryptodira sind die beiden Großgruppen der Testudines. Wie werden sie voneinander abgegrenzt?
Pleurodira: Halswirbelsäule mit waagerechter S-Krümmung (Halswender).
Cryptodira: Halswirbelsäule mit senkrechter S-Krümmung (Halsberger).

13. Trennen Sie Oviparie, Viviparie und Ovoviviparie. Nennen Sie je ein Beispiel.
Oviparie: Eiablage, z. B. Aves.
Viviparie: lebendgebärend, z. B. Placentalia.
Ovoviviparie: verzögerte Eiablage, Jungtier schlüpft direkt nach der Eiablage, z. B. Onychophora.

14. Wie können Alligatoridae und Crocodylidae voneinander unterschieden werden?
Alligatoridae (Alligatoren und Kaimane): Zähne sind bei geschlossenem Maul nicht sichtbar.
Crocodylidae (Echte Krokodile): 4. Unterkieferzahn ist durch eine Kerbe im Oberkiefer bei geschlossenem Maul sichtbar.

15. Skizzieren Sie das Integument der Mammalia, und beschriften Sie alle wichtigen Anteile.
Siehe ◨ Abb. 6.13.

Notizen

8

Serviceteil

Stichwortverzeichnis

X

Z

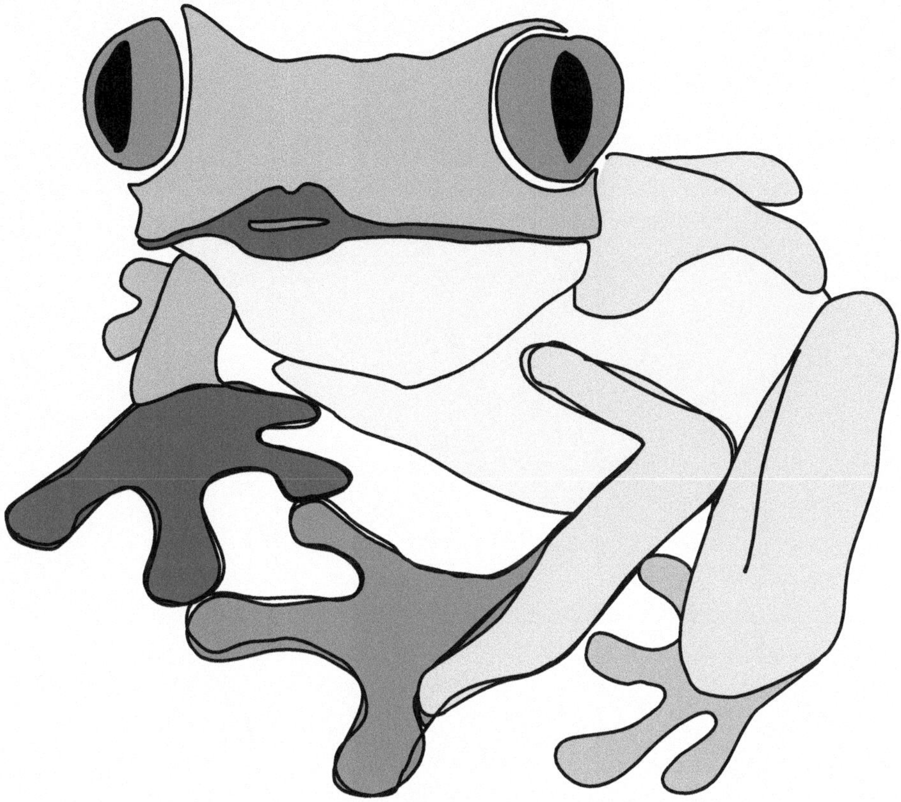